中国传统村落保护与发展
系 列 丛 书

福州传统建筑保护
修缮导则

罗景烈 编著

中国建筑工业出版社

国家出版基金项目
NATIONAL PUBLICATION FOUNDATION

编委会

总编委会

专家组成员：

李先逵　单德启　陆　琦　赵中枢　邓　千　彭震伟　赵　辉　胡永旭

总主编：

陈继军

委员：

陈　硕　罗景烈　李志新　单彦名　高朝暄　郝之颖　钱　川　王　军（中国城市规划设计研究院）

靳亦冰　朴玉顺　林　琢　吉少雯　刘晓峰　李　霞　周　丹　朱春晓　俞骥白　余　毅

王　帅　唐　旭　李东禧

参编单位：

中国建筑设计研究院有限公司、中国城市规划设计研究院、中规院（北京）规划设计公司、

福州市规划设计研究院、华南理工大学、西安建筑科技大学、四川美术学院、昆明理工大学、

哈尔滨工业大学、沈阳建筑大学、苏州科技大学、中国民族建筑研究会

本册编委会

主编：

罗景烈

参编人员：

高学珑　陈　硕　何　明　陈晓娟

审稿人：

郑国珍

总　序

传统村落，又称古村落，指村落形成较早，拥有较丰富的文化与自然资源，具有一定历史、文化、科学、艺术、经济、社会价值，应予以保护的村落。

我国是人类较早进入农耕社会和聚落定居的国家，新石器时代考古发掘表明，人类新石器时代聚落遗址70%以上在中国。农耕文明以来，我国形成并出现了不计其数的古村落。尽管曾遭受战乱和建设性破坏，其中具有重大历史文化遗产价值的古村落依然基数巨大，存量众多。在世界文化遗产类型中，中国古村落集中国古文化、规划技术、营建技术、工艺技术、材料技术等之大成，信息蕴含量巨大，具有极高的文化、艺术、技术、工艺价值和人类历史文化遗产不可替代的唯一性，不可再生、不可循环，一旦消失则永远不能再现。

传统村落是中华文明体系的重要组成部分，是中国农耕文明的精粹、乡土中国的活化石，是凝固的历史载体、看得见的乡愁、不可复制的文化遗存。传统村落的保护和发展就是工业化、城镇化过程中对于物质文化遗产、非物质文化遗产以及传统文化的保护，也是当下实施乡村振兴战略的主要抓手之一，更是在新时代推进乡村振兴战略下不可忽视的极为重要的资源与潜在力量。

党中央历来高度关注我国传统村落的保护与发展。习近平总书记一直以来十分重视传统村落的保护工作，2002年在福建任职期间为《福州古厝》一书所作的序中提及："保护好古建筑、保护好文物就是保存历史、保存城市的文脉、保存历史文化名城无形的优良传统。"2013年7月22日，他在湖北鄂州市长港镇峒山村考察时又指出："建设美丽乡村，不能大拆大建，特别是古村落要保护好"。2013年12月，习近平总书记在中央城镇化工作会议上发出号召："要依托现有山水脉络等独特风光，让城市融入大自然；让居民望得见山、看得见水、记得住乡愁。"2015年，他在云南大理白族自治州大理市湾桥镇古生村考察时，再次要求："新农村建设一定要走符合农村的建设路子，农村要留得住绿水青山，记得住乡愁"。

传统村落作为人类共同的文化遗产，其保护和技术传承一直被国际社会高度关注。我国先后签署了《关于古迹遗址保护与修复的国际宪章》（威尼斯宪章）、《关于历史性小城镇保护的国际研讨会的决议》、《关于小聚落再生的宣言》等条约和宣言，保护和传承历史文化村镇文化遗产，是作为发展中大国的中国必须担当的历史责任。我国2002年修订的《文物保护法》将村镇纳入保护范围。国务院《历史文化名城名镇名村保护条例》对传统村落保护规划和技术传承作出了更明确的规定。

近年来，我国加强了对传统村落的保护力度和范围，传统村落已成为我国文化遗产保护体系中的重要内容。自传统村落的概念提出以来，至2017年年底，住房和城乡建设部、文化部、国家文物局、财政部、国土资源部、农业部、国家旅游局等相关部委联合公布了四批共计4153个中国传统村落，颁布了《关于加强传统村落保护发展工作的指导意见》等相关政策文件，各级政府和行业组织也制定了相应措施和方案，特别是在乡村振兴战略指引下，各地传统村落保护工作蓬勃开展。

我国传统村落面广量大，地域分异明显，具有高度的复杂性和综合性。传统村落的保护与发展，亟需解决大多数保护意识淡薄与局部保护开发过度的不平衡、现代生活方式的诉求与传统物质空间的不适应、环境容量的有限性与人口不断增长的不匹配、保护利用要求与经济条件发展相违背、局部技术应用与全面保护与提升的不协调等诸多矛盾。现阶段，迫切需要优先解决传统村落保护规划和技术传承面临的诸多问题：传统村落价值认识与体系化构建不足、传统村落适应性保护及利用技术研发短缺、传统村落民居结构安全性能低下、传统民居营建工艺保护与传承关键技术亟待突破，不同地域和经济发展条件下传统村落保护和发展亟需应用示范经验借鉴等。

另一方面，随着我国城镇化进程的加快，在乡村工业化、村落城镇化、农民市民化、城乡一体化的大趋势下，伴随着一个个城市群、新市镇的崛起，传统村落正在大规模消失，村落文化也在快速衰败，我国传统村落的保护和功能提升迫在眉睫。

在此背景之下，科学技术部与住房和城乡建设部在国家"十二五"科技支撑计划中，启动了"传统村落保护规划与技术传承关键技术研究"项目（项目编号：2014BAL06B00）研究，项目由中国建筑设计研究院有限公司联合中国城市规划设计研究院、华南理工大学、西安建筑科技大学、四川美术学院、湖南大学、福州市规划设计研究院、广州大学、郑州大学、中国建筑科学研究院、昆明理工大学、长安大学、哈尔滨工业大学等多个大专院校和科研机构共同承担。项目围绕当前传统村落保护与传承的突出难点和问题，以经济性、实用性、系统性和可持续发展为出发点，开展了传统村落适应性保护及利用、传统村落基础设施完善与使用功能拓展、传统民居结构安全性能提升、传统民居营建工艺传承、保护与利用等关键技术研究，建立了传统村落保护与发展的成套技术应用体系和技术支撑基础，为大规模开展传统村落保护和传承工作提供了一个可参照、可实施的工作样板，探索了不同地域和经济发展条件下传统村落保护和利用的开放式、可持续的应用推广机制，有效提升了我国传统村落保护和可持续发展水平。

中国建筑设计研究院有限公司联合福州市规划设计研究院、中国城市规划设计研究院等单位共同承担了"传统村落保护规划与技术传承关键技术研究"项目"传统村落规划改造及民居功能综合提升技术集成与示范"课题（课题编号：2014BAL06B05）的研究与开发工作，基于以上课题研究和相关集成示范工作成果以及西北和东北地区传统村落保护与发展的相关研究成果，形成了《中国传统村落保护与发展系列丛书》。

丛书针对当前我国传统村落保护与发展所面临的突出问题，系统地提出了传统村落适应性保护及利用，传统村落基础设施完善与使用功能拓展，传统民居结构安全性能提升，传统营建工艺传承、保护与利用等关键技术于一体的技术集成框架和应用体系，结合已经开展的我国西北、华北、东北、太湖流域、皖南徽州、赣中、川渝、福州、云贵少数民族地区等多个地区的传统村落规划改造和民居功能综合提升的案例分析和经验总结，为全国各个地区传统村落保护与发展提供了可借鉴、可实施的工作样板。

《中国传统村落保护与发展系列丛书》主要包括以下内容：

系列丛书分册一《福州传统建筑保护修缮导则》以福州地区传统建筑修缮保护的长期实践经验为基础，强调传统与现代的结合，注重提升传统建筑修缮的普适性与地域性，将所有需要保护的内容、名称分解到各个细节，图文并茂，制定一系列用于福州地区传统建筑保护的大木作、小木作、土作、石作、油漆作等具体技术规程。本书由福州市城市规划设计研究院罗景烈主持编写。

系列丛书分册二《传统村落保护与传承适宜技术与产品图例》以经济性、实用性、系统性和可持续发展为出发点，系统地整理和总结了传统村落保护与发展亟需的传统村落基础设施完善与使用功能拓展，传统民居结构安全性能提升，传统民居营建工艺传承、保护与利用等多项技术与产品，形成当前传统村落保护与发展过程中可以借鉴并采用的适宜技术与产品集合。本书由中国建筑设计研究院有限公司陈继军主持编写。

系列丛书分册三《太湖流域传统村落规划改造和功能提升——三山岛村传统村落保护与发展》作者团队系统调研了太湖流域吴文化核心区的传统村落，特别是系统研究了苏州太湖流域传统村落群的选址、建设、演变和文化等特征，并以苏州市吴中区东山镇三山岛村作为传统村落规划改造和功能提升关键技术示范点，开展了传统村落空间与建筑一体化规划、江南水乡地区传统民居结构和功能综合提升、苏州吴文化核心区传统村落群保护和传承规划、传统村落基础设施规划改造等集成与示范，对集成与示范成果进行编辑整理。本书由中国建筑设计研究院有限公司刘晓峰主持编写。

系列丛书分册四《北方地区传统村落规划改造和功能提升——梁村、冉庄村传统村落保护与发展》作者团队以山西、河北等省市为重点，调查研究了北方地区传统村落的选址、格局、演变、建筑等特征，并以山西省平遥县岳壁乡梁村作为传统村落规划改造和功能提升关键技术示范点，开展了北方地区传统民居结构和功能综合提升、传统历史街巷的空间和景观风貌规划改造、传统村落基础设施规划改造、传统村落生态环境改善等关键技术集成与示范，对集成与示范成果进行编辑整理。本书由中国建筑设计研究院有限公司林琢主持编写。

系列丛书分册五《皖南徽州地区传统村落规划改造和功能提升——黄村传统村落保护与发展》作者团队以徽派建筑集中的老徽州地区一府六县为重点，调查研究了皖南徽州地区传统村落的选址、格局、演变、建筑等特征，并以安徽省休宁县黄村作为传统村落规划改造和功能提升关键技术示范点，开展了传统村落选址与空间形态风貌规划、徽州地区传统民居结构和功能综合提升、传统村落人居环境和基础设施规划改造等的关键技术集成与示范，对集成与示范成果进行编辑整理。本书由中国建筑设计研究院有限公司李志新主持编写。

系列丛书分册六《福州地区传统村落规划更新和功能提升——宜夏村传统村落保护与发展》作者团队以福建省中西部地区为重点，调查研究了福州地区传统村落的选址、格局、演变、建筑等特征，并以福建省福州市鼓岭景区宜夏村作为传统村落规划改造和功能提升关键技术示范点，开展了传统村落空间保护和有机更新规划、传统村落景观风貌的规划与评价、传统村落产业发展布局、传统民居结构安全与性能提升、传统村落人居环境和基础设施规划改造等的关键技术集成与示范，对集成与示范成果进行编辑整理。本书由福州市城市规划设计研究院陈硕主持编写。

系列丛书分册七《赣中地区传统村落规划改善和功能提升——湖州村传统村落保护与发展》作者团队以江西省中部地区为重点，调查研究了赣中地区传统村落的选址、格局、演变、建筑等特征，并以江西省峡江县湖洲村作为传统村落规划改造和功能提升关键技术示范点，开展了传统村落选址与空间形态风貌规划、赣中地区传统民居结构和功能综合提升、传统村落人居环境和基础设施规划等的关键技术集成与示范，对集成与示范成果进行编辑整理。本书由中国城市规划设计研究院郝之颖主持编写。

系列丛书分册八《云贵少数民族地区传统村落规划改造和功能提升——碗窑村传统村落保护与发展》作者团队以云南、贵州省为重点，调查研究了云贵少数民族地区传统村落的选址、格局、演变、建筑和文化等特征，并以云南省临沧市博尚镇碗窑村作为传统村落规划改造和功能提升关键技术示范点，开展了碗窑土陶文化挖掘和传承、传统村落特色空间形态风貌规划、云贵少数民族地区传统民居结构安全和功能提升、传统村落人居环境和基础设施规划改造等的关键技术集成与示范，对集成与示范成果进行编辑整理。本书由中国建筑设计研究院有限公司陈继军主持编写。

系列丛书分册九《西北地区乡村风貌研究》选取全国唯一的撒拉族自治县循化县154个乡村为研究对象。依据不同民族和地形地貌将其分为撒拉族川水型乡村风貌区、藏族山地型乡村风貌区以及藏族高山牧业型乡村风貌区。在对其风貌现状深入分析的基础上，遵循突出地域特色、打造自然生态、传承民族文化的乡村风貌的原则，提出乡村风貌定位，探索循化撒拉族自治县乡村风貌控制原则与方法。乡村风貌的研究可以促进西北地区重塑地域特色浓厚的乡村风貌，促进西北地区乡村文化特色继续传承发扬，促进西北地区乡村的持续健康发展。本书由西安建筑科技大学靳亦冰主持编写。

系列丛书分册十《辽沈地区民族特色乡镇建设控制指南》在对辽沈地区近2000个汉族、满族、朝鲜族、锡伯族、蒙古族和回族传统村落的自然资源和历史文化资源特色挖掘的基础上，借鉴国内外关于地域特色语汇符号甄别和提取的先进方法，梳理出辽沈地区六大主体民族各具特色的、可用于风貌建设的特征性语汇符号，构建出可以切实指导辽沈地区民族乡村风貌建设的控制标准，最终为相关主管部门和设计人员提供具有科学性、指导性和可操作性的技术文件。本书由沈阳建筑大学朴玉顺主持编写。

《中国传统村落保护与发展系列丛书》编写过程中，始终坚持问题导向和"经济性、实用性、系统性和可持续发展"等基本原则，考虑了不同地区、不同民族、不同文化背景下传统村落保护和发展的差异，将前期研究成果和实践经验进行了系统的归纳和总结，对于研究传统村落的研究人员具有一定的技术指导性，对于从事传统村落保护与发展的政府和企事业工作人员，也具有一定的实用参考价值。丛书的出版对全国传统村落保护与发展事业可以起到一定的推动作用。

丛书历时四年时间研究并整理成书，虽然经过了大量的调查研究和应用示范实践检验，但是针对我国复杂多样的传统村落保护与发展的现实与需求，还存在很多问题和不足，尚待未来的研究和实践工作中继续深化和提高，敬请读者批评指正。

本丛书的研究、编写和出版过程，得到了李先逵、单德启、陆琦、赵中枢、邓千、彭震伟、赵辉、胡永旭、郑国珍、戴志坚、陈伯超、王军（西安建筑科技大学）、杨大禹、范霄鹏、罗德胤、冯新刚、王明田、单彦名等专家学者的鼎力支持，一并致谢！

陈继军

2018年10月

前　言

自2009年6月福州"三坊七巷"被列为"中国历史文化名街"后，现有历史街区的保护与利用越来越被政府和民众关注，人们越来越意识到历史街区改造对城市复兴的巨大推动力，同时也大大提高了人们对传统建筑价值的认识与保护意识。然而在保护中无意识的破坏却时有发生，尤其是外地施工人员在不完全了解当地传统建筑特征的情况下，使得传统建筑在修缮后又暴露出风貌异化等问题。问题的关键在于用什么办法让传统建筑产权人、管理部门、使用者、设计单位以及施工单位等真正掌握福州传统的内在特质与形式特色，正确地辨别传统建筑平面、构架、造型、立面、装修等各个方面和各个细节的正误，具体掌握保护的知识点和本领，提高其参与保护的能力，即如何以高效的办法达到有效保护传统建筑及古城的目的。

传统建筑修缮的过程是一个高度专业性的工作，必须把握传统建筑修缮的核心价值和技术要点，才能更为充分地保护和展示传统建筑的历史、文化、科学价值，以及体现保存至今的"适应、合理、变通、兼融"的核心价值。《福州传统建筑保护修缮导则》以福州地区传统建筑修缮保护的长期实践经验为基础，采取将所有需要保护的内容、名称分解到各个细节，图文并茂，制订一系列用于福州地区传统建筑保护的大木作、小木作、土作、石作、油漆作等具体技术规程，针对具体技术措施、实施的可行性和实用性提出必要的控制要求，使修缮工作规范化、合理化，以用于培训福州地区的传统工匠，指导福州地区传统建筑的修缮和保护，强调传统与现代的结合，注重提升传统建筑修缮的普适性与地域性，对于福州传统建筑的修缮具有可操作性与指导性。

福州传统建筑的形式特征与做法表现出匠人精湛的工艺以及地域的适宜性，具有极高的历史文化价值。本导则对福州传统建筑的形式构成及其做法进行深入地研究，从材料、施工工艺以及修缮措施等方面对福州传统建筑营造技艺进行全面剖析，完善了福州传统建筑在营建工艺上的研究，同时为修缮提供了指导性依据，对福州传统建筑的保护与修缮工程具有积极的指导作用，在满足当前功能要求的前提下，结合现代工艺，将传统营建的工作进一步传承，延续传统文化。希望借助本导则的推广，进一步深化对传统建筑保护修缮的理解度，提高保护修缮工作效率，减少传统建筑保护修缮过程各个环节因技术或本土文化的不了解而造成的工程返工以及对传统建筑的建设性破坏。

文中共分九章对福州传统建筑保护修缮导则进行深入剖析：第1章总则，对本导则制定的目的与意义进行诠释，并指出本导则的适用范围。第2章传统建筑风险评估与维修方法，对传统建筑的病害风险评估、维护工程的分类、维修方法进行整合、提取适合福州传统建筑修缮的指导思想与方法，通过对传统建筑的病害评估，确定传统建筑重要构件的残损情况及其病害源，并以此作为维护工程分类依据，结合实践的经验总结传统建筑大木构件维修常用的方法、适用条件等，为保护修缮提供了从宏观到微观的指导方向。第3章福州传统民居的形态与演进，在调研的基础上从福州地区传统建筑的影响因素、演进过程等方面对福州传统建筑的地域与传统基因进行系统分析总结，探索其演进过程在传统建筑的形态上所表现的特征。第4~8章按照传统建筑各个工种分类进行阐述，包括大木作、小木作、土作、石作、油漆作，在借鉴传统建筑特征普适性的基础上，结合福州地区传统建筑的地域性，主要从各自的用材特征、做法与工艺、修缮相关的具体措施进行总结分析，从技术层面上对福州传统建筑的保护修缮措施提出技术的控制要点，形成福州传统建筑修缮导则的核心内容。第9章传统建筑名词图解则是对福州传统建筑形式、类型以及各个工种的构件名称及做法等相关的术语结合图片形式进行归纳和阐释。

传统建筑的保护修缮具有地域性，同时也需要满足现代生活的需求，其具有一定时间延续性，即使是福州地区的传统建筑，不同地域的建筑其传统营建工艺也不尽相同，而本导则能起到的作用只是指导性，故要求设计者、施工人员等在具体的修缮设计过程中本着因地制宜的原则去思考。

目　录

第 5 章

/

福州传统建筑
小木作

101

第1章

总　则

01

1. 为贯彻执行《中华人民共和国文物保护法》，加强对福州传统建筑的保护与维修，使传统建筑得到正确维护与修缮，特制定本导则。

2. 本导则适用于福州传统建筑的保护与修缮。

3. 对福州地区传统建筑的维护与修缮，除应遵守本导则外，尚应符合国家现行有关保护标准规范的规定。

4. 为适应长远保护传统建筑工作的需要，每次维护与修缮所进行的勘察、测试、鉴定、设计、施工及验收的记录、图纸、照片和审批文件等全套资料均应由文物主管部门建档保存。

5. 从事传统建筑维护与修缮的设计和施工单位，应经专业技术审查合格资质，其所承担的任务应经文物主管部门批准。

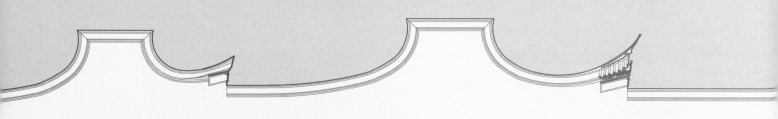

第 2 章
传统建筑风险评估与维修方法

02

2.1 传统建筑的病害风险评估

2.1.1 传统建筑的病害勘查

传统建筑的勘查主要包括对建筑遗产的现状结构体系和残损情况的全面记录。

现状结构体系包括：整体结构、各个构件及连接的尺寸和时代属性；建筑材料的品种规格；承重构件，主要节点和连接处的强度、弹性和受力性能；彩绘、雕塑等建筑装饰的专门记录。

残损情况部分主要包括：

1）结构的整体变位，包括建筑物的荷载分布、地基基础，整体沉降或不均匀沉降、倾斜、位移、扭转等方面。

2）承重构件的材质状态：木材腐朽、虫蛀、变质的部位、范围和程度，对构件受力有影响的木节、斜纹和干缩裂缝的部位和尺寸；有过度变形或局部损害构件的强度和弹性。

3）承重构件的受力状态：受弯构件（梁、枋、檩、椽、楞木等）的挠度和侧向变形（扭转），构件折断、劈裂或沿截面高度出现的受力皱褶和裂纹、屋盖、楼盖局部坍陷的范围和程度，柱头位移、柱脚与柱脚下陷、斗栱的变形、错位及其构件或连接的残损程度。

4）主要连接部位的工作状态：梁、枋拔榫、榫头折断或卯口劈裂、榫头和卯口处的压缩变形、铁件锈蚀、变形或残缺。

5）历代维修加固措施的工作状态：受力状态、新出现的变形或位移，原腐朽部位挖补后重新出现的腐朽，因维修加固不当对其他部位造成的不良影响。

6）建筑表面材料的损毁情况，包括油漆、彩绘等的褪色、变色、氧化及其传统工艺技术。

注

勘查是了解和研究传统建筑的基本方法，与勘查相关的常见说法有：文物调查、现状勘测/勘察、工程勘查、建筑测绘、精密勘查等。病害勘查，旨在强调预防性保护要求的勘查应该达到的深度和精确度[1]。

[1] 吴美萍. 建筑遗产保护丛书. 中国建筑遗产的预防性保护研究 [M]. 南京：东南大学出版社，2014. 参考书中3.3节中的3.3.1、3.4.3节中的部分内容整理。

2.1.2 木构传统建筑重要构件的残损点评定

木构传统建筑重要构件的残损点评定 表2-1-1

构件	检查内容	残损点评定界限
柱	腐朽和老化变质：在任一截面上腐朽和老化变质（两者合计）所占面与整截面面积之比 ρ	• 当仅有表面腐朽和老化变质时：$\rho>1/5$ 或按剩余截面验算不合格 • 当仅有心腐：$\rho>1/7$ 或按剩余截面验算不合格 • 当同时存在以上两种情况：不论 ρ 大小均视为残损点
	虫蛀	有虫蛀孔洞，或未见孔洞但敲出有空鼓音
	木材的天然缺陷	木节、扭（斜）纹或干缩裂缝大小不能超过"承重木材材质标准"
	柱的弯曲：弯曲矢高 δ	$\delta>L_0/250$
	柱脚与柱础错位	• 柱脚底面与柱础间实际抵承面积与柱脚处厚截面之比 $\rho_c：\rho_c{}'<3/5$ • 柱与柱础之间错位量与柱径（或柱截面）沿错位方向的尺寸之比 $\rho_d：\rho_d{}'>1/6$
	柱身损伤	沿柱长一部位有断裂、劈裂或压皱迹象出现
	历代加固现状	• 原墩接的完好程度：柱身有新的变形或变位，或榫卯已脱胶、开裂或铁箍已松脱 • 原灌浆效果：浆体干缩，敲击有空鼓音，有明显的压皱或变形现象 • 原挖补部位的完好程度：已松动、脱胶、或又发生新的腐朽
梁枋	腐朽和老化变质：在任一截面上腐朽和老化变质（两者合计）所占面与整截面面积之比 ρ	• 当仅有表面腐朽和老化变质时：对梁身 $\rho>1/8$ 或按剩余截面验算不合格，对梁端不论 ρ 大小均视为残损点 • 当仅有心腐时：不论 ρ 大小均为残损点
	虫蛀	有虫蛀孔洞，或未见孔洞但敲出有空鼓音
	木材的天然缺陷	木节、扭（斜）纹或干缩裂缝大小不能超过"承重木材材质标准"
	弯曲变形	• 竖向挠度最大值 ω_1 或 $\omega_1{}'$：当 H/L>1/14时，$\omega_1>L_2/2100H$，当 H/L<1/14时，$\omega_1>L/150$，对300年以上梁枋，若无其他残损，可按 $\omega_1{}'>\omega_1+H/50$ 评定 • 侧向弯曲矢高 ω_2：$\omega_2>L/200$
	梁身损伤	• 跨中断纹开裂：有裂纹，或未见裂纹但梁的表面有压皱痕迹 • 两端劈裂（不包括干缩裂缝）：有受力或过渡挠曲引起的端裂或斜裂 • 非原有的锯口、开槽或钻孔：按剩余截面验算不合格
	历代加固现状	• 两端原拼接加固变形，或已脱胶，或螺栓已松脱 • 原灌浆浆体干缩，敲击有空鼓音，或梁身挠度增大
斗栱		• 整攒斗栱明显变形或错位 • 大斗明显压陷、劈裂、偏斜或移位 • 栱身折断，小斗脱落，且每一枋下连续两处发生 • 整攒斗栱发生腐朽、虫蛀或老化变质，并已影响斗栱受力 • 柱头或转角处的斗栱有明显破坏迹象
屋盖	椽条系统	• 椽子已成片腐朽或虫蛀； • 椽、檩间未钉钉或钉子已锈蚀 • 椽子挠度大椽跨1/100，并已引起屋面明显变形 • 承椽枋有明显变形
	檩条系统	• 腐朽和老化变质、虫蛀的残损点按梁枋评定 • 跨中最大挠度 ω_1：当 L<3m时，$\omega_1>L/100$；当 L>3m时，$\omega_1>L/120$；若因多数檩条挠度较大而导致漏雨，则 ω_1 不论大小，均视为残损点 • 檩条支撑长度 α：支承在木构件上，$\alpha<60mm$；支承在砌体上，$\alpha<120mm$ • 檩短脱榫或檩条外滚

构件	检查内容	残损点评定界限
屋盖	瓜柱、角背、驼峰等	• 有腐朽或虫蛀 • 有倾斜、脱榫或劈裂
	翼角、檐角、由戗	• 有腐朽或虫蛀 • 角梁后尾的固定部位无可靠拉结 • 角梁后尾，由戗端头已劈裂或折断 • 翼角、檐头已明显下垂
楼盖	楼盖梁	腐朽和老化变质、虫蛀的残损点按梁枋评定
	楞木	• 腐朽和老化变质、虫蛀的残损点按梁枋评定 • 竖向挠度最大值 ω_1：$\omega_1>L/180$，或体感颤动严重 • 侧向弯曲矢高 ω_2：$\omega_2>L/120$ • 端部无可靠锚固，且支承长度小于60mm
	楼板	木材腐朽破损，已不能起加强楼盖水平刚度作用
石梁枋		• 表层风化，在构件截面上所占面积超过全截面面积1/8，或按剩余截面验算不能满足使用要求 • 有横断裂缝或斜缝出现 • 在构件端部，有深度超过截面宽度1/4的水平裂缝 • 梁身有残缺损伤，经验算其承载力不能满足使用要求
墙	砖墙	• 砖的风化，在风化长大于1m以上的区段，确定其平均风化深度与墙厚之比 ρ：当H>10m时，$\rho>1/5$或按剩余截面验算不合格；当H>10m时，$\rho>1/6$或按剩余截面验算不合格 • 倾斜，单层房屋倾斜量Δ：当H<10m时，$\Delta>H/150$时或$\Delta>B/6$，当H>10m时，$\Delta>H/150$或$\Delta>B/7$；多层房屋总倾斜量Δ，当H<10m时，$\Delta>H/120$时或$\Delta>B/6$，当H>10m时，$\Delta>H/120$或$\Delta>B/7$；多层房屋的房间倾斜量Δ_1，$\Delta_1>H1/90$或$\Delta_1>40mm$ • 裂缝：地基沉陷引起的裂缝，有通长的水平裂缝，或有贯通竖向裂缝或斜向裂缝（H为墙体总高，H_1为层间墙高，B为墙厚，若墙厚上下不等，按平均值采用）
	非承重土墙	• 墙身倾斜超过墙高的1/70 • 墙体风化，硝化深度超过墙厚的1/4 • 墙身有明显的局部下沉或鼓起变形 • 墙体受潮，有大块湿斑
	非承重毛石墙	• 墙身倾斜超过墙高的1/85 • 墙面有较大破损，已严重影响其使用功能
石柱	风化：在任一截面上，风化层所占面积与全截面面积之比 ρ	$\rho>1/6$或按剩余截面验算不合格
	裂缝	• 有肉眼可见的水平或斜向细裂缝 • 出现不止一条纵向裂缝，其缝宽度大于0.1mm
	倾斜	• 单层柱倾斜量Δ，$\Delta>H/250$或$\Delta>50mm$ • 多层柱总倾斜量Δ，$\Delta>H/170$或$\Delta>80mm$ • 多层柱层间倾斜量Δ，$\Delta>H_1/125$或$\Delta_1>40mm$
	柱头与上部木构架的连接	无可靠连接，或连接已松脱、损坏
	柱脚与柱础错位	• 柱脚底面与柱础实际承压面积与柱脚面积之比 ρ_c：$\rho_c'>2/3$ • 柱与柱础之间错位量与柱径（或柱截面）沿错位方向的尺寸之比 ρ_d：$\rho_d'>1/6$

构件	检查内容	残损点评定界限
连接及构架整体性	整体倾斜	• 沿构架平面的倾斜量 Δ_1：抬梁式，$\Delta_1 > H_0/120$ 或 $\Delta_1 > 120mm$；穿斗式，$\Delta_1 > H_0/100$ 或 $\Delta_1 > 150mm$ • 垂直构架平面的倾斜量 Δ_2：抬梁式，$\Delta_2 > H_0/240$ 或 $\Delta_2 > 60mm$；穿斗式，$\Delta_2 > H_0/200$ 或 $\Delta_2 > 75mm$
	局部倾斜	柱头与柱脚的相对位移 Δ：抬梁式，$\Delta > H/90$；穿斗式，$\Delta > H/75$
	构架间的连系	纵向连枋及其连系构件已残缺或连接已松动
	梁、柱间的连系（包括柱与枋间、柱与檩间的连系）	无拉结，抬梁式榫头拨出卯口的长度超过长度的2/5，穿斗式榫头拨出卯口长度超过榫头长度1/2
	榫卯	• 腐朽、虫蛀 • 劈裂或折断 • 横纹压缩变形超过4mm
其他	砖、石砌筑的拱券裂缝/变形	• 拱券中部有肉眼可见的竖向裂缝，或拱端有斜向裂缝，或支承的墙体有水平裂缝 • 拱身下沉变形
	含水率	原木或方木构件，包括梁枋、柱、檩、椽等含水率大于20%，其表层20mm深处的含水率大于16%

（注：本表格参考：GB 50165—92.古建筑木结构维护与加固技术规范[S].1992）

2.1.3 传统建筑承重构件的常见病害及其病害源

传统建筑承重构件的常见病害及其病害源　　　　　　表2-1-2

承重构件部位	常见病害	病害源
地基基础	• 沉降 • 移位	• 局部软弱土，土层中含流砂层 • 地下水的不利影响 • 原桩基残损 • 超荷载受力 • 周边施工
墙体	• 倾斜 • 裂缝 • 局部下城 • 风化/酥碱 • 鼓起变形 • 受潮湿斑	• 地基沉降 • 超荷载受力 • 历代不当维修加固 • 自然环境气候因素 • 植物树根破坏
柱	• 柱身弯曲、断裂、裂缝 • 柱头移位 • 柱脚沉陷 • 柱脚与柱础错位 • 柱身腐朽、虫蛀、空膨 • 风化（石柱）	• 木材天然缺陷 • 虫蚁 • 风、雨等自然环境气候移速 • 地震等自然灾害 • 超荷载受力 • 地基沉降 • 历代不当维修加固

承重构件部位	常见病害	病害源
梁枋	• 弯曲变形 • 腐朽、蛀孔 • 梁端劈裂、跨中开裂 • 榫头折断、卯口断裂、榫卯处收缩变形 • 连接铁件锈蚀或破损 • 风化（石梁枋）	• 木材天然缺陷 • 风、雨等自然环境气候因素 • 虫、蚁 • 地震等自然灾害 • 室内环境封闭不通风，湿度大 • 历代不当维修加固
斗栱	• 整攒斗栱变形移位 • 栌斗沉陷、移位、开裂 • 栱翘折断、小斗脱落	• 漏雨 • 木材天然缺陷 • 风、雨等自然环境气候因素 • 室内环境封闭不通风，湿度大
屋盖	• 腐朽、蛀孔 • 檩条脱榫、外滚 • 倾斜、弯曲变形 • 折断、裂缝	• 漏雨 • 椽檩钉子未钉或锈蚀 • 室内环境封闭不通风，湿度大 • 屋面排水系统等
楼盖	• 楼盖梁弯曲变形 • 断裂、裂缝 • 腐朽、蛀孔、残损	• 超荷载受力 • 虫蚁 • 室内环境封闭不通风，湿度大

2.1.4 传统建筑病害分级

评估结果采用较为直观地"很严重、严重、一般、轻微、无影响"来表示病害对结构和材料的损害程度。●

1）"很严重"即承重结构的局部或整体已处危险状态，随时可能发生意外，具体情况如下：

① 多榀木结构出现严重残损，其组合可能导致建筑或其中某区段的坍塌；

② 建筑物已朝某一方向倾斜，且其发展速度加快；

③ 大梁与承重柱的连接处于危险状态或其他重要承重部位发现严重残损或异常征兆；

④ 建筑物受到滑坡、泥石流、洪水或其他环境因素的影响而濒临破坏。

2）"严重"即承重结构中关键部位的病害已影响结构安全和正常使用，但不至于立即发生危险。具体的情况往往是存在结构性病害（表2-1-2），或者承重结构中关键部位的病害已达到残损点——某一构件、节点或部位已处于不能正常受力、不能正常使用或濒临破坏的状态，或者如：①主要承重构件（大梁、檐柱、充柱等）有破坏并可能引起其他构件连锁破坏；②多处出现残损点，且分布有规律或集中出现。

3）"一般"即病害对建筑结构和材料造成一定的损害，虽然可能不影响建筑结构安全和正常使用，但需要对其进一步观察，以确定其对承重结构是否存在不利影响，此种情况下病害往往是发展型病害。具体的情况是病害未达到残损点，但不加控制的话往往容易发展为"严重"。

● 该部分内容参考：闫金强. 我国建筑遗产监测中问题与对策初探［D］. 天津：天津大学，2012：36-37.

4）"轻微"即病害对建筑结构和材料的损害很小，如果病害为发展型病害则需要对其进行观察，如果病害为稳定型病害则基本可以忽略。"轻微"性的发展型病害也是如此，因此需要对这些病害的发展情况进行检测以使在其达到残损点之前及时加以控制。

5）"无影响"：即病害为稳定型病害，其对建筑结构和材料的损害几乎可以忽略。

2.2 维护工程的分类

根据《中华人民共和国文物保护法》的要求，结合多年的维修经验，《古建筑木结构维护与加固技术规范》（GB50165-92）将传统建筑的维修与加固工程分为五类：经常性的保养工程、重点维修工程、局部复原工程、迁建工程和抢险性工程。

2.2.1 经常性的保养工程

经常性的保养工程，指不改动文物现存结构、外貌、装饰、色彩而进行的经常性保养维护，是使传统建筑延年益寿的重要方法。

在经历漫长历史过程后，因各种自然和人为侵害，传统建筑会出现各种复杂的情况，经常性的保养工程可使传统建筑保持健康状态，从而减少大型修缮。经常性保养工程的内容包括：屋顶除草勾抹，清除瓦顶污垢，更新残损瓦件，局部揭瓦补漏，检查构件自然裂缝，减少风力和污土的侵蚀污染；对因狂风暴雨、地震等强外力干扰而出现问题的梁、柱、墙壁等进行历史性简易支撑；修补和添配门窗；检修防潮、防腐、防虫措施；疏通排水设施，清除庭院污土污物，保持雨水畅通；安装防火、防雷装置，砌筑围墙，强化安全防护等。

对传统建筑进行经常性的保养维修工程，可以保持建筑较长时间不塌不漏，延长建筑寿命。

2.2.2 重点维修工程

重点维修工程是一种比较彻底的修缮工程，通过结构加固、归安等保护性处理，保存传统建筑现状或局部恢复其原状。根据维修内容和工程规模等，可分为揭瓦修缮、打牮拨正、局部落架以及落架大修等。

2.2.2.1　揭瓦修缮

当传统建筑残损不太严重，仅个别承重构件有损，柱子、斗栱、檩条等大木构件基本完好的情况下，可进行揭瓦修缮。揭瓦修缮时，柱子抄平、柱基加固或铺砌，损坏不能加固的斗栱和大木构件用原材料复制，能加固或拼接者加固后继续使用。揭瓦修缮可以保持传统建筑结构的整体稳定，也尽可能多地保存传统建筑的原状。

2.2.2.2　打牮拨正

当受到外力作用或因构件承重能力减退等原因而使传统建筑损毁较为严重，出现木构架变形、梁架系统构件歪闪、倾斜、滚动和脱卯、柱子明显不均匀沉降、斗栱和梁架有构件折断、墙体坍塌现象时，应针对上述现象进行打牮拨正。打牮，就是将构件抬升，解除构件承受的荷载；拨正即将倾斜、滚动、脱榫的构件重新归位拨正。打牮拨正是在不拆落木构架的情况下，按建筑原来的构架方法和位置归安合卯，使倾斜、扭转、拨榫的构件复位，再进行整体加固；同时对个别残损严重的柱、梁枋、斗栱等构件进行更换或采取其他修补加固措施。

打牮拨正的大致工序是：先将歪闪严重的建筑支上枪杆，防止继续歪闪倾圮；揭去瓦面，铲掉污泥、灰渣，拆去山墙、槛墙等支顶物，拆掉望板、椽条、露出大木构架；将木构架榫卯处的胀眼科（木楔）、卡口等去掉，有铁件的将铁件松开；在柱子外皮画上中线、升线（如旧线清晰可辨时，也可用旧线）；将构件歪闪的构架归正；稳住戗杆并重新掩上卡口，堵塞胀眼，加上铁活，垫上柱础，然后掐砌槛墙、砌山墙、钉椽望、铺盖瓦，全部工作完成后撤去牮杆和戗杆。

打牮拨正是在建筑物歪闪严重，但大木构件尚完好且不需更换构件或只需个别更换构件的情况下采取的修缮措施。这种措施对建筑有一定扰动，但没有拆卸梁架，而建筑基础、柱子、梁枋、梁架大都保存在梁架上（即原结构不动），少许构件予以加固和复制，尚能较好地保存传统建筑的原状。

2.2.2.3　局部落架

有些传统建筑因地基变化或地震等外力作用，柱子沉降歪闪严重、建筑倾斜较大、梁架扭闪、斗栱折损、现状已不能继续维持、揭瓦修缮等措施尚不能解除所有隐患即需要采取局部落架的办法进行修缮。

所谓局部落架，是基础部分保留或大部分保留，部分柱础、柱子不予拆卸、额枋等随柱子原位不动；部分斗栱和梁架中的大型构件保存架上，少部分需要墩接加固的柱子，梁枋加固或复制；已缺的榫卯修补齐备，结构松弛者在保证不损伤构件、不降低构件功能的情况下，加施必要的铁活。

这类修缮工程，大部分基础未动，柱子、梁枋、斗栱、梁架的一部分仍在架上，未拆卸的部分基本上还是原构，因此和落架大修存在较大区别。

2.2.2.4 落架大修

传统建筑可能由于外力和地质地基的变化严重受损，出现基础酥碱、荷载失衡、柱子歪闪、斗栱折损、梁架倾斜；或是梁枋朽坏、局部坍塌；或因地震等冲击、建筑变形。各个结构部位出现拔脱，经勘察鉴定基地修缮方法不能奏效时，只能进行落架大修。落架大修是包括基础在内的全部功能，即基础重筑，柱子、梁枋、斗栱、梁架、檩条等大木构件全部拆卸，逐件检修，残者加固，已缺的或残损严重不能加固者复制，再原位安装。这类修缮工程大、修缮彻底，过程中要特别注意保护旧构件，其中尤其是保护艺术构件，原有构件加固后仍可继续使用的要千方百计地予以利用，不要轻易更换。维修时运输搬放要注意不要摔碰构件，要最大限度地保持构件完整，尽量避免不必要的损失。

2.2.3 局部复原工程

传统建筑修缮中的局部复原，是保护过程中的又一个侧重面，是指按原样恢复已残损的结构，同时改正历代修缮中有损原状以及不合理增添或去除的部分，是相对比较彻底的一种修缮工程。局部复原必须以保护传统建筑原貌为前提，以不改变文物原状为基准，不仅要恢复残损构件，而且要将历代整修中增添的、去除的、变形的构件复原，恢复到它建造时期的面貌。

复原工作必须有科学的依据，最好是建筑物自身的依据。取得科学资料后认真分析研究。如在斗栱、束木、脊饰等复原时，最好能找到本建筑的依据，其次是同一建筑群中的依据。如果这两方面都不能达到要求，可参照附近同类建筑的斗栱、束木、脊饰进行复原。复原的时代要求，应与建筑的整体构造和主要结构时代相一致，或与历史上较大的重修形成的风格相协调。

2.2.4 迁建工程

迁建工程是指由于种种原因，将传统建筑全部拆迁至新址、重建基础，用原材料、原构件按原样建造的传统建筑修缮工程。

一般情况下，传统建筑修缮要尽可能保护其背景和环境，但由于国家大型建设需要或地质变化、水土流失等不可抗拒因素，传统建筑不能原地保存时，只得进行迁移保护。如我国长江三峡建水坝时，由于水位的提高，原有三峡地区的许多传统建筑处于淹没区内，经勘察研究，决定进行迁移保存。迁建时，将数以万计的建筑构件分门别类按照层次和方位勾绘草图、登记编号，再把草图上的号码与实物构件核实对照进行拆卸、迁移、检修和安装。迁建时经常还包括附设于建筑的壁画、碑碣等，如福州台江救生堂、陈文龙尚书庙的迁移竣工已十多年，未发现明显辩护，评价甚好。

2.2.5 抢险性工程

抢险性工程，多是面对不可预测和没有预测余地的状况采取的修缮措施。由于狂风、暴雨、地震、基础渗水等强外力侵扰，传统建筑发生倾斜、扭闪、裂缝、翼角坍陷等严重危险时，有时会因经济、技术、物资等条件还未成熟，或者即使条件成熟，但还需要进行测量、绘图、制定方案、审批工作，一时不能进行修缮或复原工程，就需要采取临时性的抢险性工程，以保证不对传统建筑造成大患，尚应保证所采取的措施不妨碍日后的彻底维修，也就是要严格遵守可逆性的原则。

抢险性工程包括抢险支撑和抢险加固。在抢险支撑工程中，支撑的方法和支撑位置的选择十分重要。原则是支撑的位置要避开建筑构件的剪力点、脆弱点和应力较为集中的地方。抢险加固工程是为保障传统建筑基址不受侵害，特别是防止水土流失和水患而进行的。传统建筑并不完全位于平地，在漫长的历史进程中，地形地貌有可能随之发生变化，可能出现土崖塌方、山洪冲刷、河流倒岸、山体滑坡等现象，严重威胁建筑的安全。抢险加固即是在建筑基址有损坏的地方采取措施，达到保护传统建筑本体安全的目的。

需要明确的是，有的建筑在抢险性工程后残损有一定改善，修缮或修复工作可以稍缓进行；有些建筑虽经抢险支撑或加固，仍面临危险，则需进行修缮。

2.3 传统建筑大木构架维修常用的几种方法

在传统建筑维修工作中，对木构建筑大木构件的残损，要根据其残损程度及这种残损可能导致的对整个建筑的影响程度、建筑整体健康情况等，采取各种处理办法。不仅同一构件的不同残损要采取不同的处理，有时同一构件、同一类型的残损，由于建筑整体健康状况不同，由于人力物力条件不同，也要采用不同的处理办法。至于哪种情况该用哪种方法处理，这不可能用一个简单的定义或公式去说明，这里只是把一些常用的维修方法，进行以下分类：更新法（更换法）；补强法（加固法）；修正法（修补法）；卸荷法（荷载转移法）；❶以拆安为主穿插归安的加固整修法；下撑式拉杆（或拉索）加固法；夹接、托接加固法；FRP（碳纤维）木结构加固法；打牮拨正法。

❶ 傅连兴. 古建修缮中的几个问题［J］. 故宫博物院院刊. 1990（03）: 27.

2.3.1　更新法

更新法是指某承重构件，由于糟朽、劈裂等原因造成残损的程度：①以国标《古建筑木结构维护与加固技术规范》（GB50165-92）相关残损点的检查内容及评定界限为标准看是否残损程度已超标；②应根据承重结构中出现的残损点数量、分布、恶化程度及结构局部或整体可能造成的破坏和后果进行评估；③残损点应为承重体系中某一个构件节点或部位已处于不能正常使用或濒临破坏的状态。

总之，一个构件虽然发生糟朽，但由于糟朽程度、部位不同，对构件强度之减弱，也显然不同，并不是一发生糟朽，就必须更换，而更为重要的是，一座传统建筑中原有构件、材料保留之多寡，将直接影响到这一建筑的文物历史价值。试想，如果我们把一座传统建筑的原有构件，全部以新料原式制作更换下来，即便我们可以把新构件制作得与原有构件完全一样，实际上这座被全部更换了构件的建筑物，充其量也不过是一件复制品了，这正像一件临摹得可以乱真的绘画，固然也有其艺术价值，但它却永远不可能具有原作的艺术价值一样。[1]所以说这种更新法，能少用就尽量少用，能不用就尽量不用。在不影响建筑坚固、美观（主要是坚固）的前提下，尽一切努力，保存每一根原有构件，应该成为我们古建工作者的自觉要求。

2.3.2　补强法

是指采用各种方法对传统建筑大木构件因糟朽、劈裂等原因或因拔榫、脱位等引起的结构力削弱，给予补充、加固、使之恢复原有强度或加固到足以保证安全的程度。较常用的办法有加箍、加垫钢、木夹板、拉条、墩接等。如梁、枋、檩、柱劈裂，就常常采用扁铁箍、铅丝箍等，将开裂构件箍紧，以恢复构件全截面的共同工作；对于承受较大集中荷载的构件，如承受瓜柱、矮柱等集中荷载的梁枋，因超载受压而引起的局部破坏，可采用加铁垫，扩大局部受压面积的方法解决；对于构件局部糟朽、劈折等可用木夹板（或钢夹板）补强加固的方法解决；对于构件拔榫、脱位等可以用加拉条及钢、木撑托的办法加固；对于柱脚糟朽一般多采用墩接的做法修复。除以上所举办法之外，还有一些其他补强的办法，如化学粘接等。[2]

需要指出的是，在施用补强法加固大木构件时，第一要弄清被加固构件的受力情况及其与相邻构件的组合关系，否则就不可能对症下药；其次是要通过必要的验算和试验，以确定能否达到预期的效果。比如，一根梁发生了局部糟朽或劈折，在对其进行补强加固时，首先要对这根梁的受力情况进行分析，计算出损坏部位所承受的内力，计算出由于这一损坏对构件强度引起多大的削弱，如确定采用夹板补强时，这时才可以算出需要多大的

[1] 傅连兴. 古建修缮中的几个问题[J]. 故宫博物院院刊. 1990（03）：27.

[2] 同上。

夹板，需要几根多大直径的夹紧螺栓，以及夹紧螺栓的合理分布等。显然，这种方法较更新法复杂得多，费力得多，然而熟练并正确地掌握这种方法，将会使许多看来需要更新的构件，经过补强处理免于更换，许多看来需要大修的工程，变为一般的维修工程，这不仅可以节约大量的维修经费，而且可以使大批的传统建筑免于大拆大动，而得到更好地保护。❶

2.3.3 修正法

是指对大木构件轻微破损的一些修补方法。如大木楦缝、柱根修补及对构件的局部挖补等。大木楦缝（嵌补）就是对梁、枋、柱子等因木料干燥收缩而形成的开裂，用木条将其填充严实；柱根修补是对木柱，特别是靠墙与外檐柱因长期被风雨侵蚀，在靠近柱础处，常常发生的外皮槽朽，将槽朽外皮剔除，用同样材质的旧干木料镶补粘合起来（如果可以油漆，则进行油饰）；局部挖补，是对显然不会直接影响到构件承载能力的槽朽残损进行处理，将残损处挖去，用木材镶拼整齐的办法。这些修整往往既有着保护构件的意义同时又有装饰"整容"的效果，所以也是修缮工作中不可缺少的一种办法。❷

2.3.4 卸荷法

这种方法适用于对那些因槽朽劈折而部分或全部失去原有承载能力的大木构件，对于因种种原因而遭到破坏，且已不能承受负荷载又不便于更换的构件（尤其是对于年代久远，工艺珍稀等特殊价值的构件，只允许加固或必要的修补，不允许更换的构件），采用某种方法将其荷载转卸到其他构件之上的办法，即为卸荷法。常见的有支顶、增加辅助桁架等。❸

如古建筑中大跨度的纵向或横向大扛梁因长期负荷出现较严重的下挠，且梁头也有轻度的槽朽，为了保留该构件，使之不再继续弯垂下挠，在不影响使用的情况下往往采用减负的办法，即在适当位置采用支顶小木柱或小的无缝钢管，因所加的小木柱或小钢管承担了较大部分的荷载，适当减小了梁的内力（弯矩）而不再下挠，更趋向于安全；对于已槽朽的柱子可以采用抱柱（抱枕）的办法（如三坊七巷林聪彝故居的扛梁厅就是采取这种办法），使柱子和梁头所承受的荷载转卸到新加的抱枕上，这就使得建筑物既保住了原构件又恢复了健康；再一种方法是增设辅助桁架，将已破坏构件之荷载直接转卸到增加的桁架上去，这种桁架可用钢材、木材或钢木混合制作，可采用撑托式、夹板式组装，可另设支点也可利用原有支点，没有什么固定形式❹（一般可在隐蔽处或者吊顶之上部屋盖部分的梁架）。主要是根据损坏的情况、所处位置、结构现状来确定，此外还有一种利用斜撑加

❶ 傅连兴. 古建修缮中的几个问题[J]. 故宫博物院院刊. 1990（03）：27.

❷ 傅连兴. 古建修缮中的几个问题[J]. 故宫博物院院刊. 1990（03）：28.

❸ 同上.

❹ 同上.

固的办法，就是在因受到某种破坏而被减弱挑梁下皮加设斜撑，斜撑下端支于柱侧，使楣、枋增加了支点，缩小了跨距。这里虽然没有直接转移荷载，却显著减少了构件的内力，提高了构件强度。[1]

利用卸荷法，往往可以使大拆大卸的工程缩小为构件加固，尽管这一办法不是随处可用的灵丹妙药（能否应用要受客观条件及建筑物整体情况而定），但对一些传统建筑来说它可以起到"起死回生"的作用。[2]

2.3.5　以拆安为主穿插归安的加固整修法

大木构件主要包括梁、枋、柱、檩等。据现状观察，在大木构件中存在构件缺失、腐朽、拔榫、崩裂、残损、变形、位移等多种不良现状，宜采取以拆安为主穿插归安的修缮形式。大木拆安的第一步是将所涉构件标注编号，然后拆下对构件进行检查整修。拆除解体时，要求做到各种构件分类有序的码放，以便检修加固。拆卸中对榫卯结构易损伤的木构件，严禁强行拉拔和野蛮拗撬，以避免对构件外表或榫卯结构造成新的伤害。木构件拆卸整修添配完毕后，即可进行先内后外、先下后上的归安，具体程序与拆卸步骤相逆。

对主体构架基本稳定的，采取以归安为主、以拆安为辅的修缮形式，待揭顶后再次逐件细致地进行检修。

对大木构件现状良劣互现，少部分已坍塌失毁，大部分相对稳定的。具体修缮宜采取制安、拆安、归安等几种不同形式。如有缺失的构件，可参照相邻构件的材质、规格、尺度进行加工补配复制，尽量使加工工艺和水平接近原风格形制。相邻之处尚存的大木构件，视具体情况采取相应的拆安形式，力求做到与新做的补配构件衔接吻合到位。为尽量减少对原有构件的扰动，除个别梁身弯垂变形需落架拆修外，其他大部分现存的大木构件不做大落架的修缮。

对出现腐朽，但不影响受力的大木构件，只对腐朽部分进行剔除，然后对剔除部分进行贴补加固。补贴之木质与原构件材种相同。贴面内可用现代的环氧树脂粘贴，并加制木钉卯固，外表做旧。补贴加固面较大者，可加紧束铁箍加固。当柱根严重糟朽（糟朽面积占柱截面1/2以上，或有柱心糟朽现象，糟朽高度在柱高的1/5~1/3）时，采用巴掌榫方式予以剔朽墩接。搭接长度控制在柱径的1.5~2倍之间，端头做半榫，以防搭接部分位移，接茬部分紧束铁箍加固（一般是有油饰的可做，密柱的纯穿斗式不油饰可不做铁箍加固）以增强承载能力。对一些出现糟朽影响受力的木柱采取打牮偷梁换柱的方式整修。

对榫卯腐朽或残损而无法承担原来结构功能的大木构件，采用榫卯接外的修复加固方法，对阴卯（或阳卯）进行局部补接加固，或将阳卯改为阴卯，另设暗楔及螺栓夹板进行加固，以恢复原有的结构功能。

❶ 傅连兴. 古建修缮中的几个问题[J]. 故宫博物院院刊. 1990（03）: 29.

❷ 同上。

2.3.6 下撑式拉杆（或拉索）加固法

梁枋构件的挠度超过规定的限值，承载能力不够以及发现有断裂迹象时，可以通过下撑式拉杆（或钢丝索）组成新的受力构件以起到加固构件的目的[1]（如三坊七巷刘家大院大额枋加固做法）。

2.3.7 夹接、托接加固法

木梁在支撑点易产生腐朽、虫蛀等损坏，如果梁上下侧损坏深度大于梁高的1/3，可经计算后采取夹接或接换梁头的方法加固。当采用木夹板加固构架处理或施工较为困难时，可采用槽钢或其他材料托接的方法。[2]

2.3.8 FDP木结构加固法

FDP是一种纤维增强符合材料，具有几何可塑性大、易裁剪成型及自重轻等优点，特别适用于非规则断面的传统木构件表面黏贴，是木结构加固中的首选材料。由于纤维布非常轻，加固后木结构经彩绘后不会影响外观，也几乎没有增加附加重量，这样可以用它来代替传统加固法中需要加设铁箍的做法，不仅其强度比铁箍的强度要高很多，而且由于其自身的耐腐蚀性，无须再对其进行防腐处理，[3]达到一策两得的效果。

2.3.9 打牮拨正法

当传统建筑木构架倾斜率小于3%，可不落架大修，对木构架进行牮屋纠正。牮屋工程具体做法：

1）必须对原木结构逐件检查，测得各构件的沉陷、倾斜、变形、完好程度；

2）牮屋纠正木构件前应先将歪闪建筑支保杆，拆卸屋顶瓦、望砖等全部瓦件，并应拆卸活动的椽子及有关木构件，对无修复价值的木构件应作临时加固或拆除，对不稳定的木构件应临时加固。

3）应清除榫卯间隙中的垃圾，应将位于墙体内的柱与墙体脱开，确保与墙之间有足够牮直空隙。

4）牮屋必须在柱倾斜的正反两个方向上设置保护木支撑或全屋拉杆，下端应固定于地锚上，上端应支撑在倾斜的柱子与梁相连的节点处。当牮二层或二层以上楼房时，应在楼面梁、屋顶桁条与柱相连的节点处加拉杆或绑扎索引绳。节点处必须绑替木，替木的断

❶ 尚建辉. 历史建筑结构加固的适宜性技术研究［C］. 全球视野下的中国建筑遗产——第四届中国建筑史学国际研讨会论文集（《营造》第四辑），2007.

❷ 罗才松，黄奕辉. 古建筑木结构的加固维修方法述评［J］. 福建建筑，2005（6）：197.

❸ 罗才松，黄奕辉. 古建筑木结构的加固维修方法述评［J］. 福建建筑，2005（6）：198.

面面积不得小于该木柱断面面积的1/5，长度不得小于层高的1/5。拉杆的数量不得小于被牮柱的数量。

5）牵拉应先从倾斜大的柱开始。当为楼房时，应从楼顶和楼层同时牵拉。在倾斜度基本达到一致时，应全面牵拉。当牵拉过程中听到响声时，应停止牵拉，观察响声部位，查明情况并采取措施后再进行牵拉。

6）牮屋到位后，应吊线复测构架垂直度，用撑固定，并对复位后的榫卯逐个检查、填实。固定撑应在墙体和屋面工程结束后方可拆除。撑的固定方法应按规范执行。牮屋后的木构架修缮按规范执行。

2.4 木构架其他几种维修方法

2.4.1 整体位移

此种位移适用于木构架整体较好、榫卯尚好、结构较复杂的传统建筑（为1985年整体移建过林则徐纪念馆中的曲尺楼整体移建），其具体做法：

1）对原结构进行详细测量，并绘制测绘图。测绘图应能详实地反映该木构架的各部尺寸、法式、构造做法。

2）按移建设计的要求做好移位新址的基础。

3）拆卸原所有瓦作部分，应拆卸松动的木基层，并加固松动木构件及结构节点。

4）对木柱下端沿纵、横两个方向设水平夹板，将每个柱夹牢。夹板厚度不应小于50mm，夹板底与柱端地面平齐。应在进深、开间方向设斜撑、固定木构架，使木构架前、后、左、右、上、下连成牢固的整体。

5）沿木柱纵轴线或横轴线在夹板下面设轨道，道轨与夹板之间应放置滚杆，并以4个顶或手拉葫芦工具为滑动力，移至新址基础上。

6）移建木构架的修缮可按规范执行。

2.4.2 整体提升垫高工程

其做法使用于在建筑原位置整体升高木构架工程的施工（1990年曾对福清瑞岩寺大雄

殿进行成功提升），其具体做法：

1）对升高木构架应进行全面检查，对危险节点和构件应先行加固。

2）拆卸原屋面全部瓦件，与墙体相连的柱、梁、枋（夹底）等构件应与墙体脱离。

3）沿柱的纵、横轴线采用水平连接各柱根部。柱、梁之间应采用斜杆连接。木构架应连接成牢固的整体。

4）在柱与梁连接的节点处至少立一根牮杆，并在牮杆底设千斤顶，千斤顶的数量不应小于落地柱的数量。千斤顶底部应垫木板，木板的厚度不应小于50mm，宽度不应小于200mm，长度不应小于500mm。木板应放置水平，板底地基应稳固，千斤顶的上升速度应一致。

5）升高后的木构架的维修仍按规范执行。

2.4.3 不均匀沉降纠平做法

本做法适用于建筑柱基不均匀沉降或建筑中部分柱脚腐烂引起的局部楼面、梁架沉降的纠平修复工程，其具体做法：

1）对纠平构架应进行全面检查，对危险节点和构件应进行加固，对不稳定构件应进行临时的加固。

2）对各柱的沉降应进行测量，并应以沉降量最大的柱为纠平控制量，以未沉降的柱为纠平的基准，应清除影响纠平的障碍。

3）当纠平柱数量大于20%时，应局部或全部拆卸原屋面瓦件。

4）纠平动力采用千斤顶，当纠平两层或两层以上建筑时，上、下层相同平面位置的牮杆应在同一垂直线上。

5）纠平应从沉陷最大的柱开始，第一次升高不应超过相邻柱高，应有人统一指标，缓缓纠平。发现响声或不正常现象时，应停下，检查并处理后再继续纠平。

6）纠平后的木构架修缮仍按规范执行。

2.4.4 拆卸移建施工

其具体做法：

1）木构架拆卸前，应对房屋进行全面检查和测绘，在测绘图和构件实物上应标明构件号码和安装方向。

2）拆卸木构架应按照安装木构架相反顺序进行，即先上后下，先外后内，榫卯节点应先抽销后退卯。严禁在拆卸构件时未按榫卯结合的形式乱拆、损坏榫卯。

3）拆卸应有安全保障措施。

4）成组的部件，如斗栱拆卸应先编号、后拆卸。拆完后应就地组装好，并成组入库堆放保管。各相似斗栱等构件不得串垛和相互套用。

5）对拆下的构件应逐件检查，重点检查柱、梁的榫卯部位，梁、桁构件的支承部位及受拉区。

6）对木构件的修补或更换应按修缮规范进行。

7）当确有资料或经论证证明该拆建木构架在以前修缮过且在本次移建中予以恢复。

8）除恢复的部分和缺陷修补的部分外，构架的平面尺寸、标高、侧脚、升起、做法、风格应与原样一致。

第 3 章

福州传统民居的形态与演进

3.1 影响要素

3.1.1 地理与气候条件

福州的气候冬短夏长，民居建筑主要是按夏季气候条件设计的，因此室内外空间相互连通、门窗洞口开得极大，为了克服夏天空气湿度大而带来的闷热天气，民居一般采用避免太阳直晒和加强通风的布局和结构，因此大部分房屋进深大、出檐深、广设外廊，使阳光不能直射室内；另外，在房间的左右都设有小天井和"深巷"，加速空气对流，促进房间阴凉；从建筑群体的布局上看，由于街巷狭窄、建筑密度大，太阳不能充分照射，也有遮阳的效果。

福州周边地区多山，木材及土、木、竹、石、灰资源丰富，尤其是土壤多为红壤，拿来作建筑墙体材料十分合适，只要与砂、灰混合合成一定的配合比，就可以建筑出高达4~5层楼高的墙体。据统计，福建省传统民居采用生土夯筑墙体的占90%以上，福州一带利用拆除旧房的碎砖瓦夯筑而成的瓦砾土墙在民居中非常普遍。

3.1.2 历史文化背景

福州历史悠久、文化昌盛。据《史记》记载，公元前202年，汉高祖"复立无诸为闽越王，王闽中故地，都东冶"❶，即今福州。而早在五千多年前，在今日闽江两岸就栖息着福州的先祖——闽族人，"以渔猎山伐为业"。随着中原汉人的逐渐南迁，闽越人的主体地位慢慢被替代，但其悠久的文化传统却不同程度地保留下来，❷而使包括建筑技术在内的各地文化与福州当地文化技术相融合，成为福州特有的文化风格，在福州民居形态演进过程中呈现出这种影响的脉络。

1953年在福州发现建于公元964年的五代十国末期建筑华林寺大殿。该大殿面阔三间、进深四间八椽，厅堂型木构架，单檐歇山顶方殿。此殿斗的底部突出边棱，是皿板蜕化的残迹；殿之柱为梭柱，山面中柱上铺作的下昂，昂身长达两步架，中间承檩，这些都是古制之遗；其昂咀雕作两折的凹凸曲线；阑额作月梁形；月梁断面近圆形，底部削平，隐出边棱，两端作海棠瓣曲线；柱础雕作栌形；内柱上大量使用插栱；❸有明显的穿斗架特点，穿斗架源于古老的檩架体系，也属南方建筑特征；扶壁栱与明代传统民居中的纵向缝架做法很类似，早期屋顶只用扁椽不用飞椽叠斗的做法与明清福州古民居轩架部分采用

❶（汉）司马迁. 史记·东越列传. 北京：中华书局，1975（9）：2979.

❷ 戴志坚. 地域文化与福建传统民居分类法[J]. 新建筑. 2000（02）：21.

❸ 傅熹年. 试论唐至明代官式建筑发展的脉络及其与地方传统的关系[J]. 文物. 1999（10）：86.

叠斗的做法类似。

华林寺大殿的情况表明至迟在唐中后期，福建地区的建筑就开始形成一些地方特色，由于远离中原地区，避免了因王朝更替带来的快速变化，因此能保存一些古制古法；随经济文化的不断发展，福州民居的地方特色也得以保持和发展，故华林寺大殿可作为探讨晚唐福州地区传统建筑形态与演进研究的宝贵实物资料，同时也说明福州传统建筑源远流长，可以上溯到唐中后期，其流派则自两宋下延到明清，具有相当稳定的地域特征。❶

3.1.3 民俗文化与观念

民居形制的形成除了地理、气候、等级制度、建筑材料等因素的影响外，还有其他不可忽视的，那就是民俗文化的影响。

由于各地区人们生活的特征不同，反映在该地区民居形制上的内容也各有差异，随着时间推移和建筑的发展，每个地区拥有的本地区的建筑文化内容即越来越丰富和复杂，于是便形成了各具特色的民居形制，❷至于民居的每一个细部都与当地人的习惯及爱好分不开来。今天，各地的地理、气候、建筑材料并没有多少变化，但传统民居却已不适应当今人们的生活。从这一点就可以反过来看出，当时人们的生活方式与传统习俗曾经广泛地影响过民居形制的形成。

福州民居建筑传统习惯是单一的纵向发展，以符合当时社会宗法和礼制制度，在布局上便于区别尊卑、长幼、男女和主仆。这种纵轴单向发展的布局等级森严、人为地制造出了差别和隔膜。

3.1.3.1 阶级制度

福州地区纵向进深中轴对称的院落布局，除中轴线上的主座为人字形屋顶外，东西厢及最前面的倒座一般都为单坡屋顶。昭穆是古代的宗法制度，左为昭，右为穆。如：祭礼时，祖父站左边，父亲站右边，孙子再站左边，这样以此类推。昭穆之制，可以区别父子、远近、长幼、亲疏。古代以左为尊位之称，如"左文右武"、"男左女右"。这种习俗表现在民居上则如东厢房的屋脊高于西厢房，东厢房尺度与入口略大于西厢房等，由于尺度上只是略大几分，如果不懂其中奥秘的人，是根本注意不到这种现象。从感观上来说，微小的小尺度变化并没有破坏建筑的对称，但从内涵上来说，它满足了人们礼制上的某种追求。❸

此外，在旧时，除房屋的开间外，房屋的高度也是等级的一种象征。尤其是相邻的两户人家，如果谁后建住宅，而屋脊高度又超过了原有一家的屋脊高度，实际这是对邻居的蔑视，这样就会引起争执，❹所以除有权势的人家外，普通人家住宅的高度大体上是相等的。

❶ 傅熹年. 试论唐至明代官式建筑发展的脉络及其与地方传统的关系[J]. 文物: 1999（10）: 87.

❷ 王其钧. 宗法、禁忌、习俗对民居型制的影响[J]. 建筑学报, 1996（10）: 57.

❸ 同上。

❹ 同上。

3.1.3.2　风俗文化

男女授受不亲是旧时的一种习俗。于是，在民居的平面布置上，都大致划出了男性空间和女性空间。这样，男女拥有各自活动领域，客人来访时不会感到尴尬。❶

3.1.4　营建习俗与禁忌

3.1.4.1　风水对选址的影响

一般建造房屋，须风水师择地，民间认为选择好风水，能使人丁兴旺、发家致富。传统建筑建造过程中讲究大量的冲煞禁忌，譬如路冲、柱冲、宅冲等禁忌。自家大门面对着别人的大门叫做正面冲，于两方均不利，尤其门小的一方。在新建住宅外形中，提倡后高前低，南北长东西窄。水、路、桥梁不要直冲大门，不居当街处，不居寺庙地，不近祠社、官衙，不居草木不生处，不居山脊冲处，不居对狱门口处；造屋时要避门前大树冲门、墙头冲门、交路夹门、门下水出、门著井水、粪屋对门等。在宅院的布局中，按照房屋的方向定位，然后定门、定路、定井、定厨灶等。

3.1.4.2　营建禁忌规定

在传统社会里，工匠地位虽高，也无法拥有绝对的发言权，有时并不能以专业知识或经验说服业主，只能以吉凶禁忌来表达。这些吉凶禁忌，久而久之便形成一种规则、一种习俗。工匠世世遵守，触犯禁忌会被认为是"破格"，厝主会说匠师工夫不到家，甚至认为工匠有意作弄。❷例如规定：

1）"天父压地母"，即明间大厅之高（天父）须大于明间面阔（地母）。

2）纵向朝向一致的各屋间由前向后，其地坪应该逐渐抬高，寓意"蒸蒸日上，步步高升"。

3）主落的房屋必须"前包后"，即住宅前段总阔必须小于后端总阔，这样的房屋称为"布袋厝"；反之，前宽后窄者称为"粪斗厝"，易泄气，散财。

4）屋顶瓦垄用奇数，而瓦沟则忌用奇数，即中轴线上必须是盖瓦垄。

5）室内梁架要注意木柱应顺树木生长的方向即柱头在下，切忌颠倒。木材根部直径最大，密度也大，重心较低，立柱时有利于稳定，符合材料的物理力学性能，其目的是顺应自然，希望房子建成后如树木般生机蓬勃。

6）福州民宅上的厌胜物，如八卦牌、倒镜等式样繁多、造型丰富。

7）福州民居天井左右两边的披榭（廊屋）或柱廊绝大多数为一间。匠师规定大厅的面阔须大于披榭或柱廊的面阔（即天井的深度），所以福州民居中的天井一般呈东西长南北短的长方形。由于大厅完全开敞，在采光上基本满足了使用要求。不大的天井就等于一个"户外起居室"，而开敞的大厅和披榭式柱廊由于天井的存在，冬天可以得到直射的阳

❶ 王其钧. 宗法、禁忌、习俗对民居型制的影响[J]. 建筑学报，1996（10）：58.

❷ 李秋生. 赣南客家传统民居的文化内涵初探[D]. 长安大学，2010：80.

光，夏天可以乘凉休息。

8）排水：福州人认为"山代表财气"，水路忌作一条直沟直接排出，宜弯曲，忌直出横流，水路没有从门槛下直接排出的做法，也不能穿过房间，只能从门厅两边排出。水路一般在地基以上，地板以下，因此施工时要留水路，即水沟。❶排水流过披榭时，要在台基中做暗沟。天井通常是雨水和生活污水集散之地，厨房就设后天井旁边，便于向天井排水。每个天井中常设一两个窨井，因为生活污水必带垃圾，从屋面落入天井的雨水必带泥砂，需经过沉淀处理后才能进入室内暗渠。❷福州民居天井一般靠通过地面的渗漏进行排水，所以在铺设天井石时，其垫层必须是既能渗漏又不至于被雨水冲散流失而坍塌，一般采用含砂的灰土垫层，其铺地条板石往往为船底形，自然拼缝，极有利于快速排水和渗水。

9）间架禁忌：按传统建筑讲究对称与居中的观念，间数一定为奇数。按明代《营缮令》规定，凡庶民即便有资产的人家过厅不能过三间五架，故此只能再多造院落，增加建筑进深，多在庭院方向扩展，所以就出现了明三暗五、明三暗四、明三暗七的做法。

10）福州民居规定厝次出檐须超过廊沿石（石砖）的外缘，便于雨水滴落在天井内，否则不论前后檐，滴在廊沿石上者为"凶"。

11）福州民居木构架的步架多不相等。一般规定：内中脊开始往下，步架应逐渐加大，称"步步进"，否则就是"倒退桁"，视为不吉。❸其实这种禁忌是出于构造上的考虑，因为近中脊处的瓦搭接较密，加上正脊的重量，所以近中脊屋面较重，布桁架应密些是有道理的。

12）福州地区民居传统建筑中单座建筑屋面的前后两坡有阴阳之分，以中轴线为基准，朝前者为阳坡，朝后者为阴坡。按工匠口诀是"前高后低，前短后长"，即阳坡的檐口高于阴坡的檐口，其屋面坡长则短于阴坡。❹因此，前后挑檐桁并不在同一标高上，阳坡的进深小于阴坡，阴坡的桁距（步架）亦较阳坡大。屋顶分阴阳坡，最初的主要目的在于采光通风，以后逐渐成为一种普通遵守的禁忌。❺

13）福州传统民居建筑中单座主体穿斗式木构架的进深一般为五柱、七柱，其前门柱至前冲柱的距离必须小于后门柱至后冲柱的距离。这禁忌同样符合前坡短后坡长的做法。

14）子孙椽：所谓子孙椽即对主座房屋的明间在铺椽时应先定中轴线，然后在中轴的两边并排各钉一根通长的椽条的做法，福州工匠先钉"子孙椽"，然后再钉左右的椽条，椽子只能是双数。

15）对于椽条的铺钉还规定椽头要根部朝下，谓之"往上发"，如此才能家道兴旺。

16）在一户之内，忌有三个以上的房门相对，虽然可以产生穿堂风，但门门相对，民间认为守不住财。

❶ 李秋生. 赣南客家传统民居的文化内涵初探[D]. 长安大学，2010：81.

❷ 李秋生. 赣南客家传统民居的文化内涵初探[D]. 长安大学，2010：82.

❸ 李秋生. 赣南客家传统民居的文化内涵初探[D]. 长安大学，2010：84.

❹ 曹春平. 闽南传统建筑屋顶做法[J]. 建筑史. 2006：391.

❺ 同上。

17）床位不可对着梁，否则会"闹穷闹凶"，床与梁相交，成为"担楹"，凶；如无法避免可在床架上方支一根扁担，收梁"挑"起。

18）床位上方不得设置天窗，靠近床头的墙上也忌开窗。

19）大门门板忌用四片或六片。

20）站在主厅的厅屏前向南望（或向前望）应能看到天空不被前门厅或门墙所遮挡，这叫"过白"，其主要目的是使大厅神明能"见天"，这就要求前面房屋的后挑檐桁高度不能超过主厅的前檐挑檐桁，同时又不能使左右披榭式柱廊过长，天井的形状应为扁方形，过白尺寸一般以2～3尺为宜。

21）灯杠梁不可正对在桁（槫）的下方，房门的上方不可被灯杠梁遮挡住，灯杠梁庸才必须头东向尾西，而上弯也有利于屏门的上方不被灯杠梁遮挡。

22）木构件的用材方向：按《营造法式》大木作制度规定："凡正有槫，若心间或西间者，头东而尾西；如东间者，头西而尾东。其廊屋二东，面西者，皆头南而尾北"。是考虑到槫之头部（稍部）与尾部（根部）的直径不同，其用槫之法——"西间者，头东而尾西"，"东间者，头西而尾东"，与屋脊升起相适应。心间用槫"头尾而西、廊屋用槫"，"头南而尾北"，《营造法式》的这种做法规定，可以推测用槫头朝东或西，可能是考虑到了木材的生长方向，东方、南方是生长的方向，用槫（桁）之法与自然法则一致，曲折地表达了古人顺应自然的思想。

3.2 演进过程

3.2.1 明代（1368～1644年）

3.2.1.1 影响明代福州民居形态的要素

1. 明代营建规定制度

明代在历代政府中，是民居用房等规定制度最为详尽，执行也最为严格的。它包括了各进房屋的间架、屋面形式、屋脊用兽、斗栱采用、建筑用彩等；宦官到庶民共分为五个等级，依次按规建造、不得逾越。这就在某种程度上限制了民居的创造与发展。但是正因为这些制度又恰恰影响着福州明代古民居的平面布局和空间处理手法上的变化。由于有资产的人家的正厅也不能过三间五架，故此只能在多造院落、增加建筑进深、增加装饰和广造宅院方面下功夫。从福州三坊七巷中留下的明代古民居可发现，"明三暗五"、"暗披榭"、"主落加侧落"、"主落加花厅"和"主落加花园"等做法非常普遍，甚至还出现"明三暗七"的做法。

2. 封建社会儒学与纲常伦理思想

封建社会儒学和纲常伦理思想在民居建筑中得到充分体现，如祭祀、尊卑、长幼、辈分、男女、主仆的活动在住宅内部都要明确划分、形成前堂后寝、中轴对称、并以厅堂或厅井为中心、四周辅助房屋档围的组合布局方式，可以看出宗法制度和道德观念的制约。

3. 建筑材料与建筑技术

地方建筑材料以及建筑技术的进步，确立了福州民居建筑的结构与形制：

1）福州及周边地区都盛产优质杉木，杉木优点是纹理顺、树干直、成材快、耐腐蚀，很少虫蛀，取材简便易得、经济可靠，非常适合建造穿斗式的木构架，这就决定了福州传统民居建筑其承重体系是以穿斗式木构架为主。

2）随着版筑技术的成熟，且福州及周边地区取土方便，适宜夯筑。所以盛行采用夯土技术结合石基础、石勒脚用于建筑外部围护墙的建造。在未使用夯土墙之前，福州地区民居早期惯用悬山顶木构架，在福州郊区及其本省不少地方，至今仍保留不少悬山顶的木构民居。但是这种悬山顶民居，只适应农林等地广人稀的地方，不利于用地紧张、房屋密度高的城市，所以悬山顶房屋在城市较为稀少。而以夯土墙用于外墙，墙体厚实坚固，保温隔热，故无须挑檐方法来保护外墙的硬山顶房屋居多。而硬山顶房屋的出现又为建筑平面设计增加了灵活性。

例如：（1）极易形成纵向组合多进式，可以由几组三合院或四合院沿中轴线纵向组合，前堂后寝式的平面布局。（2）这种多进内向的布局，也最容易构成适宜的私密性层次，形成宁静、舒适的居住环境。（3）院落与院落之间前后通过门墙中门相互贯通、左右通过山墙边门、僻弄、连接隔墙的侧落，或连接另落住宅，使前后、左右、廊、楼、门、巷等形成主体交通、前后左右相互连通，既可使空间分合自如以充分满足多种功能的需要，使空间隔中存连、连而不乱，空间组合灵活，又充分提高土地的利用率，使整个居住序列合乎逻辑，空间关系层次复杂、变幻莫测。

3）随着城市居住区人口日益稠密、建筑密度趋高，遇有火灾燃烧成片，虽有硬山墙的出现提高了防火性能，但有其局限性，因此到明末，福州民居又出现了高出屋面的封火墙，❶进而发展成多种墙顶形式的山墙，使屋面组合的外观转变成片的山墙组合，而成为福州民居一大特色。

4）随着福州明代住宅的地方特色逐渐加强，民居对气候、地形、材料、社会风俗及制度诸因素的协调作用更为明显。建筑密度、住宅间距、庭院大小、楼房的运用、建筑外观、结构方式、群体组合、街区面貌等方面随着时间的推移都在逐步演进中，福州民居在这一过程中逐步呈现出它的地域特征和时代特征。

❶ 孙智，关瑞明，林少鹏. 福州三坊七巷传统民居建筑封火墙的形式与内涵[J]. 福建建筑，2011（03）：52.

3.2.1.2 明代福州民居的特征

从福州三坊七巷民居的布局可以看出，几乎所有民居宅院，不管是大宅还是小宅，都是以基本相同的多进式布局，通过不同空间形式的组合和各种大小天井、庭院的处理，从内部空间和立面效果做出了丰富的变化。

福州明代民居的梁架特征属我国南方穿斗体系中闽东的一支，其做法在共有的大原则下又显现了地区性做法的差异。

1）悬山顶民居成为福州民居主要形式之一，尤其广大的村镇地区，被普遍采用。其特征是以三间或五间，带前廊的平面基本单元，通过两侧的披屋、两侧前伸厢房式四周围护成口字形平面。其木构架特征为扁作穿斗式木构架、木板墙围护结构、进深大。因此当心间的敞口、厅可分为前后厅，而两次间住房可划分为前、中、后三间。明间尤其是前厅一般为单层，其余可采用山尖部分做成阁楼。由于进深大，山面采用1~2道瓦披檐以遮雨。不过悬山顶的民居形式比较适应单居独院式，不适应院墙靠院墙，连排、连片的密集布局方式，所以悬山顶建筑从明至清的发展趋势看，在福州地区民居中是由多变少，而取而代之的是硬山顶的民居建筑。

2）硬山顶的民居建筑，其封火山墙，从明代到清代的演进过程，是由刚超过屋面不多逐步朝超出较多的封火山墙演进，主要是适应人口稠密、建筑密度趋高，防止遇有火灾延烧成片，同时出于美感，采用各式各样的形式，优美的封火山墙成为福州民居的一大特色。

3）在木构架的用材上，从明代至清代的演进过程，用材上与明代住宅相比较，清代住宅，特别中、后期住宅的柱径、檩径、梁枋尺寸等明显变小变细（图3-2-1~图3-2-3）。

4）从屋面的坡度看明至清的演进过程，变化不会太大，大约从0.31左右提高到0.33左右。

3.2.2 清代（1644~1911年）

3.2.2.1 影响清代福州民居形态的要素

清代是中国封建社会阶段的末期，在社会、文化、经济条件方面都有重大变化与进展，这些变化对民居建筑产生了巨大影响：

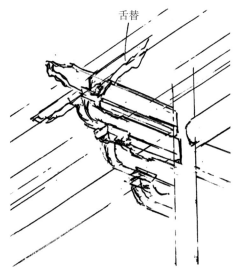

舌替

1

2

3

图3-2-1 明代建筑——连江厦园里1

图3-2-2 明代建筑——连江厦园里2

图3-2-3 明代插棋

1）康乾盛世特别是工商业有了重大发展，商品经济孕育着资本主义的萌芽。

2）人口猛增，居住用地紧张迫使为民居建筑寻找新的设计途径。

3）1840年鸦片战争以后，福州尚未形成租界地，却建立了外国人享有特权的居留区，洋楼等近代建筑对福州民居产生了较大影响。

4）经济发展也为人们提高文化修养提供了物质基础，这时期人们在审美观点上出现了装饰主义的倾向。

5）清代以来，海禁松弛，移民和留学海外人口增多，回来后不仅带来资金也将在海外受到的文化影响带回。

6）随着木材的逐渐减少，也迫使用小料代替大料以及急需开发新的建筑材料，来解决木料的供需矛盾。

3.2.2.2 演进的三个历史分期

清代福州民居演进按历史分期可分为三个阶段。

1. 沿袭期

大约从清顺治至雍正（1644～1735年），福州民居形制基本沿袭明代制度，改进不大，建筑附加装饰少，用材粗大，房屋坡度较缓，整体艺术风格呈现出稳重古朴的格调。

2. 成熟期

从指乾隆至道光（1736～1850年）这一时期的演进，具体表现为：

1）平面形制向多样化发展，进深普遍加深、主落甚至深达4～5进。

2）建楼阁的实例明显增多，占天不占地，扩大了居住的使用空间（图3-2-4～图3-2-6）。

3）用材明显减少，柱的细长比增加明显，拼合做法较普及。

图3-2-4　**林聪彝故居明间东剖视**

图3-2-5　**尤氏民居三进阁楼明间楼厅**

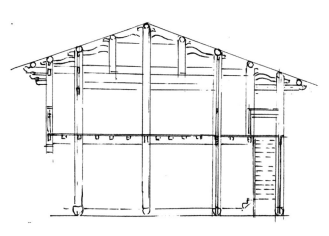

图3-2-6　刘齐衔故居东侧落二进
　　　　楼阁二层轩廊

图3-2-7　螺洲陈氏宗祠

4）封火山墙，因房屋更加密集，防火要求更高，使封火山墙比明代高出许多，并且高低起伏形式多样，成为福州民居最具特色的外部景观。

5）由于审美观点上出现装饰主义倾向，更重视构件的细部装饰：如隔扇门窗的隔心板改为木雕精细的雕花板；石雕精细的石柱础、门枕石、石门框上盖板、柜台脚装饰的石阶等，石雕构件明显增多；山墙及门墙部分的灰塑明显增多且更加精美。

6）大宅院中附建花园，花厅的现象明显增多，面积增广。

3．转型期

自咸丰以后（1851～1911年），中国逐渐沦为半封建半殖民地社会。社会背景的变化引发传统民居建筑的剧变，具体表现为：

1）清代有关士庶宅第制度没有明确的规定，只是相沿明代的旧规。官员购赁住房自有，外地官员亦置办住宅，同时住宅内附建宅园成为一时风尚，尤以退休领养买房建房更为普遍（如福州螺洲的陈氏王楼）(图3-2-7)。可以说这个时期传统民居的等级制度正逐渐走向解体，开始孕育出丰富的新住宅形制。

2）青砖材料的大量使用，使结构上大量出现在砖墙上直接搁梁搁檩的砖木混合建筑。

3）屋架部分出现整个双坡屋面，而且在极少量的柱顶上搁置斜梁，而后将檩木直接搁置在斜梁上，形成了三角形屋架的雏形做法（如福州南后街当铺）。

4）清代末年，玻璃逐渐推广并应用到民居中，直接影响到门窗棂格的变异。具体表现为不带绦环板的方格玻璃门窗的装修做法明显增多，窗棂图案也有细化的倾向。

5）原大宅中面阔三间的敞厅，其明间的横向扛梁，到了清后期大多被加上了可拆卸的整樘门窗隔扇，平时把次间隔作为封闭的内厅使用，遇到婚丧喜庆，又可以卸下门窗，恢复原有的敞厅功能。

6）出现了大叉手结合穿斗式的做法。所谓大叉手，是指民居建筑的屋顶采用交叉的两根斜梁，在交叉处榫接成三角形棚架，群排三角形叉架上搁置檩条，上钉椽条，再铺瓦形成整体屋面。这种屋架形式构造简单，斜梁可以保证屋面的整体性较好。且避免了复杂的榫接构造，其做法简单，对木材加工和建造技术要求相对较低，构架受力合理，用料更省。这种做法使下部的支撑力直接传到斜梁，再由斜梁统一承接各檩，且各缝架位置不相对应，檩距可调，与三角形屋架类似。所以这应该是演进过程中进入转型期的必然过程（如福州星进巷13号、14号）。

总之，紧凑用地、加高成熟、装饰精细、加长进深、广造庭园，这些是转型期清代民居的发展趋势（图3-2-8~图3-2-11）。这个时期的民居建筑开始脱离了

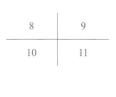
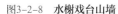

8	9
10	11

图3-2-8　水榭戏台山墙

图3-2-9　装饰精细——新洲金将军庙

图3-2-10　闽清会馆

图3-2-11　戏台空间丰富化

古代建筑的轨道，打破了几千年的统一性，向多元化发展，有些现象已经似是而非，甚至有些混乱，无法用规制来约束各种民居形式，但这正是社会在这个时期民居建筑上的反映，是历史的必然。

3.2.3 民国时期（1912～1949年）

自鸦片战争（1840年6月）以后，福建省内的福州、厦门等辟为对外通商口岸，厦门出现了外国人控制的租界地。福州建立了外国人享有特权的居留区。社会背景与社会经济的发展变化，尤其是近代西方文明的影响，民间的生活方式开始缓慢地改变，进而引发了民居的剧变和转型。

近代中国建筑的转型基本上沿着两个途径发展。一是外来移植，即输入、引进国外同类型建筑；二是本土演进，即在传统旧有类型基础上进行改造与演变。❶福州民居在这期间主要是以本土演进的途径进行，对于这种"本土演进"的近代建筑，虽然不是现代转型的主渠道，但建造的数量很大，主要包括与普通市民生活息息相关的居住建筑和商业建筑。这些由地方工匠主导的民间建筑同样受到外来的影响，造就了与传统建筑不同的近代建筑演变，正是这种大量的扎根于福州地域实际的本土演进式建筑，构成了福州近代新本土民居。

这是福州本土传统建筑文化同西洋建筑文化相互碰撞的过程，在这一过程中产生了各种冲突，包括传统保守思想与西洋思想的冲突、本土观念与崇洋思想的冲突、居住习惯与环境制约的冲突、改进需求与技术制约的冲突、中西美学的冲突等。而调节各种冲突的过程中不断建立新的平衡，形成了福州传统民居演进与转型的路径，并最终表现为演进的特征。

3.2.3.1 演进与转型路径

新形式的形成总是以某些旧形式的消亡为代价，变化了的生活方式要求与建筑形式相适应，从而引起建筑形态的演变。

1. 平屋向楼屋发展

在近代以前，福州传统民居的空间形态一直维持着传统合院式的单层平面空间格局。清道光二十四年（1844年），福州作为"五口通商"口岸开埠之后，随着商业繁荣，人口急剧膨胀，城镇用地紧凑，民居的空间形态开始发生显著变化。各种密度较高，且采用紧凑平面布局的联排式住宅，木造廊式洋楼等新建筑（图3-2-12、图3-2-13），越来越多的二层或三层的楼房住宅（图3-2-14）及多层商业建筑，相继出现。

2. 空间轴线与等级伦理制度的变化

在传统民居建筑中，固然有许多精华的东西，但也有许多与现代生活格格不入的问

❶ 段炼. 构筑形态的逻辑性与适应性——传统木构筑之解析与当代思考［D］. 武汉：华中科技大学，2003：6.

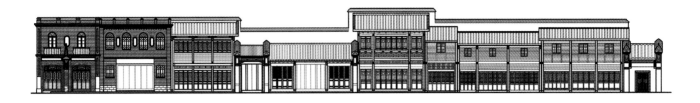

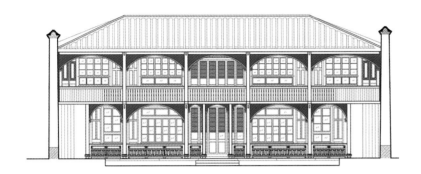

题。传统民居较多地体现封建的伦理道德，也是维护封建社会礼制的工具，其森严的等级制度、严格的尊卑秩序和长幼思想，不能满足现代人对自由、平等生活的追求和向往。

另一方面，传统民居大都是大家族组成的家庭，家庭人口数量众多，实行封建家长制，功能布局、空间组织形式不能适应现代家庭结构及人们生活习惯的变化。随着时间的推移，大家族的家庭结构逐渐地被小家庭所替代，这就使得社会需要以3～4口之家为主要的结构模式。当人们生活的核心由"家族"变为"家庭"的时候，家庭成员之间的平等、民族、和谐等显得更为重要，原有民居空间形态强调主从有序、男女有别等轴线的布局方式，必然会受到冲击和淡化。

3. 由通用式走向实用式

福州的传统民居虽然随着宅基地形状的变化而变化，但其建筑形态在长时间内都遵守着一些共同的构图原则，不同功能类型的建筑物大体呈现出定型的空间结构和相似的空间序列、平面配置、立面形式等。

而在福州的民国建筑中，对洋风的民居建筑原封不动的克隆式的引进实例极少见，大多在引进过程中揉入了本土精神、本土习惯和本土技术，实为一种"再创造"的过程。这些仿西洋式的民国建筑，人们并不在乎是否"正统"，所关注的是能否满足使用的要求，是否具有技术保障的可操作性。从传统民居形态的局部变化中可以看出，在近代中西方文化交融的背景下，不同阶层的民众以不同的视角对西式建筑进行观察与解读，并根据自己的经济实力、审美情趣等条件来调整自己的建筑，以得到与自身价值取向及审美观念相近的新居所。

	12	
13		14

图3-2-12　塔巷79-101号立面图

图3-2-13　福州陈兆锵故居立面图

图3-2-14　福州下杭路209号局部空间置换

3.2.3.2 演进特征

在福州民国建筑中，很大一部分表现为在门面西洋化，与传统单层民居相比，洋楼主要具有外部形式的洋化与空间布局的洋化两个主要特点。其演进的特征具体表现在几个方面：

1. 空间布局形式

民国时期福州民居在空间布局形式的演进主要表现在平面布局的演变与层数变化上。

1）形制的变化

诸多中西合璧的"民国建筑"是穿插在传统民居大厝中的局部建造或改造，将外来建筑融入固有的空间秩序中，往往在一组院落中拆掉一部分，把原有的传统"置换"成西式洋楼（民国建筑），这种做法受到传统民居形制的严格制约，违反了这一传统空间形制与风水禁忌，会被认为是"破格"即"不合规制"，而不被看好。局部洋楼由于藏于传统民居的合院之中，故西化的象征意义又表现得较为含蓄，从民居平面布局看，一般仍有明显的主从关系，旧厝为主，洋楼为辅（图3-2-15）。福州三坊七巷和上、下杭的传统民居中多以局部置

❶	❷	❸
❹		❺
❻	❼	❽	❾

❶ 二进东侧附属建筑现状
❷ 二进东侧山墙现状
❸ 一进东侧山墙现状
❹ 三进主座及廊屋现状
❺ 一进前厅现状
❻ 二进主座现状
❼ 二进回廊现状
❽ 一进过廊现状
❾ 一进西侧山墙现状

图3-2-15　福州城直街33号平面布局现状解析

换或分家后局部增建洋楼，较少拆旧厝，进行全面改建。

同时将外廊休闲生活方式融入到传统居住生活空间中，木造廊式洋楼在空间格局及立面造型上融入福州本土元素，形成了一种带中式木构柱列外廊的廊式建筑。与洋式廊屋不同的是，这类建筑外廊不仅采用木材建造，并且在外廊附加多处福州传统民居小木作装修构件，如水柱、挂落、花板、撑栱等（如福州陈兆锵故居后楼等），采用组合式的四坡顶屋面，形成福州工匠处理外廊空间时的独特手法和广为流行的福州木构西洋楼。

2）层数的变化

传统民居的大木构架由单层改为双层的做法（图3-2-16、图3-2-17）在福州上、下杭地区尤其普遍，其改造方式多种多样，有脊檩位移增高法（图3-2-21）、接柱加楼层法（图3-2-18）、楼层悬挑法等。传统民居楼化以后，从原先的单层向多层空间转变，楼梯设置（图3-2-16）、厅井（图3-2-19）或楼井（图3-2-20）空间以及平面功能等方面均出现与传统大厝不同的新特点，扩展了民居原有的使用空间。

2. 结构形式

随着中西文化的交流，外来材料的增多，传统民居的木构架在传统的穿斗式、抬梁式构造的基础上融合了西方屋架西方的人字梁架缝架的特点，屋架形

图3-2-16　福州利发巷65号厅堂与披榭双层空间

图3-2-17　下杭路209号披榭

图3-2-18　利发巷65号接柱加楼层

图3-2-19　福州下杭路209号厅井空间

图3-2-20　福州上杭路165号八角美人靠楼井

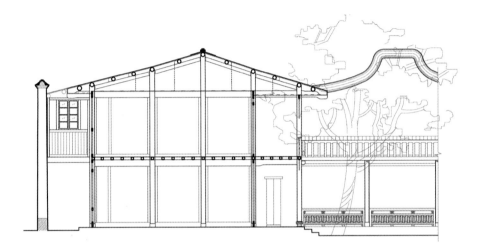

图3-2-21 福州中平路186号剖面图

图3-2-22 福州陈兆锵故居中落二
　　　　 进剖面图

式由穿斗演进为三角形屋架的过程：①原穿斗式（全部檩木搁在落地柱或短柱上）改为取消所有瓜柱（矮柱），将叉手斜梁搁在少数的落地柱上，所有檩条都搁在大叉手斜梁上，如陈绍锵故居中落二进屋顶结构形式（图3-2-22）。即屋顶的荷载通过檩条传递至叉手斜梁，再由斜梁传给承重柱。这样福州原有的穿斗式建筑落地柱的数量和跨度、步架进深等都和柱头、承檩穿斗结构相似，而瓜柱和穿枋的数量则明显少得多，简化了穿斗式构架为斜梁式坡屋屋架。②原斜梁式双坡屋改为两支点式的三角形木屋架，可支在墙上（或木柱上）。以上、下弦加斜撑、直撑施以榫卯并付铁板螺栓以固成一体、两端于柱上或墙墩上，形成一个大空间，中间不设立柱，在开间三角形内设主剪刀撑、水平撑，如马尾圣教医院三角屋架（图3-2-23、图3-2-24）。这样最大跨度的两支点可以达到8m左右，其使用空间大为开阔，用料也大为节省，还可以拼接成组合的四坡屋顶适应各种形式的平面布局（图3-2-25）。

图3-2-23 福州马尾圣教医院剖
面图

图3-2-24 福州马尾圣教医院三
角屋架

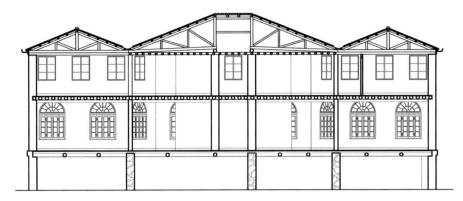

同时青砖材料被普遍推广使用（其中也有部分是红砖）（图3-2-26、图3-2-27），以及三角形木屋架形式设计日趋规范，使砖木混合结构形式成为福州民居转型期建筑结构演进的主流。

在三角形木屋架及砖木混合结构大量应用的同时也直接影响到民居的外观面貌，可以说是这种民居已经脱离了福州传统古民居以木结构为主的形式，墙体只是作为围护墙使用。

3. 立面与门窗形式

1）立面形式的演变

近代以前的福州传统民居的外墙以实墙面为主，一般不开窗，建筑采光主要依靠面向院落天井的隔扇门窗。至近代，西式建筑外墙多窗的形式对福州传统民居沿街立面产生较大影响，相当一部分传统民居开始在山墙或街墙面上开西式券窗（图3-2-27），以满足通风、采光的功能需求。这种开窗方式一定程度上也减弱了原有建筑外墙的封闭程度。

2）开窗形式的演变

在建筑开窗上，洋楼的西式窗户比传统民居窗的洞口面积要大得多，逐渐转变了传统民居室内空间中的"光厅暗房"的生活习惯。洋楼的厅堂大多采用"一门双窗"的布置方式；卧室在满足安全性和私密性的基础上也尽量多开窗，甚至出现一间卧室布置了五六个窗口的做法（图3-2-21、图3-2-28）；而百叶窗

25	26	27
28	29	
30	31	
	32	

图3-2-25　福州马尾圣教医院屋顶组合形式

图3-2-26　下杭路136号立面

图3-2-27　上杭路180号立面

图3-2-28　下杭路209号窗扇形式

图3-2-29　福州马尾圣教医院立面开窗形式

图3-2-30　福州城直街31号立面形式

图3-2-31　福州上杭路230号立面图

图3-2-32　福州下杭路142号立面图

的引入使得大面积开窗的情况下，既能遮挡外人的窥视，又能使夏季凉风渗入室内（图3-2-29、图3-2-30），所以洋楼厅堂、卧室等主要居室的通风采光都较传统民居得到明显的改善。

在门窗装修方面，由于建筑材料的更新和发展，在中国，玻璃的使用和逐步进入市场，同时逐步淘汰过去的绵纸、绢、纱、油纸等防水防风糊门窗的用材。而门窗亦由我国传统的门窗逐步变成中西结合的风格形式门窗（即民国式门窗）（图3-2-21、图3-2-28）。

4. 材料与装饰

1）新材料的引进

西式建筑对传统民居的影响不仅表现为建筑局部的西化，更反映在对新材料的运用上。一般而言，传统民居对新材料的运用仅局限于局部，建筑的主要建材仍以土、木、青砖等本土材料为主。传统民居采用的新材料主要有机制砖、水泥瓦、水泥砖、平板玻璃、铸铁、洋灰等。其中，平板玻璃主要取代油纸用于窗户部位，彩色玻璃用于装饰，铸铁多用于制作铸铁栏杆、铁艺窗栅等，水泥花砖作为铺地，洋灰则作过梁、扶手栏杆等材料。但广大的传统民居作为建筑体系来说受外来影响和改变原有成分上，并没有那样深刻，绝大多数民居均是为了追求时髦，才对西式建筑元素进行模仿，其传统的建筑方式仍然占主导地位。

2）细部装饰的演进

细部装饰的演进主要表现在装饰形式与样式两个方面：

在形式上，传统装饰趋向精简化和几何化，具体表现为：一是建筑装饰中传统的砖雕、石雕、木雕日渐减少；二是儒家伦理教化的题材较少，植物、吉祥图案及西洋几何纹样增多；三是雕饰图案大幅度简化、几何化，如门楼墀头、隔扇裙板、窗棂、撑拱、雀替等民居主要装饰构件上的图样有简化、几何化，甚至逐步消失的迹象。

在样式上，局部引入西洋古典装饰元素。以福州传统民居形态为"体"，吸收若干新元素，"纳新"是主流。如外墙立面采用西式建筑中的线脚、铁艺栏杆等西式古典装饰，以洋灰（水泥）代替门及窗上的过梁；院门开始出现西洋拱券门式样；山墙端头采用大量巴洛克式观音兜山头等（图3-2-31、图3-2-32）。从西洋装饰元素分布的位置可以看出，新元素皆处于最醒目的部位，是宅主为了追求时髦或出于装饰、炫耀的目的而引进的，并没有太多功能上的意义。

第4章

福州传统建筑大木作

4.1 传统木作的用材特色

4.1.1 木材性质

4.1.1.1 木材的结构与纹理

建筑用材主要取自树干。树干中心部分颜色较深的称为心材，心材外颜色较浅的叫边材。一般来说，以心材和边材交界处的木质为最硬，木工称之为"二标"。髓心位于树干中心，组织松软、强度低、易干易裂易腐朽。

与树干成直角切面叫横切面，在这个切面上，有年轮深浅的同心圆。其中深色较密实部分是夏秋季生长的，称为夏材；浅色较疏松部分是春季生长的，称为春材。夏材部分越多，木材的强度越高、质量越好。纹理可根据年轮的宽窄和变化缓急分粗纹理和细纹理，或根据纹理的方向分为直纹理、斜纹理和乱纹理。直纹理的木材强度大，易加工；斜纹理和乱纹理的木材强度低，不易加工，剖削不光滑，易起毛刺。[1]

4.1.1.2 木材的化学组成

木材的化学组成可以分为主要成分和次要成分，主要成分有纤维素、半纤维素、低聚糖、木质素和芳香部分，次要成分有盐类、可溶性多糖、苯酚、萜烯、蛋白质和其他化合物。[2]新旧木材对比，古旧木材含有较少的纤维素和相对较高的木质素和灰分。

4.1.1.3 木材的物理力学性质

1. 木材含水率

1）新木材（健康材）

根据水分与木材的结合形式与存在的位置，可把木材中的水分分为化学水、自由水与吸着水。木材中所含有的，而非化学结合水分的多少称作木材的含水率。木材含水率是木材非常重要的一项物理性质，它对木材的加工利用，特别是木材的防腐和加固处理起着至关重要的作用。新木料与旧木料在含水率上有着极大的变化和差异。

木材含水率的大小影响着木材的胀缩、密度、电学及热学性质和力学性能。木材含水率μ以其所含水分的重量与木材重量之比的百分率来计算。[3]在实践中应明确下述概念：纤维饱和点，湿木材放置在空气中，当自由水蒸发完全，而吸着水尚在饱和状态时，称作木材的纤维饱和点含水率。木材失去自由水的过程，几乎不发生干缩，纤维饱和点的失水，造成木材的干缩。绝干材，$\mu=0$，即将木材干燥至恒重状态。气干材，$0<\mu<20\%$，一般指长时间在干燥、温暖环境中放置的木材。我国气干材含水率南北方差别很大，一般

❶ 杨洁. 湖北乡土建筑的类型研究[D]. 武汉：武汉理工大学. 2007：（5.1.1木结构）59.

❷ 汪中红，姚杰. 浅析古建筑木构件与木质文物的保护方法[J]. 林业实用技术. 2009：59.

❸ 陈允适. 古建木构件及木质文物的保护和化学加固（一）[J]. 古建园林技术. 1992（03）：32-35.

南方气干材含水率较高，大约为17%～18%，北方较低，大约为12%～13%，全国平均为15%。[1] 半干材，μ=20%～30%，专指那些含水率恰好低于纤维饱和点的木材。湿材，μ>30%，长期暴露在自由水和滴落水环境中的木材或新伐倒木材。

2）古旧木材（降解材即古老木材）

随着时间的变化，在各种环境因子的影响下，木材会被分解和破坏。与新木材相比：

（1）古旧木材含有较少的纤维素和相对较高的木质素及灰分，[2] 木质素含量的相对提高是由于木材其他成分损失的结果。

（2）古旧木材遭菌虫危害后，含水率变化要比健康材大，特别是腐朽材，在短时间内可以吸收大量的水分。木材腐朽越厉害，这种性质表现越明显，且腐朽的收缩过程与健康材不同，在腐朽材收缩过程中，往往表现出典型的收缩裂纹。

（3）古旧木材，含水率非常高的木材很容易降解，含水率越高，降解越快。

（4）若一直保持，高含水率木材便可保持原来的形状。

（5）这些高含水率的古老木材的干燥收缩率，可大于健康材的30%。在极端情况下，木材在干燥收缩时会导致整个木材破坏，原因是这种木材的细胞及细胞间的结合已完全破坏。[3] 已经干燥和皱缩的高含水率古老木材再与水重新接触时，膨胀率非常小，因为木材细胞的破坏是不可逆转的。因此，出土木质保证的一个首要任务，就是在保持形状的前提下，尽快用性质稳定的物质注入木材内含水中，或完全取代木材内含水。[4] 若一时不能做到这一点，则起码要保持文物原来的高含水率。

（6）古老的被菌虫损害的密度明显低于健康材，但其浸注性提高，受害越严重，浸注性提高越多。

2. 木材密度和浸注性

1）新木材

木材密度是指单位体积木材的重量。木材密度是木材性质的一项重要指标，可以根据它推算木材的质量，判断木材的工艺和力学性质。木材密度与木材含水率、材种（早晚材）、取自树干的不同部位和木材内含物等有关。[5] 因此，又有绝对干密度（木材含水率为0时）和气干密度之分。

一般来讲，密度低的木材对各种损害的天然抗性和力学强度均较差，但也不尽然，木材对生物损坏的天然抗性往往决定于木材内含物的毒性，[6] 还决定于它对保护药剂的浸注性。所谓浸注性，在这里是指木材吸收防腐和加固药剂的能力。木材浸注性大小决定于木材的渗透性，它对保护处理的效果有着直接的影响。[7]

一般把木材对防腐剂的吸收能力分为最难、难、稍难和易浸注四级。比如，常用的杉木是属于难浸注的树种，而松木为易浸注。

[1] 陈允适，刘秀英，李华，罗文士. 古建筑木结构的防腐[C]. 中国紫禁城学会论文集（第四辑），2004：93.

[2] 陈允适，刘秀英，李华，罗文士. 古建筑木结构的防腐[C]. 中国紫禁城学会论文集（第四辑），2004：92.

[3] 刘秀英，陈允适. 木质文物的保护和化学加固[J]. 文物春秋，2000（01）：50-58.

[4] 陈允适. 古建木构件及木质文物的保护和化学加固（一）[J]. 古建园林技术. 1992（03）：32-33.

[5] 刘秀英，陈允适. 木质文物的保护和化学加固[J]. 文物春秋，2000（01）：50-58.

[6] 刘秀英，陈允适. 木质文物的保护和化学加固[J]. 文物春秋，2000（01）：50-58.

[7] 陈允适，刘秀英，李华，罗文士. 古建筑木结构的防腐[C]. 中国紫禁城学会论文集（第四辑），2004：93.

2）古旧木材

古老的被菌虫损害的木材的密度明显低于健康材，一般来讲，密度低的木材对各种损害的天然抗性和力学强度均较差。

古老木材的浸注性与木材受损害的种类和程度有关。被木材害虫蛀蚀的木材浸注性提高，受害越严重，浸注性提高越多。害虫蛀蚀的木粉在某些加固处理时可以不清除，处理后类似烛芯，能起到加强作用。

受害极为严重的木材保存药剂的能力很差，在温度升高时，防腐或加固药剂会重新从木材中流失出来。

受木腐菌危害的古代腐朽木材比健康材易于浸注。腐朽材处理时，由于木材细胞上的纹孔封闭，而使防腐剂吸收不均匀。湿材的浸注性与木材的浸注性同样还受木材清洁程度的影响。古旧木材的油漆彩绘及灰尘等都会影响保护处理的效果。❶

3. 木材强度

木材的力学性质有抗拉、抗压、抗弯和抗剪等四种强度，含水量试件的形状和尺寸、木材的疵病等对木材的力学性能都有影响，主要影响因素如下：

（1）含水率，木材含水率在纤维饱和点以下时，其强度随含水量的增加而降低。当木材干燥时，胶体变硬而与纤维共同抵抗外力；在潮湿状态下，胶体变为可塑性状态，减少了胶结性，而强度降低，当含水率大于纤维饱和点时，仅细胞腔内水量变化而与细胞壁无关，所以强度不再降低。

（2）加荷时间，在试验木材强度时，加荷快速比加荷缓慢所得数值大。木材在长期荷载作用下不致引起破坏的最大强度，称为持久强度。木材的持久强度与暂时强度之比与树种和受力种类有关，变动在0.5~0.6之间。

（3）疵病，木材实际强度远低于试验强度，试验强度是用无疵病的标准试件测得的，实际上木材存在不同程度的腐朽、裂纹、斜纹、树节等疵病，这些疵病均能降低木材的强度。木材顺纹轻度比横纹强度要大得多。其中，斜纹抗拉强度约为顺纹的0.35，横纹更低，顺纹的抗压强度约为抗拉强度的40%~50%；木材的抗弯强度介于抗拉强度与抗压强度之间，而疵病对受弯构件的影响很大，木材的横纹剪切强度大致是顺纹强度的一半，而横纹剪切强度则为顺纹的8倍。

1）新木材

一般习惯上用木材强度来泛指木材的力学性质，实际上它包括木材的抗压、抗拉、抗弯、抗冲击、抗剪和硬度等不同的物理力学性质。可由于木材作为生物材料，具有各向异性。因此，某些强度值的横纹（垂直于木材纹理）和顺纹（平行于木材纹理）数值有很大差异。❷

木材强度与木材密度及含水率有关。木材密度增加、硬度增大，而随着含水率的增加、硬度变小。木材密度提高，抗压强度增大，抗压强度还直接与晚材部分的多少有关。

❶ 陈允适，刘秀英，李华，罗文士. 古建筑木结构的防腐[A]. 中国紫禁城学会论文集（第四辑）[C]，2004：94.

❷ 同上。

木材在纤维饱和点以下时，随着含水率的增高，抗压强度降低，温度升高，木材抗压强度也降低。抗压强度还与木材内含物和年轮方向有关。顺纹抗压强度远大于横纹抗压强度，有时前者要超过后者10倍以上。

抗拉强度随着木材密度的提高和晚材部分的增加而增加。同样，木材含水率在纤维饱和点以下时，含水率提高，抗拉强度降低。温度对抗拉强度的影响与抗拉强度一样，温度越高，抗拉强度越低。木材的木质素含量过高，会影响其抗拉强度，使之降低。木材纤维方向的抗拉强度远大于弦向和径向的抗拉强度。

木材抗弯强度的性质与抗拉强度相同，这里有必要专门介绍一下木材的抗弯弹性模量。它是代表木材的韧度或弹性的物理量，即木材在一定极限内抵抗弯曲形的能力。梁在承受荷载时，其变形与弹性模量成反比，即木材的弹性模量越大，越刚硬，弹性变形越小，反之则木材比较柔曲。木材抗弯弹性模量是选用梁、托梁及桁条材等的一个重要参考数值。抗弯弹性模量与密度成近似的正比关系。[1]含水率减少，木材弹性模量增加。

2）古旧木材

经试验证明，经过600～900年后木材的抗拉强度及横纹抗压轻度降低的系数值最大。无论是松木还是杉木其强度都降低了50%，横纹抗压强度降低了80%多，而硬度及剪切强度反而有所增加，硬度增加11%～16%，剪切强度增加了15%左右，说明旧木料经过几百年各种因素的影响，使木材密度增大了，木材细胞组织更加密实，水分减少到极少的程度，相对硬度就比新木材强度大。但由于木材内部组织老化，它的其他各种物理性能减弱了较多，从而进一步看出，时间因素对木材工作的物理力学指标是有很大影响，木材持久工作是有有效限度的。古代建筑构件多数是承受各种压力和拉力，因此古代材质强度的降低是造成几百年传统建筑梁、枋、柱各主要构件产生弯曲、劈裂、折断的主要原因之一。[2]

木材遭生物损害后力学强度明显降低。受木腐菌危害的木材，在几周内，抗弯和抗压强度便会大大降低。往往在木材腐朽的短时期内，木材还没有明显的重要损失的时候，便已开始了强度降低的过程。底下发掘的木材有时密度降低很小或没有变化，而抗压和抗弯强度降低却很明显。[3]从数值上看，抗弯强度降低比抗压强度更大，主要是因为纤维素的降解。抗弯和抗拉强度与木材纤维素含量多少直接有关。根据木材的降解较早地、明显地反映在强度的改变，然后才是密度的变化，一般鉴定古旧木材受损情况都使用强度指标，而不使用密度指标。[4]

4. 木材的天然耐久性

木材的天然耐久性是指木材对木腐菌和木材害虫等生物损害的固有抵抗能力，当然也包括对气候变化及物理、化学等因素的天然抵抗能力。这里专门介绍木材的天然耐腐性和抗蛀性，一般把它作为木材的一种特有的形制。

不同树种木材对损害的抗性不同，即使同一棵树的不同部位，对生物损害的抗性也有

[1] 陈允适，刘秀英，李华，罗文土. 古建筑木结构的防腐[C]. 中国紫禁城学会论文集（第四辑）. 2004：94.

[2] 陈国莹. 古建筑旧木材材质变化及影响建筑形变的研究[J]. 古建园林技术. 2003：52.

[3] 刘秀英，陈允适. 木质文物的保护和化学加固[J]. 文物春秋，2000（01）：50-58.

[4] 同上。

差异。它不但与木构的构造、性质有关，而更重要的是与木材的化学成分有关。一般密度大的木材天然抗性较强。心材和晚材部分抗性较强。树木的边材内含有丰富的淀粉、糖类、含氮物质和微量矿物质，为菌虫的生长提供了丰富的营养，所以边材最易腐朽和遭虫蛀。

木材的天然耐久性是传统建筑维修时选择更换木料的一个重要参数。

4.1.2　木材干燥处理

引起木材腐朽是由于木腐菌的寄生繁殖。它的条件是少量的空气、一定的温度和适当的水分，在前两者相对稳定的情况下，木材的含水率与使用年限有极大的关系。含水率很大或很小时，木材的使用年限都比较长，俗话"干千年，湿千年，干干湿湿两三年"。当含水率控制在20%以下时，木腐菌的活动将受到抑制，腐朽将难发生，此外加强通风，也可以延长木材的寿命。一般来说，建筑大木作含水率应在15% ~ 18%，小木作应在10% ~ 15%。

未经干燥的木材使用时会产生收缩变形，有的甚至发生腐朽；而湿料加工易产生毛刺、裂口等人为缺陷。为防止木材变形和补救缺陷，除采用正确的操作加工工艺并注意木材的保管外，一般木材都要进行干燥。[1]为减少木材密度，防止腐朽、干裂、翘曲，便于加工和有利于防腐、防火处理，需将木材进行干燥处理。

4.1.2.1　工程中所用已干燥木材来源

传统建筑中木材的干燥，通常采用自然干燥的办法，将湿材放置于自然条件下，用大气干燥的方式来实现木材干燥的目的。

现在主要由专业的木材干燥企业通过人工干燥方式获得。其具体方式分为常规干燥（如室干）和特种干燥（如除湿干燥、真空干燥、微波干燥、太阳能干燥等）[2]。将湿材放置于自然条件下自然干燥获得。

4.1.2.2　干燥处理方法

处理方法可分天然干燥法和人工干燥法。

1. 天然干燥法

天然干燥法，即大气干燥，是一种古老而又简单的干燥方式。它是将木材互相架空堆积在通风良好的棚内，避免阳光直晒和雨淋，利用空气自然对流，使木材的水分逐渐蒸发，达到一定的干燥程度。以选择地势略高而平坦、气流畅通、干燥而狭长的场地为宜，忌用实积法，并要避免雨水侵蚀和阳光暴晒。即通常堆放的木材需要离地架空，并一层层隔空叠放，木材与木材之间都留有一定的空间，堆放的方式可因地制宜，方法有"X"形或"井"字形堆积、交搭堆积、交替堆积等几种。此法简单易行，成本低廉，

❶ 薛劼. 成都平原场镇民居研究[D]. 西南交通大学硕士论文. 2008：58.

❷ 贾良华. 木材干燥方法简介[J]. 林业勘察设计，2006：92-94.

但干燥时间长，只能达到风干程度即"平衡含水率"为止（含水率8%～13%），并易于发生虫蛀、腐朽等情况。大气干燥时，对于板材要特别注意放置平整，避免造成翘曲变形。

2. 木材的人工干燥法

1）浸水法，将潮湿木材浸入流动水中，待充分溶去树液（约需2～4个月）后，再进行风干或蒸干。此法可减少木材变形，并比天然干燥法少用一半时间，但强度稍有降低。

2）蒸材法，将木材堆在密闭（留有通风洞）的干燥室内，通入蒸汽使室内温度逐渐升至60～70℃，并保持一定时间（视木材的品质和大小而定），蒸好后，再进行自然干燥。

3）蒸煮法，将木材蒸煮后，树脂和其他含有物透析，能使木材性能稳定，不发生变形，然后再加以人工或自然干燥。

4）热坑法，将木材堆放在有火坑的干燥室内，火坑的升温应缓慢，以防止木材开裂，室温控制在80℃以下，此法可将含水量干燥到最低程度。

5）过热空气干燥法，利用热管输送150℃蒸汽，通过热辐射加热密闭室的空气，并设喷洒管，保持高温高湿，加速干燥过程。

在建筑中有些梁枋柱需要的木材往往体积较大，如果未能及时进行干燥，需要在木材的两端断面上涂上防腐、防虫、防潮的物质，如白蜡、沥青、石灰、桐油等，这样可以有效防止木材的端部开裂变形。当然，大厚木露天堆放时，可以先不剥去树皮，这样也能起到一定防止开裂的作用。

3. 木材干燥方式建议

保护修复工程应尽可能将未干燥的木材送至专业干燥工厂进行人工干燥或直接购买已经干燥好的木材。

4.1.3 木作的用材特色

4.1.3.1 用材种类

传统建筑的承重构件要求材质轻、高强度、性能稳定。福州地区的大木构架多用杉木，楼板也多用杉木，小木作虽多用杉木，但比较考究的也用水曲柳、柳按、柚木、楠木、樟木等。

杉木具有材质轻、纹理直、弹性好、韧性强、耐腐防虫等优点。构件以杉木制成后，历经寒暑交替的热涨泠缩以内外干湿的变化，一般都能够较好地保持平直，不易变形，对建造穿斗式木构架非常适用。杉木的缺点是纹理直而甚密，易开裂，往往在新制成的构件上就已出现开裂情况，所以在木质的立柱或童柱开卯口的位置上、下需要钉以藤箍，以防止和限制柱身开裂。另外，杉木虽然因硬度较低而便于加工，但一般也只能够做较为简单的雕刻。福建产的杉木最好，个大质密，便于选用加工建造大木构件，产地主要为武平、长乐、永安、长泰、福州、福鼎、武夷、华安、连城等地。❶

樟木的纹理斜式交错、质坚实，硬度略软，有香气，方便加工，能够完成复杂的雕刻、耐腐防蛀。但缺点是容易变形，所以基本上不将樟木用于屋架和其他雨水潮气容易侵蚀的部位，而与杉木配合使用。

楠木的纹理斜、质细、有香气、有很好的耐腐防蛀性能，且材质软硬适中，加工方便，构件制成后不易变形，是比较讲究的建筑用材。但产量较少，价格较昂贵。

4.1.3.2 用材标准

福州传统建筑维修工程所使用的修缮木材，根据木材分类标准，可分为针叶材和阔叶材。由于修缮工程中所使用木材主要是杉木。为了便于管理与监督，本导则分别以针叶材中杉木为一类，以及珍贵阔叶杂木为另一类，制定相应的用材质量要求。

1）针叶材树种：杉木。根据不同用途，又细分为杉原条、椽材和檩材。杉原条的主要用途为：中、大径级用于建筑结构中的承重木构件，如柱、梁和屋桁架等大型木构件用料。小径级用于脚手架、门窗料等处。❷椽材的主要用途为：木结构房屋中设置在檩条上作支架屋面和瓦片的木条。檩材的主要用途为：在木结构房屋中起支撑椽材的原木。

2）柱、梁枋和屋桁架等大型木构件用料必须是天然林杉木的成熟林木材。不允许使用大径级的人工林杉木进行替代。采购运输前，要进行木材类别确定（天然林或人工林木材），防止人工林木材鱼目混珠。具体鉴定方法可采用木材容重比较法，由权威检测机构进行鉴别确认。

3）杉原条的质量标准按照国标《杉原条》（GB/T5039–1999）的规定执行。选材标准以一等材的要求确定。

4）檩材用料必须是天然林杉木，人工林木材不可代用。采购时同样执行上述2）条确认程序。檩材质量标准按照国家林业行业标准《檩材》（LY/T1157-94）的规定执行。

5）椽材用料既可用天然林，也允许采用人工林木材。包括人工林间伐小径材均可使用。该类材质量按照国家林业行业标准《椽材》（LY/T1158-94）的规定执行。

6）杉木地板在福州多用于铺卧室与阁楼。多数院落的大厅也有铺设，地板主要有楼桁与桁板构成，其主要作用是防潮及调节温度。杉木地板与桁材对原木有以下要求：一是要平直，二是要求木材弹性和硬度性能较高，三是机械加工性能好。在选材时除要求天然林杉木外，还要求选择红心材部分大的杉原木锯解坯料。

7）阔叶杂木：特指用于修复装饰木构件所使用的珍贵阔叶木材，它涵盖了楠木、樟木、花梨木和黄檩木等，同时也包含了类似柯木、木荷等众多的非珍贵木材。珍贵阔叶木材因十分稀缺，部分还归属于国家动植物保护范围。所以事先必须对施工对象

❶ 李哲扬. 潮汕地区传统建筑结构材料[J]. 四川建筑科学研究，2008（06）：153.

❷ 林旭昕. 福州"三坊七巷"明清传统民居地域特点及其历史渊源研究[D]. 西安建筑科技大学. 2008：51.

进行反复确认，并做好测绘和精确计算，避免浪费现象发生。对于其中非珍贵木材，也应事先做好计划，定量采购，及时进行锯解、板材干燥等后续工作，不影响修缮工程需要。

8）需要使用仿真处理工艺进行修复时，代用木材的选择权必须由权威的研究机构提供书面材料作为依据，方可实施。否则，不可随意进行仿真处理，影响工程质量和效果。

9）阔叶杂木允许使用非规格材，满足短原木质量标准的木材，其质量可以按照国家林业行业标准《短原木》（LY/T1506–1999）的规定执行。属于规格材则按照国家林业行业标准《阔叶树原条》（LY/T 1509–1999）规定执行。

10）以阔叶杂木锯材方式进行加工的木材，应符合国标《阔叶树锯材》（GB/T4817—1995）的要求。

11）鼓励直接定购已干燥后的规格阔叶杂木板方材和各种薄板材，尽量不用非人工干燥的木材。

12）直接从建材市场采购半成品杉木地板与桁材时，其材质指标必须与上述6）条要求保持一致性外，还应满足《木构件工程施工质量验收规范》（GB50206）的规定。

13）未在本施工技术中作出相应规定的木材用料，由工程施工单位酌情确定选用。

4.1.3.3 板材与方材

没有造材的原木不可以直接使用，应根据具体用途，如制作柱、檩等，解割成一定规格方可使用。原条经锯解而成为板材或方材。板材是指断面宽度为厚度的三倍及三倍以上者，方材是指断面宽不足厚三倍的。

按厚度的大小，板材可分为：

1）薄板：厚度在18mm（5分）以下；

2）中板：厚度在19～35mm（5分～1寸）；

3）厚板：厚度在36～65mm（1～2寸）。

因锯解的方式不同，又有平锯板材和幅锯板材之分。平锯板材的锯缝与年轮方向相切，是一般常见的加工方法，但因干燥时板的两面干缩不同，容易产生横向翘曲。幅锯板材的锯缝与年轮大致呈正交，成品板材不易产生上述缺点，但因加工复杂，且费工料，所以较少采用。

方材按截面积大小可分为：

1）小方：截面积在54cm²（5平方寸）以下；

2）中方：截面积在55～100cm²（2～10平方寸）；

3）大方：截面积在101～225cm²（10～22平方寸）；

4）特大方：截面积在226cm²（22平方寸）以上。

4.1.4 常见木材缺陷、勘查要点及实施处理

4.1.4.1 常见木材缺陷[1]

1. 木节

分为活节、死节和漏节。凡节子与周围树木全部紧密相连，质地坚硬、构造正常者称为活节。节子与周围木节脱离或部分脱离，质地或硬或软，局部开始腐朽者称死节，死节往往脱落而形成空洞。节子本身构造大部分破坏，且深入内部与内部腐朽相连者称为漏节。

2. 腐朽

由于受腐朽菌腐导致木材结构和颜色发生变化，变得松软易碎，最后呈一种干或湿的软块，称为腐朽。腐朽在树干不同的部位都有可能发生，故有内部腐朽和外部腐朽之分。

3. 虫害

新砍伐的树木、枯立木以及腐朽木等遭受昆虫、蚁类蛀蚀而造成的损伤。

4. 裂纹

树木受外力或温湿度变化的影响，致使木材纤维之间发生脱离称裂纹，有径裂、轮裂和干裂。径裂和轮裂即沿木材半径或年轮方向开裂，而干裂则因干燥不匀而造成，也称纵裂，分端裂和身裂两种。

5. 斜纹

木材中由于纤维排列的不正常出现倾斜纹理，即斜纹。圆材中斜纹呈螺旋状，在成材的径切面上，纹理呈倾斜方向。此外，由于下锯方法不正确，用通直的树干也会锯出斜纹来，这种斜纹是由于把原来通直的纹理和年轮切断所致，称人为斜纹。人为斜纹与干材纵轴所成的角度愈大，则木材强度也降低愈多。

[1] 杨洁. 湖北乡土建筑的类型研究[D]. 武汉：武汉理工大学. 2007：59.

原木材质标准　　　　　　　　　　　　　表4-1-1

缺陷	计算方法	允许限度		
		一等	二等	三等
活节、死节	最大一个木节尺寸不得超过检尺径的	20%	40%	不限
	任意木材1m中的木节数不得超过（木节尺寸不足3cm不计，阔叶树活节不计）	6个	12个	不限
外腐	厚度不得超过检尺径的	不许有	10%	20%
内腐	平均直径不得超过检尺径的	小头不许有；大头20%	40%	60%

缺陷	计算方法	允许限度		
		一等	二等	三等
裂缝	裂缝长度不得超过材长的（裂缝宽度、针叶树不足3mm、阔叶树不足5mm的不计，断面上的径裂、轮裂不计）	20%	40%	不限
虫害	任意长1m中的虫眼个数不得超过（表皮虫沟和小虫眼不计）	不许多	20个	不限
弯曲	弯曲度不得超过	2%	4%	不限

锯材的分等标准　　　　　表4-1-2

缺陷名称	检验方法	允许限度							
		特等锯材	针叶树普通锯材			特等锯材	阔叶树普通锯材		
			一等	二等	三等		一等	二等	三等
活节	最大尺寸不得超过材宽的（%）	10	20	40	不限	10	20	40	不限
死节	任意材长1m范围内个数不超过（个）	3	5	10	不限	2	4	6	不限
腐朽	面积不得超过所在材面的（%）	不许有	不许有	10	25	不许有	不许有	10	25
裂纹夹皮	长度不得超过材长的（%）	5	10	30	不限	10	15	40	不限
虫眼	任意材长1m范围个数不超过（个）	不许有	不许有	15	不限	不许有	不许有	8	不限
纯棱	最严重缺角尺寸不超过材宽的（%）	10	25	50	80	15	25	50	80
弯曲	横弯不得超过（%）	0.3	0.5	2	3	0.5	1	2	4
	顺弯不得超过（%）	1	2	3	不限	1	2	3	不限
斜纹	斜纹倾斜高不超过水平的（%）	5	20	20	不限	5	10	20	不限

4.1.4.2　木材勘查注意事项

1）必须确定木材及接头是否健全，检测木材腐朽变质的部位、范围和程度以及木节、斜纹和干缩裂缝的部位和尺寸。检测接头的拔榫、折断、臂裂及压缩变形的情况。❶

2）检测结构的整体变位和支承情况及承重构件的受力和变形状态。

3）检查建筑物的地基基础情况，观测建筑物的不同下陷情况，分析其原因。

4）建筑的不均匀沉降、倾斜或扭转有缓慢发展情况，承重构件有明显的挠度、开裂式变形、连接处有较大的松动以及承重构件的防腐、防蚁处理的效果应作长时间的定期观测。❷

❶ 张帆. 近代历史建筑保护修复技术与评价研究[D]. 天津大学. 2010：117.

❷ 同上。

4.1.4.3 木构件的防腐、防虫技术要求和应用

1. 木结构腐朽、虫蛀情况检查

1）检查内容

（1）根据木构件编号测量木材腐朽等级、虫蛀等级，及其部位。墙内柱还须掀开部分砌砖，了解虫蛀和腐朽的部位和程度，根据古建维修要求，需测量严重腐朽、虫蛀部位的范围（长、宽、高、深），以便考虑大木构件的修补、墩接或更换。

（2）木构件的外形尺寸，特别是严重腐朽、虫蛀部位的外形尺寸。

2）检查方法

（1）一般通过肉眼观察材色，检查表面虫眼，敲打听声辨别是否空臌；

（2）用生长锥取样，检查内部木质；

（3）采用仪表检查含水率，协助辨别腐朽和虫蛀范围；

（4）每根大木构件检查2～3次，立柱检查分上、中、下三个部位。

3）木构件腐朽、虫蛀等级确定

虫蛀分为严重和轻微两级：轻微指虫蛀仅在表层，虫孔稀少；严重指蛀蚀得很深，木材强度基本丧失。

腐朽定为初期、中等、严重三级，严重级还需检测深度和部位。

（1）初期腐朽：仅是木材外部变色，木材颜色一般较正常颜色稍暗或有些褪色。

（2）中等腐朽：这时木材出现褪色，变成白色，在某些情况下，木材出现不规则的黑线，花纹类似于大理石。木材力学性能开始下降，物理和化学性质改变。

（3）严重腐朽：白腐材上形成肉眼能见的小蜂窝或筛孔等形状的孔眼，木材出现褪色或出现白色斑点。褐腐材上会出现肉眼可见的细裂纹，呈碎块状；木材颜色变化很大，呈深褐色，力学性质消失，木材逐渐变成焦炭状，很容易用手捻成粉末。

4）木构件的使用环境检查

为了确保木构件达到设计要求的使用年限，需根据使用环境，确定该木构件是否需要进行防腐处理。因此需根据表4-1-3的要求确定木构件的环境分类。

木构件使用环境分类 表4-1-3

环境分类	使用条件	使用环境	主要生物败坏因子	典型构件或用途
C1	室内，且不接触土壤	在室内干燥环境中使用，避免气候和水分的影响	蛀虫	椽板、望板、木柱、梁、枋、檩木
C2	室内，且不接触土壤	在室内环境中使用，有时受潮湿和水分影响，但可避免气候的影响	蛀虫、白蚁、木腐菌	木梁、木柱等

环境分类	使用条件	使用环境	主要生物败坏因子	典型构件或用途
C3	室外，但不接触土壤	在室外环境中使用，暴露在各种气候中，包括淋湿，但避免长期浸泡在淡水中	蛀虫、白蚁、木腐菌	廊柱、枋、木门、木窗
C4A	室外，且接触土壤或浸在淡水中	在室外环境中使用，暴露在各种气候中，且与地面接触或长期浸泡在淡水中	蛀虫、白蚁、木腐菌	木柱等
C4B	室外，且接触土壤或浸在淡水中	在室外环境中使用，暴露在各种气候中，且与地面接触或长期浸泡在淡水中，难于更换或关键结构部件	蛀虫、白蚁、木腐菌	无

（注：本表参考《木结构工程施工规范》GB/T 50772–2012的基本规定整理）

5）调查记录

木构件腐朽、虫蛀情况调查记录表参照表4-1-4进行。

（传统建筑名称）木构件腐朽、虫蛀情况调查表 表4-1-4

编号	位置名称	构件种类	构件尺寸规格	构件所处环境情况	环境分类	腐朽、虫蛀等级及其部位和范围	修复建议
（范例）001	大堂	伸入墙内的梁枋	圆柱直径：30cm 高度：200m	室内环境中使用，柱基有时受到潮湿和水分影响	C2	虫蛀：轻微 腐朽：严重 距柱基10cm以上面积：25cm×30cm 深度：10cm	柱基墩接；虫蛀处涂刷法进行防腐处理

2. 木材的保护

木材的保护是指使用化学、物理等手段保护木材，使其免受各种损害，以延长木材的使用寿命。其中，最常用的是化学方法，即用有毒药剂处理木材，杀死危害木材的各种生物或阻止其生长。[1]这一方法习惯上被称作"木材防腐"。

1）修缮中木构件的防腐处理原则

（1）注意防腐处理的科学性。这里强调的是充分了解药剂的性质、不同树种木材的形制（含水率及浸注难易程度）、不同处理方法的优劣及适用性、处理工艺条件对处理质量的影响等[2]。

（2）修缮中所有新木料和裸露出来的旧木料都应做有效的防腐处理。勘察中发现旧的、保留下来的木构件大都有不同程度的腐朽和虫蛀，而一些腐朽部分又很难根除。立架后或者在彩饰前，旧木构件上的地杖和彩绘已全部敲掉，此时普遍彻底打药是全面防治的最佳时机，可以得到理想的效果。根据以往经验，药剂处理、表面干燥后，对地杖和油饰不会产生任何不利影响。

[1] 熊满珍. 论发展木材工业促进我国林业可持续发展[D]. 北京：中国林业科学研究院，2004：37.

[2] 刘秀英，夏荣祥，石志敏，王丹毅，李华. 木结构防腐技术在武英殿修缮中的应用[A]. 中国紫禁城学会论文集（第六辑）[C]. 2007.

（3）为保证木材达到必要的吸收量，应尽量采用机械化处理方法。手工处理，只要严守操作规程，同样能达到预期的吸药量。

（4）药剂的选择要有针对性。实施上，可选择使用的防腐剂品种很多，从科学角度出发，应该有针对性选择使用。

2）药剂

一种有效的药剂一般应符合下列要求：①能杀死木材上危害的生物（杀虫、杀菌作用）；②能保护木材不受生物损害，起到预防作用；③药剂透入木材后不被水流失，不在空气中挥发；④药效持久；⑤透入性好，能尽可能深地沁入木材；⑥药剂处理后，不影响木材的进一步加工（油漆、彩绘、胶合、粘贴其他装饰材料等）；⑦对不作任何涂饰的木构件还需保持原有木材的色泽和纹理；⑧对人、畜无毒或低毒，不造成环境污染。❶

事实上很难有一种药剂能同时满足上述全部要求，一般水溶性药剂处理会引起木材膨胀，油溶性药剂进入木材较深。

（1）水溶性防腐剂

水溶性防腐剂的优点是以各种无机盐类为主，药剂来源广泛，使用方便，是目前世界上应用广泛、种类最多的一种防腐剂。水溶性防腐剂又可以分为两类，即单一防腐剂和复合防腐剂。

水溶性单一防腐剂中，烷基铵化合物（AAC），是20世纪80年代初由新西兰林业研究所开发的一类高效低毒的新型木材防腐剂，对菌、虫都有很好的毒效。溶液性质稳定，在木材中固着良好，能抗流失。处理后木材保持本色，对金属无腐蚀，不影响油饰。这是木材防腐工业发展的初始阶段，一般是采用单一盐类作为防腐剂。此后逐渐发现这些盐类有一些不可避免的缺点，如对人畜毒性大，对木材腐蚀性强，抗流失性差，虫的毒效范围狭窄等。人们在长期实践中认识到，把两种或两种以上不同性质的盐类按一定比例混合不但能克服使用单一盐类的不足，而且还会产生一定的新特性。这就是复合型水溶防腐剂。20世纪末我国传统建筑修缮陆续使用的BBP和CCA即属此类。

①BBP合剂，是硼酸、硼砂和五氯酚钠的复合剂。既可用于原木保管，也可用于室内建筑材的防腐，国内曾成功地用于橡胶防腐、防虫处理。❷近年来传统建筑维修中，木材的防腐、防虫处理也多用此药，该药处理后，木材保持本色，且不影响地杖和油漆，一般使用浓度4%，吸药量要求4kg/m³。

②酸性铬酸铜（ACC），主要配比为硫酸铜45%+重铬酸钠50%+醋酸5%，其有效成分为CuO 31.8%、CxO₃68.2%（即铜铬砷复合剂CCA）。这种药剂的优点是对所有木腐菌都有毒效，但对昆虫和船蛆无效，该药剂另一缺点是处理后木材呈褐色。

目前世界上广泛使用的CCA根据其成分配比不同可分为A、B、C三型，各型CCA防腐剂的组成如表4-1-5所示：

❶ 陈允适，刘秀英，李华，黄荣凤. 古建筑木结构的保护问题[J]. 故宫博物院院刊，2005（05）：341.

❷ 李华，刘秀英，陈允适. 室内木地板及木制品防腐、防虫药剂筛选[J]. 木材工业，2004（03）：33.

各型CCA防腐剂组成 表4-1-5

成分 \ 类型	CCA-A	CCA-B	CCA-C
氧化铬（C_2O_3）（%）	65.5	35.3	47.5
氧化铜（CuO）（%）	18.1	19.6	18.5
五氧化二砷（AS_2O_5）（%）	16.4	45.1	34.0

从表中看出，A型中铬的含量最高，所以A型固定最好，抗流失能力最强。B型砷含量最高，对菌虫毒效最好。C型兼有A、B型的优点，各种成分配比恰当，目前世界上应用最多的是CCA-C型。

③铜铬硼（CCB），CCB也是当前各国通用的防腐剂之一，对木腐菌效果与CCA相同，对害虫特别是白蚁效果略低于CCA，但它避免了CCA中砷对环境的污染。CCB中硼有很强的渗透性，而且在木材中固定速度较慢，因此，适用于如云杉一类难浸注材的防腐处理。试验证明用于防治白蚁效果很好。处理后的木材干净、无臭味，不影响油漆。CCB也可用于室外用材的处理。

（2）油类和有机溶剂型防腐剂

油类防腐剂的优点：这是一类广谱防腐剂，对多种木腐菌、害虫及海生钻孔动物都有良好的毒杀和预防作用；耐候性好，抗雨水或海水冲刷能力强，药效持久，对金属低腐蚀，价格便宜。缺点是有辛辣气味，对皮肤有刺激，处理材呈黑色，不便油漆和胶合，处理材温度高时产生溢油现象。其品种有克里苏油和煤燃油。

而有机溶剂型防腐剂的优点是防腐防虫能力强，渗入性优于水溶性药剂；持久性好，药剂不溶于水，抗流失性强；处理后木材变形小，不会引起木材膨胀，木材表面清洁，不会影响后续加工，不腐蚀金属。缺点是溶剂价格昂贵，同时溶剂大都可燃，增加了防火的开支，加大了整个处理成本。这类防腐剂主要有五氯酚（PCP），其毒性比防腐油的毒性大25倍，用量为4kg/m³，由于PCP的毒性，出现使用量下降趋势，目前国内限制使用，一般与人接触部位及水源处禁用，但《传统建筑维修规范》中，仍然作为指定用药列出。

3）防腐处理方法

配合修缮工程，现场一般使用浸泡法、涂刷法和喷淋法以及冷热槽法。❶无论使用哪一种方法，首先要求木材含水率达到20%以下，同时处理木构件应该完成最后的加工。原则上应该是处理后不再进行大的加工。在特殊情况下，必须进行加工时，对新的加工面在现场应该做补充处理。

（1）喷淋和涂刷根据情况，现场应该多次反复进行。粗糙的表面吸药量大，光洁的表面吸药量小。喷淋时药液浪费较大，平面喷淋浪费较小，立喷和仰喷操作不当时药液浪费可高达70%。❶

❶ 陈允适，刘秀英，李华，黄荣凤. 古建筑木结构的保护问题[J]. 故宫博物院院刊，2005（05）：341．．

（2）浸泡处理时，可根据具体情况，在现场挖一个地槽，铺上足够坚固的塑料薄膜做成简易泡槽。

目前现场木料一般含水率均较高，5cm深处含水率在30%以上。针对这种情况，可适当提高处理溶液的浓度，木构件经涂刷或喷淋处理后，用塑料膜严密包裹，以促进药剂的扩散。

根据经验，现场的涂刷或喷淋处理反复多次进行。一般至少反复3次（平面处理），个别情况如立面和仰面，应处理5～7次才能达到所要求的处理效果。

（3）冷热槽处理法。热冷槽处理法运用木构件，是通过冷热方式使木材细胞里产生负压，吸收较多的药液，增加药液的渗入深度。其优点一是可以杀死内潜在木腐和虫卵，防止内腐。二是减少开裂，处理的大木构件受热以后，又从木材内部逐步向外放热，加速内部水分迁移和蒸发，缩短干燥时间，较少了开裂。处理设备自制。槽体4.5m×1.5m×1.5m，采用炉缸直接加热，电动葫芦吊装木材，一般的处理量4～6m³。处理时木构件先放入85～90℃的药液热处理一段时间，然后迅速放入冷槽药液中[1]。处理时间依树种、木材规格，所要求的吸药量和深度而定。对于杉木木材，平均吸药量达80kg/m³药液，深度5m（心材）、防虫防腐有限期预计30～50年。

3. 传统建筑各木构件的防腐处理方法示例

（参照《古建筑木结构维护与加固技术规范》（GB 50165-92））

1）木柱的防腐或防虫处理

应以柱脚和柱头榫卯处为重点，并采用下述办法进行防腐、防虫处理。

（1）不落架工程的局部处理：柱脚表层腐朽处理使用绷带法进行处理；柱脚心腐处理采用吊瓶滴注法，施药时，柱脚周边必须密封，药剂应能达到柱脚的中心部位。柱头及其卯口处的处理：可将浓缩的药液用吊瓶滴注法注入柱头和卯口部位，让其自然渗透扩散。

（2）落架大修或更换新柱，一般可采用浸泡法进行处理。

2）檩、椽和斗的防腐防虫处理

在重新油漆或彩画前，采用喷淋方式进行处理。对于梁枋的榫头和埋入墙内的构件端部，可应用吊瓶滴注法进行局部处理。对于落架大修或迁建工程，其木构件宜采用浸泡法进行处理。

3）屋面木基层的防腐和防虫

（1）应以木材与灰背接触的部位和易受雨水浸湿的构件为重点，并按下列方法进行处理：对望板、扶脊木、角梁及由戗等的上表面，宜采用喷淋法处理；对角梁、檐椽和封椽板等构件，宜采用加压浸注法处理。

（2）屋面木基层铺钉并作防腐药剂处理且完全晾干后，在望板上刷两遍熟桐油以防由瓦片渗透下来的湿气，进一步防潮。

[1] 张厚培，王平. 塔尔寺古建筑木结构腐朽虫害和防护处理[J]. 木材工业，1995（02）.

4）小木作部分的防腐或防虫

应采用速效、无害、无臭、无刺激性的药剂。处理时采用下列方法：

（1）门窗：可采用吊瓶滴注法重点处理其榫头部位，必要时可用喷淋法处理其余部位。

（2）天花、藻井：采用喷淋法。

（3）其他做工精细的小木作采用涂刷法处理。

4.2　福州传统建筑木构架特征

福州民居木构架，不论是梁架特征，或是挑檐类型、屋面与廊步、厅堂减柱等做法，皆具有福州明显的地域特征，福州周边地区的长乐、福清、闽清、永泰等地的民居木构架类型亦属福州民居木构架类型。

福州民居的木构架不论在明间或次间，除了大跨度的扛梁为圆木外，一般皆使用矩形断面的直梁与穿枋，童柱多为方柱，少作雕饰，较为简洁，装饰主要体现在童柱与直梁的交接处以及轩架和屋内额上。从福州民居实例中，可以看到削薄的丁头栱（插栱）与十分厚实的梁枋形成了福州穿斗体系中扁作梁的特征（图4-2-1～图4-2-3）。

图4-2-1　福州传统民居构架示意图（七柱）

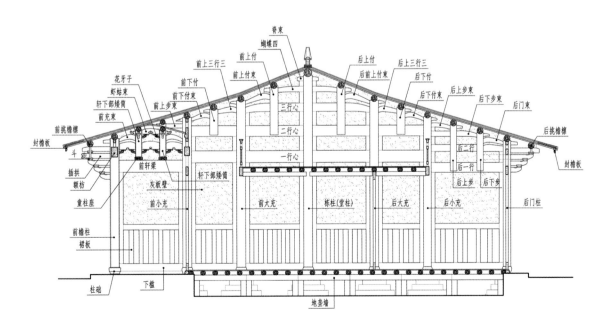

4.2.1　福州民居木构架结构类型

福州民居木构架结构基本分为两类，一类为纯穿斗式木构架（图4-2-1、图4-2-2），另一类为穿斗架与插梁架混合（图4-2-3）。前者指在福州传统民居中不论明间、次间、稍间等，所有横向扇架均为穿斗式木构架；而混合式则是次间或稍间的木构架采用穿斗架，明间为插梁架。著名的中国民居研究专家孙大章认为插梁架兼有抬梁与穿斗的特点：它以梁承重传递应力，是抬梁的原则，而檩条直接压在柱子上，瓜柱骑在下部梁上，又有穿斗的特色。下面将就这两种类型的梁架展开分析。

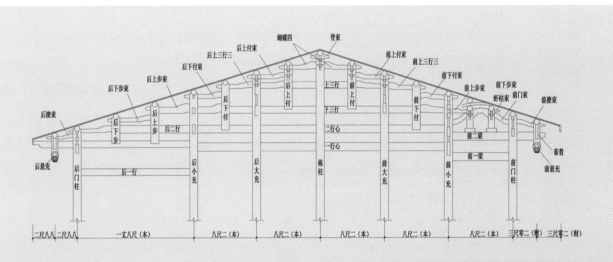

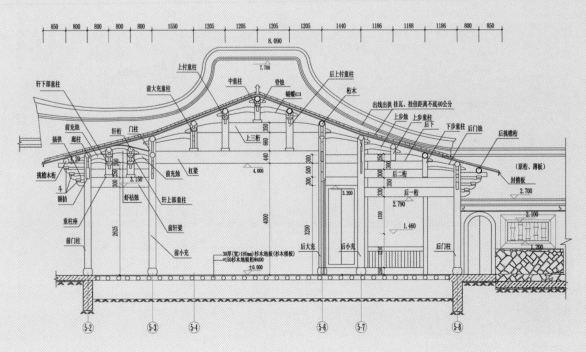

4.2.2 穿斗式木构架

4.2.2.1 穿斗式木构架做法形制

穿斗式木构架一般采用疏檩、密檩混合做法，也就是其扇架一部分柱子落地，一部分柱子不落地，而以童柱形式骑在下层的穿枋上。从柱、穿组合方式看，不外于两种形制：①柱柱落地，各层穿枋一般均穿透各柱，称满枋满柱（这种做法在福州不多见）；②减枋跑马瓜，瓜长一律减短，各层穿枋，尤其是靠檐部的穿枋，常见不通穿各柱（这种形制在福州地区最常见）。前者穿斗架是完全的檩柱支撑，穿枋只起拉结联系作用，完全不受弯；后者穿斗架是不完全的檩柱支撑，有一部分是由穿枋承受童柱传下的荷载，充当拉结与受弯的双重职能，由于跨度很小，受力也并不大。如图4-2-4所示的水榭戏台三进主座明间为穿斗式木构架减枋跑马瓜做法，图4-2-5所示的为满枋满柱落地形式。

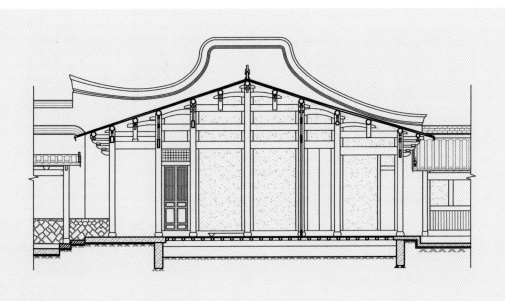

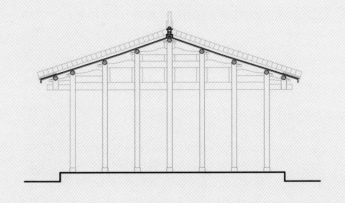

图4-2-2 穿斗式七柱全缝重三行扇

图4-2-3 抬梁屋架

图4-2-4 水榭戏台三进主座明间剖面图

图4-2-5 满枋满柱落地形式

4.2.2.2 穿斗式木构架做法特点

无论哪一种做法形制，穿斗式木构架具有一些固有的特点，具体表现在以下六点：

1）尽量以竖向的木柱取代横向的木梁。通过檩柱直接传力，以增加立柱为代价，而省略掉全部"大梁"或是保留少量受弯的穿枋，这是一种充分发挥木材特性的经济做法。

2）尽量以小材来取代大材。穿斗式构架加密了檩距，并使每根落地木柱只承担一根疏檩或者两、三根密檩的荷载，这样也明显地减小了立柱的断面。

3）简化屋面用料。檩距变小，加密，明显也会减轻檩条和椽条的负荷，从而使檩径和椽条的断面变小，节省用料。

4）可以用挑枋穿过檐柱和内柱，承托挑檐，而且根据出檐的长短，做成单排、双排或三排等，很容易使出檐加大，适应福州地区炎热多雨的气候。

5）增加构架的空间整体性。纯穿斗构架在进深方向运用一穿（一行）、二穿（二行）、三穿（三行）等，多层的穿枋穿过柱身，而在面阔方向运用檩条、额枋、替木、插栱等看架式的屋内额插入柱身，形成纵横交接的框架，大大加强了构架空间结构的整体性和可靠性。它可以避免抬梁式构架梁与柱、枋与柱榫接处容易发生脱榫的缺点，同时增加了抗震抗风性能。

6）增加了使用的灵活性和对环境的适应性。由于穿斗式梁架便于柱枋增减，穿插灵活，相应地带来了构架的伸缩、延展、重叠、跌落、悬挑、衔接、毗连等方面的灵活性，便于民居适应不同地形、不同空间的组合以及不同造型的变化。

但是，穿斗式木构架也有它的局限性，因密柱导致的小跨度，不能适应较大空间的功能需求。而抬梁式木构架能满足较宽敞的空间需求，但是抬梁构架一方面用料大，更主要的缺点是不能适应南方抗风而采取平缓坡度的屋面。为了克服纯穿斗式与抬梁式构架的缺陷，南方工匠创造了一种介于抬梁式与穿斗式木构架之间的混合木构架，因为它的梁尤其是最下面一根大梁插入前后充柱中，有人称之为"插梁式构架"。福州一些重要的建筑或一座建筑中主要的构架，常使用这种混合式木构架形式。

4.2.3 穿斗与插梁混合木构架

插梁架与穿斗式木构架共同组成完整的木构架，并通过横向与纵向木构架形式形成稳定系统。插梁式木构架形式在中国南方的浙、闽、粤等地十分常见，福州与闽南同样都是插梁架，其区别主要是福州为扁作，而闽南地区多为圆作。

4.2.3.1 插梁式木构架与其他构架形式的差异

穿斗式木构架特点是以柱直接承檩，柱间设穿枋联系，抬梁式木构架特点是以柱抬梁，梁上立短柱，短柱上再抬梁，梁头承托檩槫；插梁式木构架的特点是承重梁的两端插入柱身，而不像抬梁式木构架中承重梁压在柱头上，也不像穿斗式木构架以柱直接承檩，柱间无承重梁，仅有穿枋拉接。

这种插梁结构一般都有前廊步或后廊步，并用多重插栱或挑梁加悬钟柱直接承托挑檐檩以加大出檐，利于室内防晒和防雨（图4-2-6~图4-2-9）。在纵向上，也以插入柱身的联系梁、枋相连。如图4-2-6所示，水榭戏台二进主座明间采取横向扛梁减柱的做法，次间为全穿斗的横向缝架做法。

4.2.3.2 横向木构架（横向扛梁）的做法

插梁式木构架的特点是横向承重梁（横向扛梁）的两端插入前后充柱的柱身。福州地区的横向扛梁，若稍间扇架为七柱全缝，最大的实物达九架梁；若稍间扇架为七柱半缝，该大扛梁就相当抬梁架的七架梁，每一缝架可减掉前后两根大充柱和一根栋柱，光明间可减柱六根；若稍间为五柱缝架，该大扛梁就相当于抬梁架五架梁，可减柱一根。组成屋面的每根檩条下皆以柱承接（前后檐柱、充柱、栋柱），每一童柱坐落在下面的梁上，最上层的童柱搁在下面的大梁上，而梁端则插入临近两端童柱柱身，依次类推，最下层的两根童柱搁在最下一层的大扛梁上，大扛梁两端插入前后充柱的柱身（图4-2-10~图4-2-13）。

而从构架的稳定性来看，插梁式木构架显然优于抬梁式木构架，因为它的梁头插入柱身，有多层次的梁柱间的插榫，大大增加了整体的稳定性。从室内空间来看，减柱后，在使用功能上，能基本满足较宽敞的室内空间的需求。从承重来看，它的梁跨大于穿斗式，空间开敞，但它的步架跨度又比抬梁式要少得多；从用料看，它的梁柱粗壮，稳定可靠。它的施工方式也与抬梁式相似，是现场施工，由下而上，分件组装好后，再用机械吊装；穿斗式木构架则是一榀排架在地面组装好，然后整体立起，再用纵向看架将各榀屋架相连。

4.2.3.3 纵向木构架做法

纵向木构架表现为纵向托架梁式屋内额的纵向结构稳定系统。

1. 纵向看架

纵向看架即屋内额在各横向缝架上方之间施加斗栱、木锯花与楣枋，作为牵拉横向缝架的纵向屋内额。闽东与闽南地区称此为"看架"，除了加强构架的稳定之外，亦表现出强烈的装饰效果。有在檐柱上方、桁木下加桁引木锯花与大额枋；有在充柱上方加桁引、木锯花、二楣、一楣，有在前后小充柱间上方加桁引、一斗三升、大楣；有在后檐上方加桁引、木锯花、二楣、一楣的（图4-2-15~图4-2-16）。在后期的传统木构中，还有在大宅第中出现一道纵向缝架有两道重叠的一斗三升做法，这就是楣枋与木锯花、一斗三升组合成大面积看架的做法。

另外，从弯枋构件的细部特征看，还可以看出看架式屋内额做法的地区特色，如福州与福安地区的弯枋底下不施坐斗，仅以一块弯枋与一楣拼叠，不像闽南地区的叠斗看架。

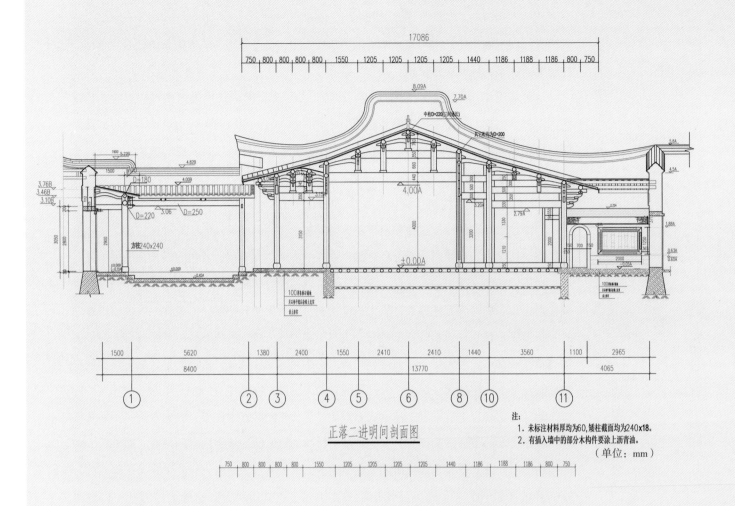

正落二进明间剖面图

注:
1. 未标注材料厚均为60,矮柱截面均为240x18。
2. 有插入墙中的部分木构件要涂上沥青油。
（单位：mm）

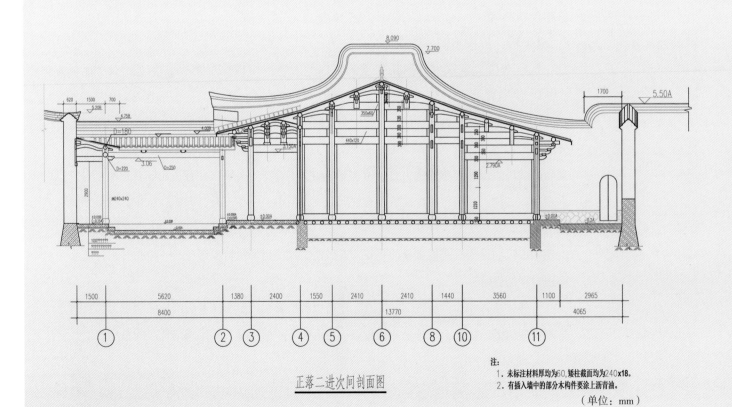

正落二进次间剖面图

注:
1. 未标注材料厚均为60,矮柱截面均为240x18。
2. 有插入墙中的部分木构件要涂上沥青油。
（单位：mm）

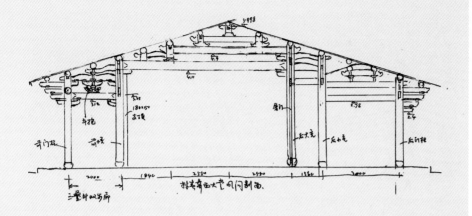

图4-2-6　福州水榭戏台二进主座明
间采取横向扛梁减柱、次
间全穿斗的横向缝架

图4-2-7　福州林聪彝故居西大堂明
间剖面

图4-2-8　福州林聪彝故居西后堂明
间剖视——穿斗式木构架
圆作与扁作混合做法

图4-2-9　福州林聪彝故居西落后厅
明间

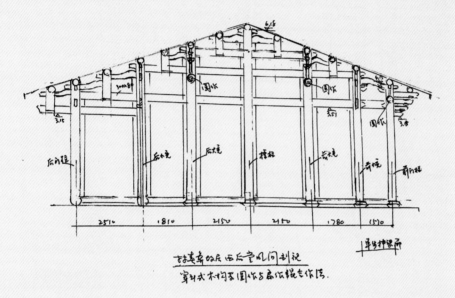

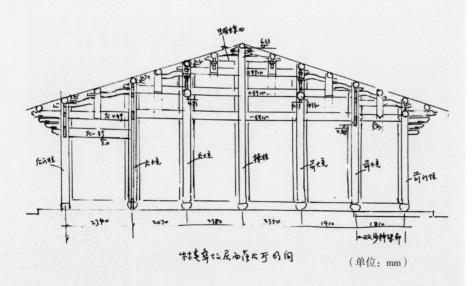

（单位：mm）

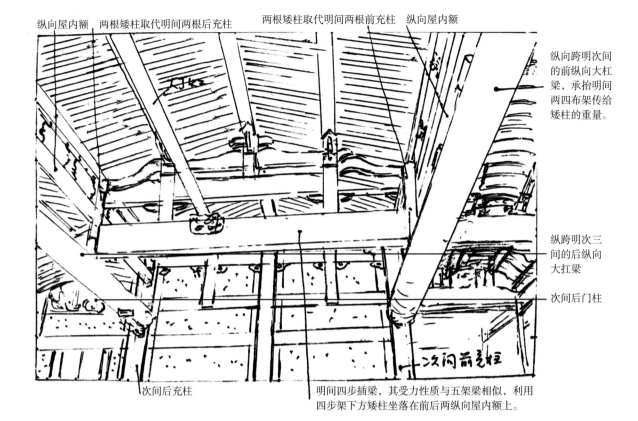

纵向屋内额　两根矮柱取代明间两根后充柱　　两根矮柱取代明间两根前充柱　纵向屋内额

纵向跨明次间的前纵向大杠梁，承抬明间两四布架传给矮柱的重量。

纵跨明次三间的后纵向大杠梁

次间后门柱

次间后充柱

明间四步插梁，其受力性质与五架梁相似，利用四步架下方矮柱坐落在前后两纵向屋内额上。

明间插梁架　次间纯穿斗式扇架

次间纯穿斗式做法第（梁上柱间）　明间前充柱

明间后充柱

明间插梁式构架（横向承重梁的两端插入前后两充柱的柱身，因其次间为七柱十六步，纯穿斗式缝架，所以该横向承重梁相当于九架梁）

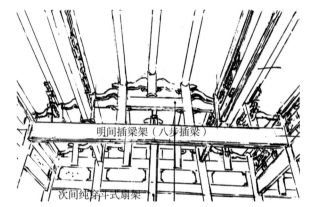

明间插梁架（八步插梁）

次间纯穿斗式扇架

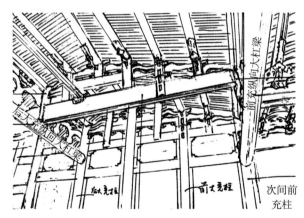

前纵向大杠梁

纵向大杠梁

后大充柱　前大充柱

次间前充柱

明间插梁式构架（横向承重梁的两端插入两根取代充柱矮柱身，因其次间为七柱十六步纯穿斗式缝架，所以该横向大杠梁相当于七架梁）

10	
11	12
	13

图4-2-10　**插梁形式1**

图4-2-11　**插梁形式2**

图4-2-12　**插梁形式3**

图4-2-13　**插梁形式4**

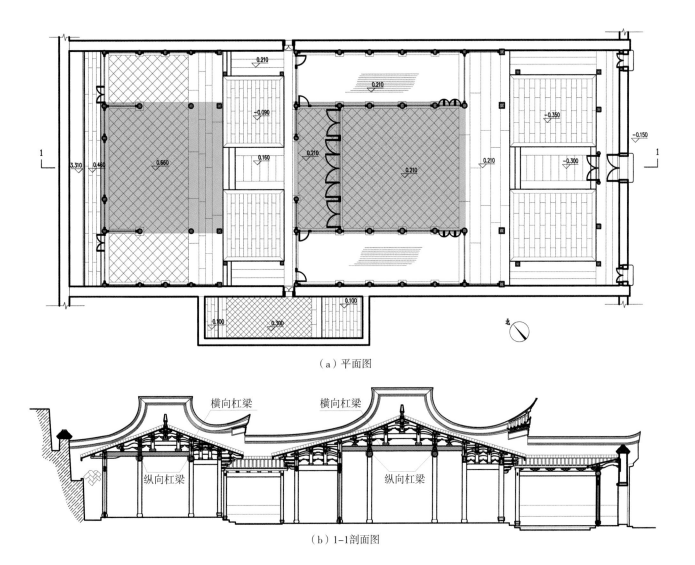

（a）平面图

（b）1-1剖面图

图4-2-14　福州上杭路88号（何氏祠堂）平面立面示意图

① 张玉瑜. 福建民居木构架稳定支撑体系与区系研究[A]. 建筑史[C]. 2003：29.

2. 纵向扛梁

纵向扛梁即纵向托梁式大屋内额，取代了明间的多根木柱，是福州大木梁架中纵向跨度最大的构件。其做法最明显的特征是利用大屋内额（纵向扛梁）抬起部分梁架，减掉明间的充柱或门柱，并将厅内梁架与前廊步（或轩廊）的梁架组合成一个整体的构架。①

两根五架梁、七架梁甚至九架梁，经由两根童柱集中荷载点传递至纵向大扛梁上（图4-2-10～图4-2-13）。以力学作用来看，童柱所形成的集中荷载使大扛梁产生两组向上反力抵抗桁木的向下挠度，减轻了此处桁木的受力。因此其下方的减柱并未对整体结构的稳定产生太大的影响，同时还经由纵向大扛梁将梁架荷载传递至次间的通柱上，形成一个更完整的纵向稳定系统。

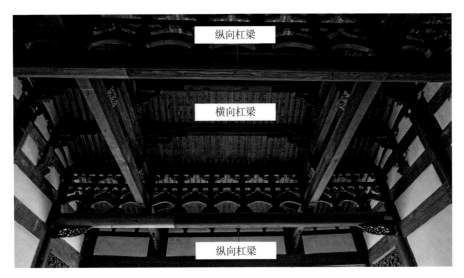

纵向杠梁

横向杠梁

纵向杠梁

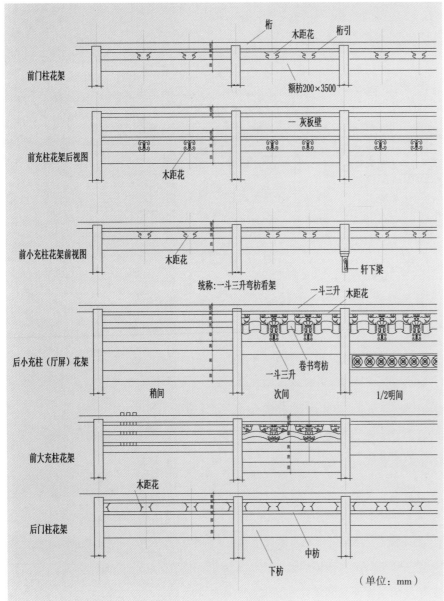

桁　　木距花　　桁引

前门柱花架

额枋200×3500

前充柱花架后视图

一灰板壁

木距花

前小充柱花架前视图

木距花

轩下梁

统称：一斗三升弯枋看架

一斗三升　木距花

后小充柱（厅屏）花架

卷书弯枋

一斗三升

稍间　　　　次间　　　　1/2明间

前大充柱花架

木距花

后门柱花架

中枋

下枋

（单位：mm）

图4-2-15　福州上杭路88号（何氏
　　　　　祠堂）纵向看架

图4-2-16　屋架纵向体系布置图

在福州现状保存的古民居实物中就有不少属纵向扛梁的做法，而且有纵向扛梁作为一般明间都有横向扛梁（图4-2-17、图4-2-18），只不过有的只是一根纵向扛梁，有的是前后各用一根，形成横纵各两根扛梁的井字形扛梁架的做法，如图4-2-14、图4-2-15所示台江上杭路88号何氏祠堂的一进、二进主座就是井字形扛梁做法。

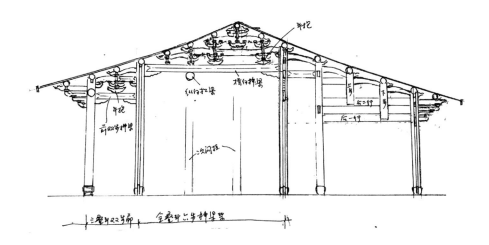

图4-2-17　长乐高文忠祠明间横剖
图4-2-18　横向扛梁、纵向看架

4.3 福州传统木作工艺

福州古代建筑以木结构为主题，以土、木、石、砖、瓦为主的建筑材料，经过上千年的发展、演变，逐步形成了独特的建筑体系和风格。长期的建筑实践，福州工匠积累了丰富的技术工艺经验，在材料的合理选用、结构方式确定、构件加工操作、节点及细部处理、施工安装等方面都有完整的方法和技艺。这些传统木作工艺是古代匠师祖祖辈辈长期建筑、通过师徒之间的"言传身教"相传下来的珍贵遗产，包括工艺设计工具的类型、功用、制作、修理及加工技术等，凝结着他们的智慧和创造力，从而使后人更加深入地了解传统木作的选料、放样、构件加工以及榫卯结合的技术等。

4.3.1 大木作与小木作

就大木作而言，其操作要领颇有不同，俗曰，"小木匠的料，大木匠的线"。

刨料是小木匠尤为重要的基本功。小木匠画线以料的两个"大面"为依据，这两面刨削合格，以后的线才能划得准。❶线准，才能保证加工的精度。刨料要求直、方、平。单眼从料一端望另一端，如为直线则直；验之合矩之方，观之成平面，直尺测之，与直边吻合。如此，料才合格。

大木匠以线为准。线有中线、水平线和尺寸线等。梁、枋、柱、檩、椽等多要先弹出中线，包括迎头十字中线和顺身中线等，然后根据中线操作。施工放样，大木构件划线时，还要弹出水平线和其他尺寸线。大木工程有了这些线才好施工。所以线是大木加工及施工作业中极为关键的一环。大木工对线的要求是，弹线不得弹双，弹直不弹弯，弹重弹准看得清。

传统建筑业中，木工和瓦工的操作工艺也极不相同。有谚语曰，"木匠看尖尖，瓦匠看边边。"尖，指角度。屋架放样与制作，大木构件的制作，工具制作如按切削角度安装刨刀、凿刃、锯齿的挫磨，小木作构件做斜榫等，都会有各种各样的角。尖，也指木工"榫结合"操作中割肩拼缝的操作质量，以此比较其技术水平的高低。榫接的好坏不仅是质量问题，同时反映木工在翻样、识图、选料、画线和加工等方面的知识和操作水平。可见这些角是木工技术的关键。边，指面。砖墙的四面，独立的砖垛，阴阳相交的夹面、抹灰等，无一不是考核瓦工手艺的关键。在相同的条件下，所谓的边成了衡量瓦工工作质量高低的标准。

就相同的工具而言，大、小木作操作工艺的关键也不尽相同。谚曰："大木匠的斧，

❶ 李浈. 大木作与小木作工具的比较[J]. 古建园林技术，2002（03）：42.

小木匠的锯"。锯为木工普遍使用的基本工具之一。小木作的门窗、室内装修等，一般都讲究榫卯正确、拼缝严密，故常用"榫卯结合"中割肩拼缝的操作质量来评价小木工手艺的高低。在刨、凿、锯、削等多项操作工序中，割肩锯榫就显得尤为重要。拼接好坏不仅影响外观，而且关系到内在的质量和使用寿命，因此要求小木工操作仔细、下锯准确。有些复杂的榫接甚至不是依靠一种锯能完成的，需要多种锯的配合使用。古代匠师也留下不少宝贵的操作口诀，如制榫时，"锯平线，留平线，合在一起整一线"，指在锯榫时锯去墨线宽度的一半，凿眼时也凿去墨线宽度的一半，两个平线合一起正好是原来一条线的位置，并以保证榫卯合缝严密。❶

4.3.2 传统的测量工艺

4.3.2.1 丈杆（篙尺）

篙尺是建筑大木制作和安装时所用。施工前先将建筑物的面阔、进深、柱高、出檐尺寸和榫卯位置等都刻划在上面，然后按上面的尺寸进行构件的断料、划线和制作，也用它来检查木构件的安装是否正确。

丈杆在传统建筑中是木作瓦作的共用工具，是统一的标尺，主要作用是木作与瓦作用来校对天中（梁架中心）与地中、开间与进深的中线尺寸。有了统一的尺寸杆，工种之间均能密切配合。丈杆一般依一丈为准，但超过一丈的一般也称丈杆。六尺长的杆称六尺杆，但亦把六尺以上的尺寸杆统称为丈杆。丈杆分为开间杆、进深杆、架份杆、柱头杆等。这些尺寸杆是木匠常用来做划线的样尺，同时在构件上配合绘制上有相当的重要性，也是古代工匠保证构件尺寸的精确关键。

丈杆又可分为总丈杆和分丈杆。总丈杆上刻有反映建筑的面阔、进深以及柱高等的尺寸，是确定建筑高宽大小的总尺寸。❶它相当于施工用的基本土质。分丈杆上的尺寸以总丈杆尺寸为基础排成，是反映建筑具体构件部位尺寸的丈杆，有檐柱丈杆、门柱丈杆、明间面阔丈杆、次间面阔丈杆等，是记载并丈量各部位具体尺寸和榫卯位置的分尺，它相当于施工中的具体图纸和详图。

丈杆用质优而不易变形的杉木做成，总丈杆较长，断面一般为二寸见方。分丈杆的长短按不同类型构件的长短来确定，断面也相对较小，常为一寸见方。它是直接用于大木制作和安装的度量工具。

4.3.2.2 其他木工常用的工具

曲尺主要用于：①卡方，②划垂直线，③验平，④划平行线；❷

方尺主要用于：划45°线，非常得力方便；

规尺主要用于：画圆、画弧。

❶ 李浈. 近世建筑木作加工工具的分类与特色[J]. 古建园林技术. 2000：7-11.

❷ 李浈. 中国传统建筑形制与工艺[M]. 上海：同济大学出版社. 2006：101.

4.3.2.3 常用的划线工具及操作工艺

1. 墨斗

墨筒通常由小竹子的一节做成，用来盛瓢（即丝绵），并在筒高的2/3处有两线眼。墨线通过这两眼卷在线车上。线的另一端安一定针，其木帽长约3~4cm，径1cm左右，上按有一小钉，线头就栓在小钉上。一个弹线时，小钉则钉在木头上。为方便起见，有的将定针用较重的材料代替，这样在使用时当重垂用，有时木工还将线绳拉出，将墨斗挂起以当重垂来校直。[1]

2. 竹笔

通常用竹片削成，故又称划线笔、墨匙或墨钳，它是墨斗的附具，主要用来划短线。使用时要靠在尺寸上，线才能划直。[2]

3. 木勒板

即平行线尺，南方地区称墨株，可用来划数量较多的平行线。

4. 线勒子

适用于在较窄的构件上划平行线。

4.3.2.4 常用的几种划线方法[3]

1. 圆木划线

主要用于解板、破枋和加工檩柱等。一般是用墨斗弹线，划线时将木料稳放在木马上，弯曲面朝上，从小头截面开始弹线。当两端的截面都划好后，用墨线连接截面的边上垂直线弹出长直线，然后翻转木料再弹另一面。

2. 圆木破半

根据圆木弯曲的情况，将弯栱朝上放在木马架上。在顶面上弹一条纵长墨线，然后用线锤在圆木两端截面吊看，划出中心线即垂直线，划完后把圆木底面转向顶面，以两端截面中心线端点在顶面上弹出一条纵长墨线，依纵长的墨线锯开即得两根半圆木。

3. 圆木制枋

先在圆木小头截面中央用线垂吊着，划一条中心线，用尺平分中心为二等份。在圆木中心用曲尺划出一条水平线，在水平线上量出方木宽度（左右各半），再用线吊看，划出枋木宽度边线。同样方法在大头端查出四条边线（注意不要动圆木，以防两端边线相扭），大小头端面儿划线后，连接相应的枋木棱角点，用墨斗弹出纵长墨线，依次锯掉四边边皮即可得枋木。

4. 圆木锯板

一般要用较平直的圆木，在端截面上用线锤吊中心线，用角尺划出水平线，在水平线上按板厚加荒，由截面中心线向两边划平行线，然后连接相应的板材棱角点，用墨斗弹出纵长墨线。弹纵长墨线时要逐条顺次进行，再依中心线观察取材是否合适，然后在截面上

[1] 李浈. 中国传统建筑形制与工艺[M]. 上海：同济大学出版社. 2006：102.

[2] 李浈. 中国传统建筑形制与工艺[M]. 上海：同济大学出版社. 2006：103.

[3] 李浈. 中国传统建筑形制与工艺[M]. 上海：同济大学出版社. 2006：105.

吊划中心线，用角尺划出水平线，在水平线上依次划出板材厚度线，最后依次弹出各条纵长墨线。对于偏心圆木，划分板时要注意年轮分布情况，要使一块板材中年轮疏密一致，以防下锯后发生变形。

5. 不规则的板料划线

对边沿不顺直的毛坯板料，也要用墨斗弹或直尺划出直边线。一般都应先弹板料突出的一边，得一基准线，量出板料中段最窄处的宽度，在板两端各记一点，划一垂直基线的线段，并按需要等分或直接量取各点，墨线靠在两端的相应各点上，弹出宽度相等的平行线。有基准面的平行划线，用直尺或线勒子都可以。

6. 榫卯划线

当构件中有树根尺寸一样，榫卯相同的料时，要把它们拼起来，用曲尺统一划出榫头、卯眼长度的定位线，然后逐根将线引向另外几个侧面。可用前述的拖线法划出榫卯宽度线。[1]

4.3.2.5 福州地区屋面坡度设计方法

1. 跨距（以前披挑檐檩至中脊为距）

由于福州地区民居建筑以悬山、硬山的两坡顶类型占多数，并且一般建筑都是前坡短而檐高，后坡长而檐低，因此匠师在进行坡度设计与草算时是以前坡屋面为基准执行的，但画定稿时则需将前后坡一并绘制出来，以便标出每一檩条的标高。前后坡的计算方式相同但因步架与板椽长度不同，故造成两坡屋面斜率的差异。

2. 算水与屋面曲线

算水是计算屋面坡度与高度的设计技艺。匠师需要先进行算水，确定屋面的曲线，进而确定柱高的变化，才能画篙尺。算水需要全面考虑建筑平面布局，柱网尺寸以及桁间距离（即步架）等。算水方法在福州地区虽然已经形成了较完整的比例关系，但在实际运用中，还常常需要匠师根据建筑的规格、规模、功能以及组群关系和主人偏好、审美要求等综合考虑，最终确定屋面的曲率。算水首先确定中脊高度，然后定加水数值。比如，民居主座加三三左右，附属如回廊等加二五左右。也就是说，民居脊桁到挑檐桁高，跨度比值为0.33和0.25等。这样就初步算出了屋面总体坡度和挑檐桁的密度值，然后进行补水。补水分加小水或减水，加小水是在加水基础上再小幅度增加桁的高度，减水是小幅度降低桁的高度。

3. 篙尺与测样图

篙尺是建筑构架尺寸的主要涉及和记录工具。它所记录的标示与建筑构架的尺寸为等比例关系（1：1），因此也是最全面反映建筑构件尺寸和比例关系的辅助工具，篙尺的绘制与建筑构架设计思考的顺序是一致的。由中脊开始从上向下进行，依次将构件的标高以及与柱子的关系标在篙尺上。福州地区将建筑进深方向的一榀构架称为一扇，五开间建筑则有六扇构件，自边扇其称为一到六扇。由于建筑两侧稍有升起，柱子的柱高也因此不

❶ 李浈. 中国传统建筑形制与工艺[M]. 上海：同济大学出版社. 2006：106.

同，所以每扇构架会有小的差异。因构架以中轴对称，所以一、六扇的篙尺标示相同，二、五扇的篙尺标示相同，三、四扇的篙尺标示相同。而在篙尺上，则将其分为三个区，将三组数据分别标示在三个区域上。如最左边为一、六扇尺寸，中间为二、五扇尺寸，最右边为三、四扇尺寸，同时在中间一列还会注上二五字样。

侧样图与篙尺的绘制都是建筑设计的重要步骤。侧样图是构架剖面关系的图。应该说明的是，与现代建筑设计图不同，传统侧样图不是在建造之前完全考虑成熟绘制的图纸，而是在建造过程中不断完善的。它是方便匠师思考的辅助工具，因而其绘制是在建造中逐渐完成的。侧样图主要记录的是构架关系，然后推敲柱位、尺寸等。篙尺虽然记录了构架的绝大多数尺寸信息，但仍不是所有制作的唯一依据。侧样图与篙尺有相互补充的作用。比如，篙尺定下柱子高度以及开榫位置之后，定下了梁、枋的榫卯位置标高，这时就需要匠师通过榫卯标高、位置以及构架的关系来推出梁、枋的尺寸与榫卯形式、位置，然后将这些数据记录在侧样图上。工匠制作梁枋时，则主要依据侧样图操作。

4.3.3 解斫工艺

木作加工时，首先要将它们制成符合一定要求的坯料，然后才能进一步地细加工。解斫工具就是这道工序的必要工具，包括斧类和锯类等。

4.3.3.1 斧类的操作[1]

1. 斧的分类

斧头有双刃和单刃之分，单刃斧的一边有刀磨斜面，另一边并非完全平直，而是略微向斧身内凹入，凹入的程度一般为3mm左右。单刃斧导向性好，砍出的材面平整，所以只适于砍、削，不宜于劈。双刃斧的两边都有刀磨斜面，斧刃在中间，使用灵活，既可以砍又能够劈，但不适于削。

2. 斧的操作

使用斧子砍削，有单手砍削和双手砍削两种。前者适用于砍削面积较小、长度较短的木料，后者适用于砍削面积较大、长度较长、重量较大的木料。操作时右手握准斧柄中部或嵌部，左手握住斧柄尾部掌握其平衡，对平放在地上或木马上的木料从左到右砍削。

使用斧子时，即砍削前要辨清木纹方向并顺纹砍削，以避免劈裂。如遇节疤，可以从上下或左右两面向节疤方向顺纹砍削。

砍削较厚的木料时，应在木料下段每个100mm左右横砍数道，将外层木材纤维砍断，以减少砍削的阻力，防止夹斧。砍削以墨线为界，并要预留一定的刨削余量。

4.3.3.2 锯类的操作工艺[2]

锯是木工手工操作的重要工具。它主要作用是解、截木，其次是制榫。框锯种类和用

[1] 李浈. 中国传统建筑形制与工艺[M]. 上海：同济大学出版社. 2006：106-107.

[2] 李浈. 中国传统建筑形制与工艺[M]. 上海：同济大学出版社. 2006：107-116.

途如下：

1）细锯（18～14寸，即锯条长400～550mm），也称小锯、密齿锯，用于精加工，适合锯榫、开肩等。

2）中锯（14～18寸，锯条长500～550mm），也叫二锯、截锯，用于垂直木纹方向的横向锯割，适合切断板枋，也可以用来开榫。

3）曲线锯（14～20寸，锯条长450～650mm，宽6～10mm），又称旋锯、线锯，可锯各种内外曲线和圆弧状的构件，纵横两用。

4）粗锯（18～30寸，锯条长600～900mm），用于沿木材纹理方向平行地切割，多用来把大料破成板或枋。

5）大锯（30寸以上，锯条长900～2000mm，宽40～80mm），用于纵向锯割较大的木料，效率较高，是手工解木的主要工具。

框锯的功用主要还是齿形和齿距。齿形用于一般木材纵解者，木工称之为顺锯或梳锯；用于木材的横截，称为截锯。顺截两用者为半锯。大的曲线锯多为顺锯，小者用半锯。小木工细活用的是两用锯，锯齿小，齿距近，也称密齿锯。

好的锯条，音轻、钢硬、背慢、面平，即用手弹击之，声音细而清澈，余音悠长；折弯成方状后迅速放开，能很快恢复原状者为上品；锯口上刃部厚者为佳，使用时不易夹锯；用手触摸锯面，光滑而平直者，使用时不易跑锯。

实践表明，锯齿的大小和形状决定了锯的性能。一般小齿刚度好、不易折刃、导向性好，用于硬料加工，适合细加工大齿则用于软料，同时适合粗加工。

4.3.4 平木工艺❶

平木工艺是将不同类型的主料刨削，使其具有一定的尺寸、形状和光洁的表面，满足构件的宽度、厚度和划线的要求。近代的平木工具主要是刨子、刮子等。

刨子是近世纪木工常用的木作精加工工具，其主要作用是用来平木。其主要分类有：

1）平刨，又分粗刨、细刨、光刨，即平底刨，按使用分平推刨和平拉刨。

2）线脚刨，主要用于刨削线脚。

3）曲底刨，即圆刨，主要用于各种凹凸弧面的刨削。

4）槽刨，主要用于打槽。

5）边刨，主要用于理线刨。

6）台刨，主要用于木料边缘上刨削台阶。

7）刮刨，主要用于刨削曲面或弧面构件，有平刮刨和圆刮刨两种。

❶ 李浈. 中国传统建筑形制与工艺[M]. 上海：同济大学出版社. 2006：116-129.

4.3.5 穿剔工艺[1]

穿剔工艺指木作"节点"或雕刻等的细加工,所用工具多呈小面型,刃部也较小。主要包括凿削工艺和钻孔工艺两大类。

4.3.5.1 凿削工艺

此工艺所用的主要工具统称为凿削工具,包括凿和铲两类,用于制榫孔和剔槽,通常用斧子和锤子配合使用。常用的有平凿、圆凿。铲身薄于凿,但体较宽,俗称扁凿子,主要依靠腕力来铲削和修刮构件上刨子不能刨削的部位。常用的有扁铲(薄凿)、斜铲(斜凿,也用于雕刻)。凿刻工具多为单面刃。

1. 凿的规格

凿的规格多样,平凿以刃宽为准,有1分、2分、3分、4分、5分、6分和7分等。

2. 平凿的操作

一般把划好墨线的构件平放在工作台上选择同孔眼一样宽度的凿子,左手凿,右手斧,凿子放直斧过顶;前边凿,后边跟,木料越凿孔越深;一边打,一遍摇,免得木头夹住凿;先凿背面一平坑,后从正面凿通,凿子合适手扶正,孔内木屑要洗净。几分榫用几分凿,洗眼还得用扁凿(即扁铲)。

3. 铲的类型

大致可分为直刃、斜刃和曲颈等多种,用途也不同。直刃的也叫扁铲,有宽刃和窄刃两种。宽刃宽度在6~16分,用于剔槽和切削。窄刃宽度在1.2~6分,用于剔削较窄深的孔槽。斜刃者也叫斜铲,刃口比较锋利,可以代替刻刀进行雕刻。曲颈者也叫弯凿,用以剔槽或修削隐凹处,雕刻工常用之。

4. 生产的操作技术

主要有两种,一种方法是右手的食指、中指和无名指握住铲身的前面,小指在后紧握铲身,铲柄紧压右胸肌处,依靠上身的压力进行铲削。另一种方法是右手掌心、四指与大拇指合拢握紧铲柄,左手四指与掌心握住构件,大拇指抵住扁铲的前半部分,一下一下地进行铲削,这种方法多用于榫头倒角。

4.3.5.2 钻孔工艺

钻头是用来钻孔的一种专用工具。

4.3.6 榫卯制作工艺

木构的传统建筑有着千年不倒的历史,是由于在结构上具有力学、几何学、植物学及工艺技术上的科学性,是综合性的成果,其中榫卯制作是关键之一。无论建筑规模多大,

[1] 李浈. 中国传统建筑形制与工艺[M]. 上海:同济大学出版社. 2006:129-134.

构件多么复杂，它们的结构相交点都是由榫卯相连而成。所以榫卯必须制作合适，二者之间既不能松，也不能过紧。榫卯松弛，连接处会出现拉缝，就会直接影响到周边构件尺度的合格和建成后的质量。如果有多处榫卯不合格，就会形成建筑整体的错位和总尺度的变形。榫卯过度紧凑，会出现立架、安装时的临时整修，这样会大大影响立架的安装进度，也会造成不安全的因素和质量问题。所以榫卯合格与否，直接关系到传统建筑立架、安装、组合的成败与建筑物的寿命。合格的榫卯会使众多构件组成一个整体，从而产生无穷的力量。

榫卯的制作诀窍，总结起来有六个字，即"跟线"、"留线"、"扫线"。这六个字是千百年来大匠师们对传统建筑榫卯制作的成功经验，也是对榫卯制作的高标准要求和榫卯制作的具体法则。"留线"，指挥锯解榫卯锯口走墨线的外面，把墨线准确地留在榫卯上。要求准确，不可有丝毫的误差，杜绝不见墨线的现象。"跟线"，是锯子凿料适中时的锯法。用跟线解锯时，锯口与线要对正直下，而且锯子要准确地走墨线的正中。"扫线"，是所用的解榫卯锯子，在锯条较厚而锯齿的料又偏大的情况下所采用的锯法。锯时锯口偏向线的外部直下，而且要把榫卯的墨线扫掉。要求准确掌握，既不留线，又不可以把线锯掉太多，只限扫掉墨线。

按传统建筑制作的传统，凡榫类制作，无论用凿还是用锯，统属"留线"；凡卯类制作，均属"跟线"或"扫线"。这一做法相传久远，一直沿用至今。

4.3.6.1 榫卯种类

榫卯是最重要的。木匠曰"刺孔"与"做榫"。每种构件依位置、受力状况而做不同的榫卯形式及大小处理。主要有三大类榫卯：进深方向的——大梁的卯口；面阔方向——楣的卯；束——视檩条的规格而异（若柱径38cm则大梁出榫必定厚12cm以上，一般6cm受力已够）。主要构件要透榫，连接构件用小榫即可。榫卯的名称有直榫、大进小出榫、公母榫、透榫等（注：榫厚指榫的宽度）。

4.3.6.2 榫卯做法总的原则

1）主要受力构件万不可相犯（意指其结构的受力作用受损），以标准直榫型榫卯而言，若"相犯"则需做"减榫"处理。正常做法是减上面，受力才会是一整根，大梁也是减上面，但有时按"吉利尺寸"定的高度，不得已只好减下面。

2）装饰构件或拉系构件的凿深与浅皆是可调整的。榫卯一般是柱子（构件）的2/3宽，若受力大如大梁，约为4寸宽；一般不受力者的构件如楣等，多半高20cm左右，故榫宽6～8cm。横梁受力大，纵楣起拉结作用，应避免受力构件之榫卯。

3）几种构件在同一柱身上交叉时的做法。横柴与直柴在同一柱身上交叉时，横柴一定要让直柴通过；非受力柴让受力柴通过，这是原则不能变，才能使榫头受力传在全柱身上。直柴与直柴相互交叉在同一柱身上，则采用上、下针互相叠置处理，受力较大的构件出下针，受力较小的出顶针，使榫头受力都传在全柱身上。

4）榫卯，使用榫卯组合木构是传统建筑的一大特点。榫卯的种类有：透榫、半透榫、卡腰榫、压掌榫等。榫卯各构件有不同的要求，例如：①纵横向大扛梁等榫头宽度，以高度比为1∶0.4，就是1寸高4分宽。例如梁身5寸高，榫宽2寸，或再适当增加宽度。②大柱上的桁窝深一般为1.5～1.8寸。

5）大木构件中的榫卯，为了好安装，可以往上留隙，往下密缝。待屋面一压就密缝了。

6）大木架左右松、榫卯上下紧。凿榫、凿洞（卯）、凿时留全线，给一点空间慢慢修凿。榫与卯并不是平整吻合地，而是以敲击榫挤密卯口的方式让它紧密。插销也是比卯洞略大，敲打进去的。

7）榫卯若用在受拉构件上，要求不能松开、拉纤力要好，例如燕尾榫形式，若在受压构件上则能固定即可。

8）榫卯是整体构架保持稳定的基础。若构架完成后，榫卯做得好，就算只留下前后门柱下柱础，其他的柱础去掉，整扇构架仍可立得好且不会倒。

4.3.6.3 在一个构架中整体尺寸的设计基准

1. 以大梁（大扛梁）的尺寸为尺度

大扛梁（大梁）是横向构架中跨度最大的构件，它的榫卯尺寸据其跨度而定，而木柱的柱径必须充分考虑卯洞的尺寸，亦即基本的柱径是大扛梁（大梁）尺寸制约的，如大扛梁（大梁）高40cm，则其榫卯厚1/3，约9～12cm；柱身卯洞最多是柱径的1/3，那么此柱为了承受大扛梁（大梁）的榫头，其柱尾径至少要30cm；若尾径30cm，则头径要做到40cm左右。所以以大梁的尺寸为尺度基准，更是突显了闽东南（包括福州）地区构架做法中的特殊之处。[1]其中当然也包括福州地区托架梁式大屋内额（纵向大扛梁和横向大扛梁），这类木构架的特点是：以大托架梁抬起梁架，取代明间两至四根内柱的设置，与廊步梁架延续成一整体，并且成为构架中跨度最大的构件。[2]

2. 审美原则

除了榫卯的考虑之外，对于不受结构作用约束的构件，则以"美观"原则决定尺寸关系。

1）以大楣定一斗三升弯枋的栱、斗、枋的尺寸，以斗的尺寸好看与否决定枋材的大小。美观是一种极细致的技艺，不仅影响了建筑构架的设计，同时也促使构架中个别构件的尺寸与全体形成和谐的整体感。[3]

2）审美观对柱、梁尺寸的影响往往超过了结构上的基本要求，因为竖向受力往往是已足够，用料无关跨度，柱径不是看高跨比，而是以美观考虑为主，往往为了用料比例的美观而要求以拼帮方式使柱径加大；同时梁也会出现，梁的抗弯承受是足够的，但是必须

[1] 张玉瑜. 穿斗体系构架设计原则研究——以福建地区为例[A]. 建筑史[C]. 2009：68.

[2] 张玉瑜. 穿斗体系构架设计原则研究——以福建地区为例[A]. 建筑史[C]. 2009：71.

[3] 同[1].

要有足够大的尺寸比例才好看，往往为了用料比例的美观而要求以拼帮方式使之变大，再比如其他艺术构件更是如此，与受力根本无关，纯粹是为了美观任意令其加大、变小、变薄、变厚。

4.3.7 构件加工的基本原则和配料要求

4.3.7.1 加工基本原则[1]

1. 平直原则

木作的坯料在加工前首先要刨出一个平面，作为基准面。木工画线、加工，都以加工好的基准面为基础，在坯料的小周划这个面的平行线和垂直线，然后依这些线再开榫、打卯、起槽、裁口等。近代木工制作基准面的工具是刨子，用以检验是否平整的工具是曲尺。

2. 方正原则

是木工的基本原理。据前述，验方用曲尺。将曲尺的里口紧贴已刨好的两大面，并移动之。如果尺子和两个面之间没有缝隙，则说明这两个面相交成90°。然后工作台面贴着大面，在侧面划等厚线，按等厚线刨平木料，则得到一个"小面"；同法刨好另一"小面"，就得到了一方正的木料。

3. 等长原则

木工划线时，等长的构件尽量摞在一起，同时用曲尺和竹笔划下等长线。

4. 对称原则

建筑构件的同类构件往往是外观相似的对称形式。划线时只要"大面"和"大面"相贴，"小面"和"小面"相对，就可以划出对称线。

4.3.7.2 配料要求[2]

1. 量材使用

实践证明，合理地利用有缺陷的木材是不会影响建筑的结构功能的。如有节疤的木材不适宜制板材，但可以整根地用于立柱等受压构件，因节疤对做顺纹受压构件基本无任何影响，但用于受弯构件时应多加注意。小木作的主要构件，特别是可以直接看到的地方，应该尽量选用质量较好、木纹和色泽美观的木材；另外大木作构件的湿度不得大于20%~25%，而小木作最好选用经过半年以上自然干燥的木材，含水率为8%~12%为宜。

2. 掌握结构

木料总有不同程度的缺陷，正确选择合适的木材用于相应的结构部位，尤为重要。如榫眼结构的部位就不能有节疤、腐朽、裂劈等缺陷，配料时一定要避开，受力大的构件要用坚实坚硬的木料，无缺陷的木材要尽量用在正面。

[1] 李浈. 中国传统建筑形制与工艺[M]. 上海：同济大学出版社. 2006：136-137.

[2] 李浈. 中国传统建筑形制与工艺[M]. 上海：同济大学出版社. 2006：137-139.

3. 方便操作

大木构件在加工时要经过加工—再划线—再加工等若干步骤。一般榫卯线要留在加工成标准材料时再划。而迎头十字中线，自始至终都是划其他线的依据。所以最先划出，若加工过程中被削掉或抹去，应及时补划。构件顺身"中线"，一般也是构件表面加工完成后再划。它是榫卯划线的依据。

4. 尺寸加荒

构件划线时要有适当的加工余量，即比实际尺寸多预留一部分，称作"加荒"，俗曰，"长木匠，短铁匠，不长不短是石匠"。

锯割和刨光需要加荒尺寸有所不同。锯缝加荒，大锯和龙锯大约4mm，中锯大约2~3mm，细锯大约1.5~2mm。刨光加荒，一般单面刨光，厚度增加3mm，双面刨光，厚度增加5mm。

4.4 福州传统木作制作与安装

4.4.1 木作制作用材及安装要求

传统上把原木靠树根的一端称大头，俗称老头。靠树梢的一端称小头或称梢头。大头与小头的年轮明显不同，大头木纹紧密，小头木纹稀散，故在具体构件处理上要按常规进行：

1）柱子，传统做法是木材的大头（根端）一律向下，小头即梢头一律向上。古代工匠就从实践中知道木材的大头在抗压强度和防腐性能方面大大高于木材的小头。而木结构中直立的柱子均有一定的收分即下大上小，这与木材自然生长规律是相应的。

2）梁、大梁、大扛梁等其木材的大头应朝房屋的后面，这是古代工匠从建筑上很重视大与小的稳定感，故进至厅堂抬头观看大梁，其大头仍在下方，这与传统习惯有关，再则柱的底部为阴，端部为阳，下为阴上为阳，这也符合所谓五行三说。

3）桁条，早在宋代法式上用榑（桁）之制，"凡正屋用栋，若心间及西间者皆头东而尾西，如东间者头西而尾东，其廊屋面东西者皆头南而尾北"。即桁条的大小头处理方法在传统上俗称"有中朝东，无中朝东"，就是说，凡是有中间的房屋桁条其大头均朝中间（正间），即左右次间、边间相对向正间，而中间的桁条向东。如是两开间的房屋，桁条其大头即均向东。

4.4.2 穿斗式木构架安装要求

穿斗式木构架穿枋与柱的连接，应采用平插榫，当无特殊要求时，平插榫的卯高宜留出涨眼，涨眼的高度宜为卯高的1/10。

当穿的长度不够时，可拼接。其接头应设在穿与柱交接处。穿与柱的交接应采用榫卯连接；当两穿受力不等时，应采用压撑榫，且受力大的穿应放在下面，受力小的穿应放上面。

拼接时还必须注意，每层穿木只能拼接一处，并且使各层穿枋与柱的交接处错开拼接，不能同在一根柱上拼接。

穿斗式木构件的侧脚和升起，应符合设计要求。当设计未做具体规定时，侧脚应为柱高的1%～2%，升起应根据建筑物规模大小确定，宜为100～250mm。

木构架会榫应在木构架各构件制作结束并经验收合格后方可进行。

木构架安装应符合下列规定：❶

1）木构架安装前，会榫工作应全部合格。木构架各构件应按照安装顺序先后运至现场，且应按各构件名称到其就位点，严禁构件错位、错方向。

2）大木构件安装应遵循"先内后外、先下后上、对号入位"的原则进行，经丈量校正后再安装上架构件的里边部分，最后安装外边部分，将各构件依次安装齐全。

3）穿斗式木构架安装，应从房屋的端头开始，并应在地上将柱和梁各个横向构件连接成一整榀，经校正无误后，方可将构架整榀吊装就位，然后应按先下后上，先里后外的次序安装枋类、桁类等构件。

4）殿、堂、厅等距形平面建筑的安装顺序应先从明间五架梁开始，然后安装前后檐架及左右边间。亭、廊连接的条形建筑木构架安装，宜从亭开始安装。

5）大木构架安装应边安装边吊柱中线，边用支撑临时固定（开间、进深两个方向）木构架。木撑必须支撑牢固可靠，下端应顶在斜形木板上，能前后左右灵活调整木柱的垂直度。所有柱底部中线必须与柱础石中线重合，发现与中线不符应及时校准，柱中线应垂直。有侧脚的柱中线应符合设计要求。支撑应待墙体、屋面工程结束方可拆除。

6）榫眼结合时应用木质大锤，用替打（衬垫）敲击就位，严禁用木锤或铁锤直接敲打木构件。

7）草架木构件与露明木构件的节点，加固铁构件应隐蔽节点，要有足够的强度。

8）木构架各构件安装完毕，应对各构件复核、校正、固定，将涨眼堵塞严密。

4.4.3 具体构件制作与安装要求

福州传统建筑的木架结构，主要有柱、梁、扇行条、檩枋等组成，柱是直立支撑建筑

❶ 传统建筑工程技术规范（征求意见稿）.建标 [2016] 278号.

物的材料，柱是以部位分的，有中柱、充柱和门柱等之别，现常用的有木柱、石柱，以外形来看，多以圆柱、方柱、龙柱为主。

4.4.3.1　柱的制作与安装

圆柱制作先将原木放于木马上，在原木两端画好垂直线，画出十字心，在十字交叉点用圆规画圆形，在十字边平行画出直线，将两端对角弹出直线，用斧将圆木按照弹线砍劈，将原木的四面做出平地，后按十字心弹好中线，再在中线两边量出3cm各弹一条线，再以两边的线为起点，再砍劈成圆形就可以开始划卯口的工作。划卯口要先测量每根扇桁的柱子所在的部位尺寸，将量好的尺寸写在草图上，用水篙划出卯口的水平高度，再参照草图上的尺寸划好卯口的大小，后将划好的卯口用剔凿刀凿出卯口，再经刨光，钉藤箍作为备用。

方柱制作先在锯好的方柱上划好十字心，四面弹好中线，划好并凿出卯口，刨光、刨平，再用线刨刨出线条，钉藤箍。方童柱的做法基本上与方柱相同。各种常见柱子名称、位置及功能如下：

门柱是位于建筑物最外层一列，建筑后部位于后门旁边，建筑前面是在走廊上支撑檐口的柱子（图4-4-1）。

充柱是中间排扇的主要支撑柱，也相当于"四点金柱"，但所不同的是福州地区做法一般是中间扇与边扇都是充柱。充柱就只有前后、中间与两边的区别（图4-4-2、图4-4-3）。

中柱为穿排扇的边间、边扇最中间的柱，故称为"中柱"，支撑中檩桁，而中间穿排扇则无中柱，只有中童柱（图4-4-3、图4-4-4）。

童柱是骑在梁上只顶住屋顶，但不着地的短柱子，也因部位不同也各有名称，有中童柱、上付童柱、下付童柱、上步童柱、下步童柱等名称（图4-4-4）。

悬充是一种不着地的柱子，兼有构架与装饰双重作用。一般多布置在游廊口的屋檐下，大多以数个排成一线，其承载整个檐口重量。

悬充的制作比方柱复杂一些，先将锯方的悬充测量预留出用来雕刻的部分，将其余部分收小1~3cm，弹好中线、划好卯口，凿出眼、刨直、刨光即可（图4-4-5）。

4.4.3.2　梁的制作

1. 虚拼扁作梁的制作

虚拼扁作梁制作先定下主拼，再在主拼两侧平梁面拼侧板，拼板厚度不小于1寸，两边用两块板拼足梁高尺寸，拼板一般用竹钉拼合，把板稳固主拼梁上。拼板之间可用硬木做扎榫，相对固定钉牢。

首先先定要拼的梁大小，大小要视其跨度长度，一般在5~6m以内虚拼40cm，在6~8m一般拼45cm，跨度越长梁就越大。

扁作梁拼板一般采用主拼梁锯出两侧的板。主拼梁只需锯三面平，一面只需锯掉。平

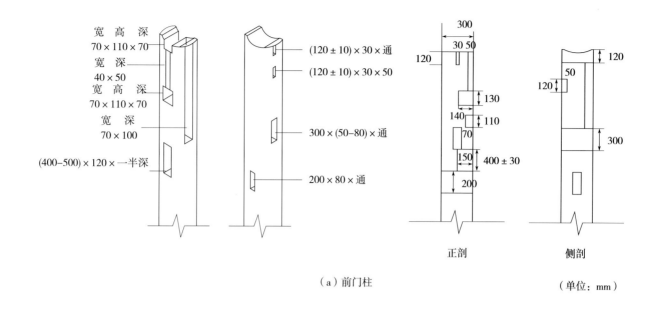

（a）前门柱

（单位：mm）

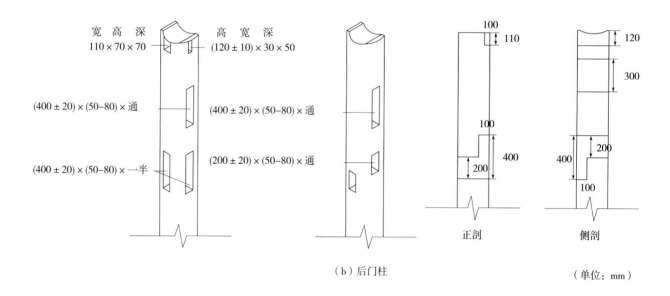

（b）后门柱

（单位：mm）

图4-4-1 门柱

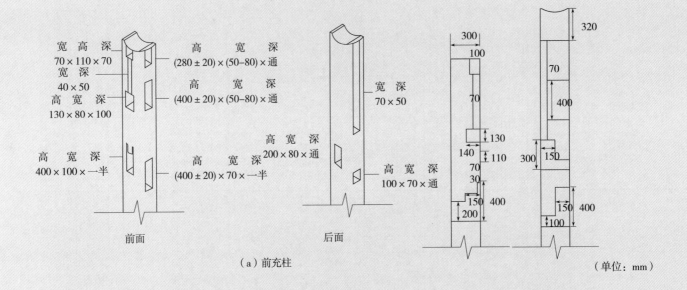

（a）前充柱

（单位：mm）

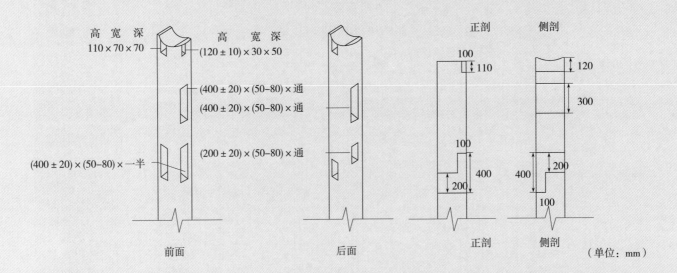

（b）后充柱

（单位：mm）

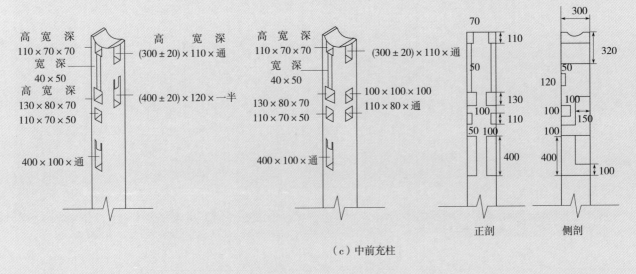

（c）中前充柱

（单位：mm）

图4-4-2 **充柱1**

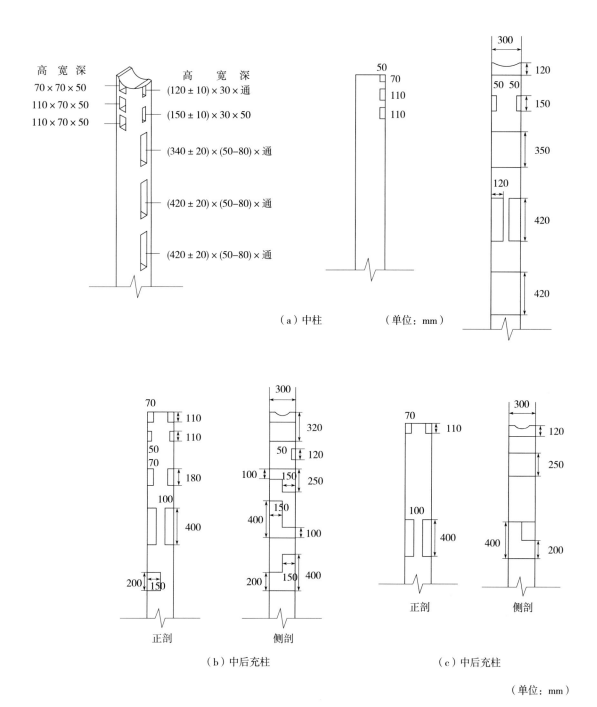

高　宽　深
70×70×50
110×70×50
110×70×50

高　　宽　深
(120±10)×30×通
(150±10)×30×50
(340±20)×(50-80)×通
(420±20)×(50-80)×通
(420±20)×(50-80)×通

（a）中柱　　　（单位：mm）

300
120
50　50
150
350
120
420
420

70
110
110
50
70
180
100
400
200　150

正剖

300
320
50　120
100
150　250
150
400
100
200　150　400

侧剖

（b）中后充柱

70
110
100
400

正剖

300
120
250
400
200

侧剖

（c）中后充柱

（单位：mm）

图4-4-3　充柱2

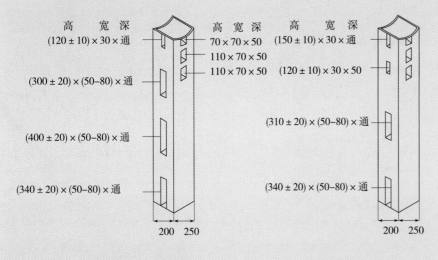
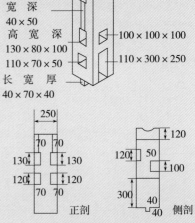

高 宽 深
(120±10)×30×通

高 宽 深
70×70×50
110×70×50
110×70×50

(300±20)×(50-80)×通

(400±20)×(50-80)×通

(340±20)×(50-80)×通

200 250

（a）下付童柱200mm×250mm

高 宽 深
(150±10)×30×通

(120±10)×30×50

(310±20)×(50-80)×通

(340±20)×(50-80)×通

200 250

（b）上付童柱200mm×250mm

高 宽 深
70×70×50

宽 深
40×50

高 宽 深
130×80×100
110×70×50

长 宽 厚
40×70×40

100×100×100

110×300×250

250
70 70
130 130
120 120
70 70
正剖

120
120 50
100
300 40
40 侧剖

（c）楼前童柱250mm×250mm

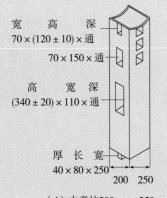
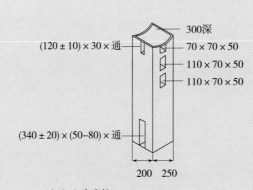
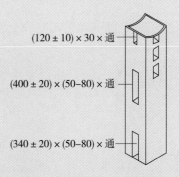

宽 高 深
70×(120±10)×通

70×150×通

高 宽 深
(340±20)×110×通

厚 长 宽
40×80×250

200 250

（d）中童柱200mm×250mm

300深
(120±10)×30×通
70×70×50
110×70×50
110×70×50

(340±20)×(50-80)×通

200 250

（e）上步童柱200mm×250mm

(120±10)×30×通

(400±20)×(50-80)×通

(340±20)×(50-80)×通

（f）下步童柱200mm×250mm

（单位：mm）

图4-4-4 童柱

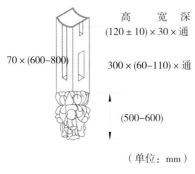

高　宽　深
$(120 \pm 10) \times 30 \times$ 通

$70 \times (600-800)$　　$300 \times (60-110) \times$ 通

$(500-600)$

（单位：mm）

图4-4-5　悬充

的三面分别是在梁两侧与梁底，制作用扁作梁：先将向上的面用墨斗在两侧弹出直线，劈成斜边，后将拼板也砍劈成相应的斜度，将两个拼合的面刨平、刨直、刨光，让拼合的面没有缝隙，此工序当地称为合缝。合缝后开始拼作：先将拼合的面画出竹钉部位，钻孔钉竹钉，将竹钉在拼板上与主拼梁拼合，还要涂上粘合剂让其更牢固。拼合后量好梁的高度弹直，劈去不要的部分做榫头，先在梁底弹出中线，量好实际尺寸画出榫头，用锯子锯出榫头长度线，将榫头多余的两面砍劈掉再修光两头的榫头，其榫头厚度并非是一样的，做好榫头再用刨刀将梁面、梁底刨平、刨光，再将梁底的角倒棱。

2. 圆梁的制作

圆梁所需长度是按实际长度加上榫头再加长二寸左右，先定好圆梁的上下面，固定圆木挂划垂线。划垂线的目的是让圆梁定基准线，不让其两头的上下面扭曲，不致于走样。圆梁有向上的栱势，栱势一般以圆木自然栱势稍作修整。圆梁一定要做出上下两面平地，平地最小宽度为10cm。平地为方便做出更大更好的与卯口结合受力。

圆梁的制作流程：先在两头垂线量出做平地的部分，与垂线划出90°的线，上下两条线成平行，后弹出多余部分及栱势的线。把底面做好一个平面，将背面也做好一个平面后做榫头，再将榫头两边多余部分砍劈掉。先粗砍成圆形，再用斧细砍修光，将两头按比例大小形状做好，后将圆毛梁进行刨光：用粗刨刨成形，再用细刨刨光、刨圆滑，两头造型处用小刨刀刨光。小刨刀刨不到的地方用砂纸打磨。圆梁栱势的上下比例相同，以头大尾小，头到尾是慢慢地修小，这样做的目的是尽可能保护材质、数量。圆梁一般长度在8m以内，大多是直径为35cm，8~10m的一般以直径40cm为主，10m以上多以45cm居多。圆梁都做好后在梁背上划卯口，做眼即可。

3. 常见梁的位置及其制作

挑梁位于游廊，它连通前充柱与封檐板，承担封檐板的作用。与封檐板的硬檐和软檐做法有所不同。如果是硬檐，挑梁的挑出部分也就比较厚、宽，大多以11cm厚、30cm宽；而软檐挑梁的挑出部分就比较薄、窄，大多以7cm厚、10~15cm宽。

杠梁是在游廊口的一条横梁，位于挑梁下连通着东边前门柱与西边前门柱，在每一座古民居建筑中不一定都会有。杠梁是游廊到檐口的主要受力梁。

横梁是连通四支前充柱，主要用来将排扇与排扇之间起相互牵拉作用。

大梁是中间排扇的主要受力梁，其乃连通前充柱与后充柱间最下层的大梁，大梁也称其二行梁，因它与二行在同一水平，除外也起牵拉作用。其一般都拼制到40~45cm，宽度在20cm以上，多以虚拼的做法为主。具体做法如图4-4-6所示。

4.4.3.3 檩、椽的制作

檩即屋顶下的梁，上承椽及屋瓦，在福州称为桁或楹。脊檩称栋桁或中桁，前、后檐出挑的桁分别称前寮桁、后寮桁，其余桁均按桁下的柱子名称称呼，如前门柱、卷棚桁、前小充桁、前下付桁、前大充桁、前上付桁等。中桁是建筑中位置最高、直径最大的桁，以民间习俗中桁的头部向左，安放中桁时要举行上梁典礼，在典礼时还要将中桁头尾锯一小段下来，用红纸包一下，于典礼拜祭时用，中桁之下，桁条在福州无其他说法与讲究。相邻的两根桁之间的水平距离称为一步架，如果桁上椽子的长度相同，则步架长度会随着屋面坡度增加而减少，称为步步紧。福州民居步架一般较小，常常以一根椽子跨越两三个步架，甚至自檐口封檐板开始到脊桁就仅用一根椽子，称为通长椽做法。椽在福州称为椽板或椽条。椽板的断面是扁方形，高宽比约为1:3.6（图4-4-6）。将椽板满铺屋面，可以兼做望板，是民国时期福州民居的特别做法。在福州民居建筑中，一般只做椽板而没有飞椽，并在椽板的端头钉上封檐板，明间的中心线两边。

桁木在遇上其下部有纵向看架式的屋内额，一般为了取平，则需要在桁下增设称为桁引（桁圭）的通长枋木，其截面一般为60mm×100mm，其下再安各式看架式屋内额。

在檩条上即椽、椽板也分两种做法，有的比较讲究，就是密椽，密椽就是密封，密椽分上下两层，椽板规格大致以3cm厚、11cm宽，一般钉椽板的距离，中到中之间为18cm左右，但也因情况而定。

出檐椽的悬挑长度应自檐桁中线算起，并不应大于廊步架深的1/2，飞椽的悬挑长度不应大于出檐椽悬挑长度的1/2。

大梁200mm×400mm(拼制成
400mm，实木300mm左右)

（a）大梁

杠梁Φ400mm以上

（b）杠梁

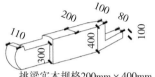

挑梁实木规格200mm×400mm
（拼制400mm）

（c）挑梁

图4-4-6　**常见梁制作示意图**

图4-4-7　**椽条与檩条**

图4-4-8　**扇桁图示（湖南会馆）**

4.4.3.4　扇桁的制作

扇桁的材料一般选用比较直的木材，要比实际做好的扇桁厚1.5～2cm，用以刨直时使用，长度为扇桁长加上全榫，稍微再长8～10cm左右，在安装好后锯去，由于扇桁比较宽，大多数要拼作，一般也无须整块的大木材来制做，常见以二料相结合 (图4-4-8)。

做扇桁一般选用原木心材锯出的板材为佳，拼扇桁的板材片好适宜的厚度即可，无须锯方。锯好板材由大木匠捉对拼合，事先量好适合的两块板材，将木料的一边弹直，劈去不要的部分，用粗刨刨光，再用细长刨，刨直、刨平，板材拼合起来没有缝隙就是合好缝。再划出要加钉竹钉的位置线，即可进行钻孔，孔的大小在0.5寸（约1.5cm）左右，后将竹钉先钉于一片木板上，为了更加牢固。古时有人用青漆粘合，现在多用白乳胶粘合 (图4-4-9)。

扇桁叠好缝，在合缝面涂上青漆或白乳胶，用大木锤敲击，合成拼作好后放于干燥处晾干，再加工。干后先将扇桁向下的那一面弹直，砍劈好后将向上的一面弹好，向上的一面并非是直线的，其中间较高，这样做的主要目的是在安装时比较容易。上下面砍劈好后开始刨，上下两面只要刨光即可，而厚度标准是刨成中间这段较厚些、两边较薄一些，其也是为了容易安装，都刨好后要在扇桁上划出每根柱子的位置线与榫头的线，即可锯好榫头待用，做好扇桁就将每一片扇桁每一根柱子的所在位置的尺寸测量，记录在草图上以便画卯口时对照扇桁的尺寸来画。

4.4.3.5 其他常见构件的制作

叠枓分为五个木构件。先预测总高度，再预留每个构件的高度与长度。画出一个实样作为样板。在方木上划出，都做成型后先组合起来，测量其高度是否与预测的相同，两边是否水平等，都完成后才可以雕刻。

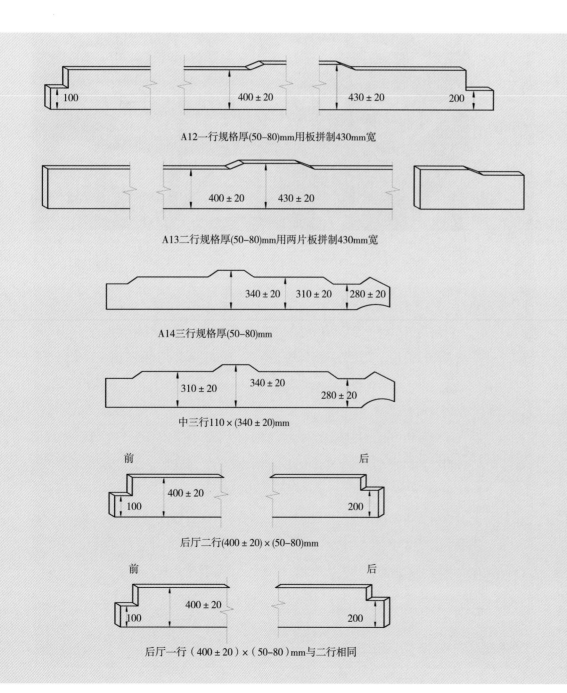

A12一行规格厚(50-80)mm用板拼制430mm宽

A13二行规格厚(50-80)mm用两片板拼制430mm宽

A14三行规格厚(50-80)mm

中三行110×(340±20)mm

后厅二行(400±20)×(50-80)mm

后厅一行（400±20）×（50-80）mm与二行相同

木卷棚花板多在建筑物边间的靠墙位置，排扇多以7cm厚的木板拼制而成，多见雕刻有草尾或凤凰及花鸟，它的主要作用是装饰与承担木卷棚桁，承担木卷棚上的两条桁条。

脊束是中桁下架在中柱或中童柱上方的小横木，左右出束尾，它主要用来承托中桁，使其固定不致滑动。脊束各以3～4cm的薄板制作而成，首先在薄板上划出对称的形状，将其锯好、刨光后在两头雕刻出图案，所有束木的制作方法基本一样。

蝴蝶束是中脊梁与二桁条之间的束，蝴蝶束以下之束为上付束、下付束、上步束、下步束及楼前束。此为中间排扇的蝴蝶束，其不但起牵拉与装饰的作用，还承担中童柱的作用。其制作方法与脊束相似，只是厚度比较厚一些，长度比边扇的蝴蝶束长，因为此束是两个连接在一起。

贴枕是贴在柱子的一块厚板，其主要作用为保护柱子和装饰，将锯好的方木，打好卯口，刨光、刨平、刨直，横腰木及地木与贴枕制作方法基本一样（图4-4-10）。

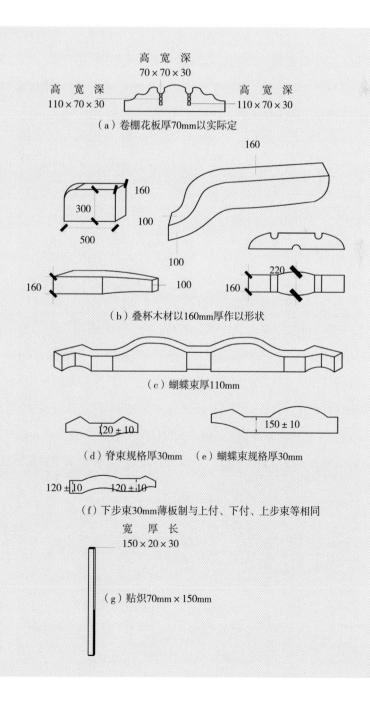

高　宽　深
70×70×30

高　宽　深　　　　　　　　　　　　　高　宽　深
110×70×30　　　　　　　　　　　　110×70×30

（a）卷棚花板厚70mm以实际定

160

300
500
160
100

160
100

160
220
160

（b）叠杯木材以160mm厚作以形状

（c）蝴蝶束厚110mm

120±10　　　　　　150±10

（d）脊束规格厚30mm　（e）蝴蝶束规格厚30mm

120±10　　120±10

（f）下步束30mm薄板制与上付、下付、上步束等相同

宽　厚　长
150×20×30

（g）贴炽70mm×150mm

9　｜　10

图4-4-9　扇桁做法示意图

图4-4-10　其他常见构件做法

4.5 大木构件的修缮措施

立柱和梁架是整个木结构的重要构件，起着支撑整座建筑物的作用。它们的腐朽、虫蛀和损坏变形会严重影响木结构的承载力，从而危及整座建筑物的安全。

4.5.1 原木构件修复与更换原则

1）柱根槽朽：槽朽不超过柱根直径1/2的初、中期腐朽，一般采取剔补加固。槽朽严重自根部向上超过柱1/4～1/3时，一般采取墩接更换的方法。

2）木柱严重腐朽：当原来木柱全部槽朽，或是下半部槽朽高度超过柱高的1/4～1/3以上，原木柱已不适于墩接的，则必须更换新料木柱。

具体操作应注意以下几点：柱子的外形须严格按照原状制作，不能随意改变；更换柱需选用含水率低于20%的干燥木料，材种应与原来的用料一致。

3）木柱内腐：若木柱内部腐朽、蛀空，但表层的完好厚度不小于50mm时，可采用高分子材料灌浆加固，其做法应符合《古建筑木结构维护与加固技术规范》中第6.9.1条款的规定。

4）木柱开裂：若裂缝位于柱传力关键部位，且干缩裂缝的深度超过柱径1/3时，则应根据情况采取更换或加固。

5）梁枋开裂：当构件的水平裂缝深度小于梁宽或梁直径的1/4时，采用嵌补方法修复。超过上述条件时，则应采用更换或在梁枋内埋设型钢的方法修复。

6）梁枋脱榫：梁枋完整，仅因榫头腐朽、断裂而脱榫时，应先将破损部分剔除干净，并在梁枋端部开卯口，经防腐处理后，用新制的硬木榫头嵌入卯口内（图4-5-1）。嵌接时，榫头与原构件用耐水性胶粘剂粘牢并用螺栓固紧。榫头的截面尺寸及其与原构件嵌接的长度，应按计算确定。并应在嵌接长度内用玻璃钢箍或两道铁箍箍紧。❶

7）角梁腐朽：梁头腐朽部分大于挑出长度1/5时，应更换新构件。若小于1/5，则可配新梁头，并做成斜面搭接或刻榫对接。接合面用耐水性胶粘剂粘牢并用螺栓固紧。

8）斗栱维修：对斗栱的残损构件，凡能用胶粘剂粘接而不影响受力者，均不得更换。

9）更换新材的材质标准：柱、梁和檩材含水率必须低于20%。椽板等板方材和各种小木作含水率要求不应大于15%。

❶ 高久斌. 古砖木塔结构安全评估和修缮加固技术的研究[D]. 南京：东南大学，2003：67.

4.5.2 立柱的具体维修措施

立柱的主要功能是支撑梁架。年长日久，立柱受环境影响和生物损害，往往会出现开裂和腐朽，柱根更容易腐朽。尤其是包在墙内的柱子，由于缺乏防潮措施，有时整根柱子糟朽，严重的会丧失承重能力。柱子的损害情况不同，处理方法也应有所不同。

4.5.2.1 局部腐朽的处理

柱子表面局部腐朽，深度不超过柱子直径的1/2，而尚未影响立柱的承载力时，一般采用挖补和包镶的做法。

挖补时，先将腐朽部位用凿子或扁铲剔除干净，最大限度地保留柱身未腐朽部分。剔除部分应成容易嵌补的标准几何形状，将洞内木屑杂物剔除干净，用防腐剂喷（或涂）至少3遍。嵌补木块与洞的形状尽量吻合，嵌补前也要用防腐剂处理，嵌补木块用胶黏接或用钉钉牢。

如果柱子腐朽部分较大，面积在柱身周围一半以上，或柱身周围全部腐朽，而深度不超过柱子直径的1/4时，可采用包镶的做法。先将腐朽部分沿柱周截一锯口，剔除柱周腐朽部分，再将周围贴补新木料。剔除腐朽部分后的槽口和嵌补的新木料均应作防腐处理。嵌补木块较短时，可以用胶粘或钉牢，较长时需加铁箍1~2道（不能加铁箍的除外，有加铁箍的一般要使铁箍嵌入柱内，以便油漆）❶。

4.5.2.2 开裂的处理

木材在干燥处理过程中常会产生开裂。如果立柱制作时含水率过高，在使用中会产生纵向裂缝。对于细小轻微的裂缝（裂缝宽度在0.5cm以内），可用环氧树脂腻子封堵严实。裂缝宽度超过0.5cm，可用木条粘牢补严，操作与挖补方法相同。如果裂缝不规则，用凿铲等制成规则的几何槽口，以便于嵌补。同样，要做好新、旧木料的防腐处理。由于木材的裂缝是真菌孢子很好的着生地，为此更应做好防腐处理。裂缝宽度在3cm以上，深度不超过直径的1/4时，在嵌补顺纹通长木条后，还应加铁箍1~4道，若裂缝超过以上范围，或有较大的扭转纹裂缝，影响柱子的承重时，则应考虑更换新柱。❷

4.5.2.3 高分子材料浇筑加固

柱子受白蚁危害后，往往外皮完好，内部已成中空，或由于原建时选择不当，使用了易腐木材，时间一久，便会出现柱子的内部腐朽。外皮基本完好的柱子可采用化学加固方法。常用的高分子材料有不饱和聚酯和环氧树脂。整柱浇筑时，与柱子结合处的梁枋榫卯等应事先用油脂包好，以避免榫卯与柱子粘住，影响以后的修缮（图4-5-2）。

1. **勘探柱子残损情况**

先用榔头敲打，即能听出"通通"的空洞声。要了解木柱中空的具体情况，需用Φ12~16mm的手摇麻花钻进行钻孔探测。一般是从柱根开始，每高50cm就钻孔一个，直

❶ GB 50165–92. 古建筑木结构维护与加固技术规范[S]. 1992: 42–43.

❷ GB 50165–92. 古建筑木结构维护与加固技术规范[S]. 1992: 41.

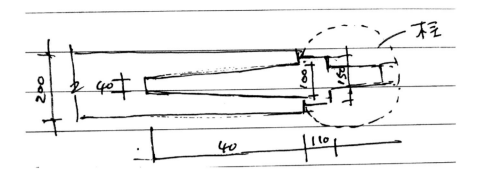

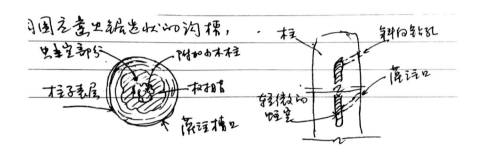

1
—
2

图4-5-1　接换榫头做法示意图
图4-5-2　柱子灌注加固示意图

至柱子的顶端，经过钻孔就可探明每根柱子朽烂的中空位置、直径和具体范围，一边钻探一边做出详细记录。

2. 树脂用量的估算

可按水的容量估算，例如中空的容积为0.05m³，则所需树脂的用量应为1000×0.05=50公斤。如果柱子中空的直径大于15cm时，可在中空的中心位置，添加一根直径8~12cm的小木柱，如果中空直径超过20cm时，还可增加小木柱的根数以节省树脂的用量。当估算这样情况下的树脂用量时，应把小木柱所占的体积减去。

3. 选定柱子开槽的方位

在把柱子中空朽烂的具体部位和程度探测清除之后，要仔细观察柱子和梁枋的交接关系及受力情况，慎重地选好开割槽口的方位，最适宜的位置应该是柱子不承受梁枋的部位，如果遇到角柱几个方向都有梁枋交接而开凿槽口的位置影响到建筑物安全时，首先必须以木柱（枋杆即可）把槽口部上端的梁枋支撑牢固，卸载后，以免锯割口时发生坍塌等不测事故。

4. 开槽

在柱子已选定的方位上，自下而上（或自上而下）进行开槽。方法是先以Φ16mm的麻花钻钻通孔眼，然后用一种三角形的手锯（夹锯）锯割槽口。槽口宽度视柱子中空的直径大小而定，一般为8cm左右，当柱子中空直径过大，立面需添加小木柱时，那就应该适当加宽槽口，但不宜超过10cm。如果柱子大部分完好，内部中空只有5cm以下直径者，就不宜采用开割槽口的办法，可用Φ22mm的麻花钻在适宜灌注的位置斜向（约30°）钻孔若干个通向中空部位，作为灌注树脂的入口。

5. 清理

清理时先用大号螺丝刀或扁铲一类金属工具，把被白蚁蛀坏的木头一一剔除，剔除时不必把柱子中空的内壁搞得光滑溜圆，而应当尽量使它自然地形成凹凸不平不规则的锯齿状，因为这样形状的内壁，更有利于与灌注后的树脂粘合为一个整体。要注意把柱内壁的木屑去除干净，以免影响树脂的黏合效果，最好用6~8个大气压的空气压缩机进行吹打干净。

6. 添加小木柱

前已述及，当柱子中空糟朽的直径大于15cm时，为节省树脂的用量，应当考虑添加小木柱。这种小木柱的选择，在材质上，硬杂木或者不低于柱子本身强度的木料均可，但必须选用干燥木料（水分在3.5%以下）。小木柱直径控制在12cm以内，如中空直径甚大，可并列添加二根以上的木柱。其长度由柱子中空部分的实际高度而决定，其顶端应与柱身交接紧严。切不可只当作填料随意置放，草率从事。为了使树脂与添加小木柱之间黏接牢固，小木柱的周围应凿出锯齿状的沟槽。

7. 案例分析

现用不饱和聚酯材料修复浙江宁波保国寺中被白蚁严重蛀蚀的角柱、檐柱及其依附的阑额等为例，使用的配方为：

1）柱子灌注料配方：不饱和聚酯树脂100份、过氧化环己酮浆4份、萘酸钴苯乙烯（促进剂）2~3份和石英粉（200目）100~120份。

2）聚酯玻璃钢树脂液配方：不饱和聚酯树脂100份、过氧化环己酮浆4份、萘酸钴苯乙烯（促进剂）1~2份以及厚0.2~0.4mm无碱无蜡玻璃布。

3）胶粘剂配方：环氧树脂100份、二甲苯10份和二乙烯三胺10份。

4）腻子配方：环氧腻子用环氧树脂加入干燥石英粉调和而成，聚酯腻子用不饱和聚酯加入干燥石英粉调和而成。

5）杀灭白蚁药剂选用2%氯丹乳油浓液。

8. 具体灌注加固工艺

在把树脂正式灌注于柱子空洞之前，必须根据施工现场当时的气温条件及所用树脂型号、性能及辅助剂的性能等，预做多种小样试验，从中找出最适宜的配比。一般情况下只变动促进剂的分量即可。当操作灌注的现场气温低于8℃时，或者所用固化剂的效能低于标准规定时也可适量增加固化剂的分量，但不宜超过树脂用量的5%。一根空洞柱子灌注树脂的80%，若另一次是树脂100%或者是别的配比，则会造成树脂固化后强度上的不均衡。

在进行灌注之前，先用刷子把调好的树脂（不加填料）将柱子中空的周壁及添加的小木柱周身涂刷一遍，这样做可使随后灌注的树脂与柱身取得良好的粘结效果。

用环氧树脂及其腻子先把柱子槽口最下端的一段木头粘结归位，并勾抹严实。待其固化粘牢之后，便可逐次向柱子中空部位灌注调好的不饱和聚酯树脂，当灌注到一定高度时，再粘结归位柱槽口的第二段木头，然后继续灌注，粘结一段，灌注一段，直至整根柱子灌注完毕。

每次调整灌注用的树脂量，一般应控制在4公斤以内（少则不限），两次相隔的时间不宜少于30分钟。这是因为一则灌注的次数相隔时间短，前次的尚未固化，后次的又积聚上来，造成固化过程中放热困难，会影响到质量；再则不饱和聚酯树脂的收缩率为5%~6%，如把前后两次灌注的间隔时间适当放长，那么前次灌注的树脂因固化收缩而形成的空隙，就会被后次灌注的树脂所填充，这就改善了树脂固化后收缩率大的弱点。

调制树脂所用的填料，不论是石英粉还是瓷粉或别的岩石分，在使用时质量上必须具备三条：一是要有足够的强度；二是其粒度不可低于200目；三是不含任何杂质及水分。

使用石英粉时，如果粒度不够细，则与树脂的融合性就差，即使在调制时搅拌很均匀，在固化过程中也会发生石英粉沉淀于下端的现象。当石英粉受潮时，色泽变暗结块，在使用前一定要晾晒干燥过筛。如把含有水分的石英粉调合在树脂内，则树脂固化后就会出现气泡或冰裂纹，造成树脂机械等强度的明显降低甚至严重质量事故。因此在施工中务必不使此类现象发生。

尽管在灌注树脂之前，已经把柱身周围表层可能漏浆的缝隙和洞眼做了认真的封堵处理，但是灌注时仍需做好随时封堵漏浆的准备。一般应准备一、二块，提早用湿毛巾包好放在身边，一经发现漏浆现象，可随时用它封抹，效果良好。

封缝堵洞用的环氧腻子或聚酯腻子，勾抹之后在固化过程中都有向下流动变形的弊端，一般应付的办法是在未固化前，相隔一段时间进行检查修补。最好是在调制树脂腻子时加入少量的炭黑，即可使勾抹好的腻子固定住而不再流动。

在进行灌注或粘合施工中，如发现树脂或腻子流出而污染了被加固的构件表面有碍观瞻时，必须及时用丙酮或香蕉水等溶剂擦拭干净，否则一旦固化就难以去除。

在灌注中空柱子时，要特别注意不能把交于柱身内的梁枋榫头粘合在一起，否则会给以后的维修造成难以意料的苦难。避开的方法一种是先把交于柱身内的梁枋（包括榫头）修补、安装、拨正之后，再灌注加固柱身上段中空的部分；另一种是把交于柱身内的梁枋榫头涂上聚乙烯醇液或地板蜡或汽车蜡等，脱栱层后，再灌注柱身上端的中空部。这样做的好处是后人再进行大修工程时，仍可把梁枋拆落下来进行修配。使用聚乙烯醇液的配方是聚乙烯醇5~7份、水45份、酒精45份。

封口。封口是灌注加固一根空心柱子的最后一道工序，而且是关系到这根柱子在处理完毕后能否发挥实际的重要关口。对封口这道工序的技术要求，必须保证柱子中空部分顶端的树脂与仍然完好的柱身有严实无缝的粘结状态，以便加固好柱子成为一个均衡承受荷载的完整实体。尤其要考虑到不饱和聚酯树脂固化后有较大的收缩率，因此，在封口这一工序上绝对要认真地把它处理好，不能有半点马虎或想当然地草率了事。

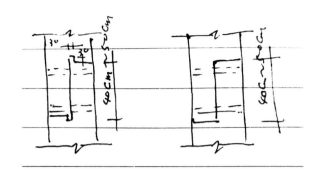
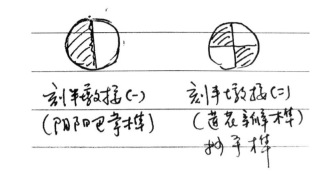

图4-5-3 柱子墩接示意图

4.5.2.4 墩接严重腐朽部分的处理

柱子在使用过程中，往往会发生局部的严重糟朽，糟朽的深度超过圆柱直径的1/2，这样的情况大多发生在柱脚及上部与梁枋榫卯的结合处，而其他部分立柱材质仍然完好。此时宜采取墩接的方法。

柱子墩接方法有多重，不管使用哪种方法，在墩接过程中，对新旧木料，特别是对保留的旧柱子部分应严格按照规程做好化学防腐处理。在具体施工中，往往不能将腐朽部分全部截去，而要保留内部腐朽了一部分的旧柱子。处理这部分柱子，除了必要的喷涂防腐剂外，还应有内部吊瓶防腐处理。

一般施工中常见的集中墩接方式如图4-5-3所示。

糟朽严重自根部向上不超过柱高1/3~1/4时，可采用：（1）巴掌榫，墩接、搭交榫长至少应为40cm，粘牢后有油漆的可加铁箍加固。（2）抄手榫，在柱断面上划十字线分为四瓣剔法，搭交的两瓣，上下相对卡牢、粘牢后，有油漆的可加铁箍加固。

墩接时要注意：（1）尽量将腐朽部分截掉，不得已而保留的轻微腐朽部分应完善做好相应的防腐处理，以杀死原腐朽木材中残留的菌丝；（2）接头部位截面尽量吻合，墩接时用环氧树脂胶粘牢，或用圆钉、螺栓紧固。粗大的柱子外面可再做铁箍，嵌入锚固，铁件涂防锈漆。（3）墙内檐柱墩接时，除做好必要的防腐处理外，应再涂防腐油1~2道。

4.5.2.5 柱子全部严重腐朽的处理

当整根立柱从上至下全部严重腐朽，或是下半部糟朽高度超过柱高的1/4~1/3以上，原木柱已不适于墩接的，已失去承载能力，而梁架尚属完好时，为避免大落架、大拆卸，可采取抽换柱子的方法，应注意以下几点：

1）柱子的形制，须严格按照原状制作，不能随意砍制。

2）更换柱需选用干燥木料，材种应与原来用料尽可能一致。

3）如果是后换的劣质材，应按原来材质更换。

柱子抽换前，首先应把柱子周围（如槛墙、窗扇、抱框及柱子有关联的梁枋榫卯等）清理干净。然后，切实支好牮杆，使原有柱子不再承受荷载，再将旧柱子撤下，把新柱子换上，就位立直。

更换的新柱子在制作完成后，抽换前应认真做好防腐处理，抽换过程中难免会有小的修改加工。修改过程破坏了原来木材上的防腐层，则修改处应做好补充的防腐处理。新柱子贴墙处应涂防腐油。

4.5.3　梁枋的具体维修措施

木构建筑的大木构架受物理、化学和生物等因子的影响，不可避免地会发生损害，使承载能力降低。久而久之，梁架就会发生变形、下沉、腐朽、破损等情况，特别是木材的腐朽，更加速了梁架的损坏。因此，采取必要的措施应列为梁架修缮中重要的一环。

4.5.3.1　劈裂的处理

梁、枋、檩等构件的劈裂主要是由于木材本身的性质决定的。木材制作时，含水率过高，上架后木件在干燥过程中难免产生开裂，影响构件的承载力。修缮时应根据不同情况，采取不同的加固措施。

轻微的劈裂可直接用铁箍加固，铁箍的数量和大小根据具体情况确定。铁箍一般采用环形，接头处用螺栓或特别大帽钉连接。断面较大的矩形构件可用U形铁兜住，上部用长脚螺栓拧牢。

如果裂缝较宽、较长，在未发现腐朽的情况下，可用木条嵌补，并用胶粘牢。若同时发现腐朽，则应采用挖补的方法或用环氧树脂浇筑加固，在浇筑前一定要把腐朽部分清理干净。

根据相关规定，顺纹裂缝的深度和宽度，在不大于构件直径的1/4，长度不大于构件本身长度的1/2；矩形构件的斜纹裂缝不超过2个相邻的表面，圆形构件的斜纹裂缝不大于周长的1/3时，可采用上述方法处理。裂缝超过这一限度，则应考虑更换构件。

4.5.3.2　包镶梁头

梁头暴露在室外，很容易因漏雨受潮，发生腐朽，当腐朽并未深及内部时，可采用包镶法处理。

包镶时，先将梁头腐朽部分砍净、刨光，用木板依梁头尺寸包镶、胶粘、钉牢，最后镶补梁头面板。整个过程中，均应按要求做好新、旧木料的防腐处理。

另外，包镶也可以采用环氧树脂浇筑的方法。做法是先将腐朽部分砍净剔光，用胶合板梁头大小钉成桄板，并保留浇筑空。若梁头仅为非承重部分，可用锯末来作填充料。

在更换新制大梁时，有时由于断面尺寸不够大，也可采用包镶梁头的方法，使其能与原来其他梁头取得形式上的统一。

如果腐朽严重，深及大梁内部影响承重或承重部位长期受压产生劈裂或环裂时，则考虑更换大梁。

4.5.3.3 构件拨榫、滚动等处理

传统建筑大木构架均采用榫卯结合，往往由于年久失修，受各种因素，如地基下沉、柱脚腐朽、构件制作不精或榫卯结合不紧密等的影响，而导致整个建筑物的倾斜。构件也常伴有松散、拨榫、滚动等现象，对此，应采取相应的措施。

对于非腐朽因素造成的问题可参考有关资料按常规方法拨正和紧固。而由于腐朽造成的损坏则必须采用相应的防腐措施。

如桁挑榫头腐朽，可将朽榫锯雕，在截平后的原榫位、剔凿一个较浅的银锭榫口，再选用纤维韧性好，不易劈裂的木块新做一个两端都是银锭榫状的补榫。将较短的榫嵌入新剔的卯口，做好防腐处理，胶粘、钉牢、归位，插入原桁挑搭接，也可以用环氧树脂做成补榫黏接，桁挑的局部腐朽采用挖补方法处理。环氧树脂用料配比如表4-5-1所示，所用玻璃胶以无碱脱腊无方格为宜，厚度为0.15～0.3cm。

环氧树脂配方   表4-5-1

胶的成分	配合比（按重量）
E—44环氧树脂（6101）	100
多乙烯多胺	13～16
二甲苯	5～10

4.5.3.4 角梁的加固

鉴于角梁断处的位置，易受风雨侵蚀，很容易发生腐朽和开裂。由于檐头沉陷，角梁也常常伴随出现尾部翘起或向下溜窜等现象。

加固修补方法是将翘起或下窜的角梁随着整个梁架拨正时，重新归位安好，在大角梁端部底下加一根柱子支撑，新加柱子要做外观处理。

角梁头腐朽，可采用接补法处理，做法与柱子墩接法相同。如果角梁腐朽大于挑出长度1/5时，应做整根更换。

4.5.3.5 接换榫头加固

较大的梁、枋若梁身无严重残损，只是榫头槽朽严重，可以考虑只接换榫头的方法予以加固。

接换榫头时应先将该榫头及新配的木柱卯孔尺寸作详细记录，然后将残毁的榫头锯掉，用硬杂木按原尺寸式样复制，后尾作"V"字形，梁、枋头部也开成"V"凹槽，后尾加长为榫头长的4～5倍，嵌入梁枋"V"字形凹槽内，用胶黏接牢后，用2根Φ16mm螺栓，嵌入连接牢固。

第 5 章

福州传统建筑小木作

宋代把立柱、梁枋这些起主要结构作用的构件加工和架设称为"大木作"，把室内外门窗、木隔墙、天花、藻井等附属木构件的加工制作称为"小木作"。到清代，则将大木作称为"大木构架"活，把小木作称为"装修"活，其中又把建筑四周露在外面的门窗等称为"外檐装修"，室内的隔断、罩、吊顶等称为"内檐装修"。❶

古时把装修归入小木作，而装修即沟通、分隔室内外空间的重要形式。建筑所构成的是一种空间，所表达的是一种意念。任何建筑在确定某种功能时，也就把空间的层次和意象的表达予以明确定位。建筑室内外空间的划分与界定，是空间划分的最重要形式。而大门、隔扇、支摘窗、槛窗等都是常见的室内外空间分隔、沟通手段。

旧时福州的木匠，分"度绳"与"细索"两种。"度绳"，大约即是"都绳"，指大木工、粗木工，主要是锯木、搭盖、铺地板、钉棋板等，使用的是大锯、大斧、大刨之类大木工具。"细索"也称细木工，主要是锯薄板，造框橱、箱、床等，使用的是小锯、小斧、小刨、凿之类的小木工具。

属于小木作的建筑构件，有门窗、木隔墙、吊顶灯还有室内的陈设家具等。福州民谚，"度绳岂能做细索"，"度绳做细索，事事被人骂"指做惯粗活的，再做细木工的话，做出的家具粗糙，不便使用，自然会引人不满。同时也说明木作技术的发展，木工有了明确的分工。

5.1　典型小木作类型

5.1.1　典型小木作类型

5.1.1.1　隔扇

隔扇是一种很特殊的装修形式，既可用作外檐装修，也可用作内檐装修。

隔扇的特点是门窗兼作。上部镂空的部分起到通风、采光作用，下部木板又能遮挡视线，保持室内温度。隔扇的通透性主要在格心部分，格心也是雕刻装饰的重点，大多数采用雕花或棂条的装饰手段，内容形式丰富多彩，绦环板和裙板是实心的，上面可做各种浮雕、花纹、几何纹、人物等图案，具体形式可根据构图的需要和建筑的性质而定。

❶ 王鲁民. 中国古代建筑思想史纲[M]. 武汉：湖北教育出版社，2002（2）.

1 | 2

图5-1-1 实拼门

图5-1-2 屏门

5.1.1.2 门扇

1. 实拼门

实拼门常用于大门（图5-1-1），围墙石框宕内的木门用实板拼制，俗称"库门"（或厚板门、实拍板门），厚度在50～60mm，并用木暗销（暗穿带）销紧，门的摇梗（门轴）是在实拼门上连体做出，上门轴要套铁箍，使其耐磨损，下门轴同样要套铁箍，落于石门框的下槛框石的石门白内，配套成活络转动轴。门前装响环拉手，亦称"合盘门环"（辅首），有的装有兽头门环以示威严。有的门前装有方砖、白铁皮、铁钉花为防火防盗，内装竖头闩或横闩。

2. 屏门

屏门一般有用于厅堂内厅屏、门厅内的厅屏和回廊正中正对入口处的廊平（图5-1-2），常做屏门来分隔或遮挡。屏门做法分敲框架门和实拼门两种做法。敲框架门是以做框架内用薄板外做成一平面，板两头做板头榫与框架拼合。中间用薄板要开槽合并穿明带销紧。直拼式屏门要拍横头做，两面光平。以上两种式样屏门均为钉摇梗落宕门装法，并在后面二摇梗上打眼安装活络闩。

3. 六离门

福州民居的入口有重门的处理，即在大门外，石门框洞的外沿又加一镂空成卷书、如意等形的直棂窗与木门结合的条板门。民间传说明将洪承畴变节降清后回乡探母，全家满门举表，六亲拒不相认，其母只在特别的直棂窗或条板门后相见一面，意仍拒之门外以表现忠贞的气节。此种门就一直沿用至今，而称之为"六离门"。实际上上半部分为可开闭的直棂窗，起到内外分隔作用，又能阻拦外人进入。开启时有利通风，既能遮挡外人的视线，又能看见户外的活动，其各种外形的直棂窗又有很强的装饰作用，这种门在不要求与户外完全隔绝的民居小巷中尤为适用。

5.1.1.3 窗扇

1. 槛窗

槛窗以窗扇安装在中槛上面而得名，形式与隔扇十分相似（图5-1-3）。它与隔扇的不同之处在于，隔扇槛框的下槛就是门槛。而槛窗的下槛被抬高而叫做中槛，其下面多以砖槛墙或木板壁的形式出现。另外槛窗和隔扇的形式也不相同，槛窗扇没有隔扇下部的裙板，只有绦环板，而且绦环板是决定槛窗高度的标定物。在大多数情况下，槛窗是与隔扇并用的，因此槛窗与隔扇的形式也是统一的。

槛窗的窗扇，有四根横抹头（四抹）、三根横抹头（三抹）、两根横抹头（二抹）等。抹头的多少是依窗扇尺度、体量大小决定的。抹头多一些能加固窗扇的牢度，而且在形式上也比较庄重。三抹槛窗是与五抹隔扇或四抹隔扇相配套的，这是最常见的一种槛窗形式。

由于气候关系，福州地区的槛窗大多数设置在木板壁上。木质板壁加槛窗的形式的优点是易于改造，需要时可将板壁、槛窗拆卸下来，将厅堂作为敞口厅，也可在炎热的夏季作为纳凉场所。

槛窗是依靠轴作为转动枢纽的。传统的做法是将木轴钉在槛窗的边梃上。民国时期，这些民居大都开始使用铁转轴，使窗扇更加灵巧、坚固。

用于安装门窗隔扇的框架称为框槛，分槛和抱框两部分。抱框是门、窗左右紧贴柱子的竖向木条，也称抱柱，槛是指框槛中的横向部分，是两柱之间的横木，有上、中、下槛之分。上槛位于上面紧贴檐枋的部位，横披之下门窗之上的横木为中槛，最下部贴紧地面的为下槛。槛窗是一种形制较高的窗子，它多与隔扇门连用，位于隔扇门的两侧，因其通透和花式棂格，所以即使不开窗也能起到通风采光的作用，不过在寒冷的冬季会在窗格内糊上窗纸，也有安玻璃的。

2. 支摘窗

支摘窗在南方地区又被称为和合窗，其常见的形式为在槛墙上的正中立间柱，将空间分为左右两半（图5-1-4）。间柱上端与上槛、下端的接交则与槛窗不同，槛窗下接风槛（即

3	4
5	

图5-1-3　**槛窗**

图5-1-4　**支摘窗**

图5-1-5　**漏窗**

槛窗的下槛），而支摘窗的下端没有风槛，间柱下端直接安装在榻板上。间柱分隔空间后，每一半再分上、下两端装窗。上段者可支起，称为支窗；下段者能摘下，称为摘窗。这就是支摘窗名称的由来。

福州地区民居的支摘窗虽同在一大的框槛内，但没有采用在窗下槛的正中立间柱的做法，且上支窗和下摘窗并不一样大。支窗一般以金属合页固定在上槛上，支窗有向外支的，也有向内支的，主要看使用的需要。摘窗一般为可拆卸的独立的横向窗，在横向窗中又分别安有可拆卸的玻璃窗若干个。支窗与摘窗的比例，北方大多为一比一，南方（包括福州地区）支窗与摘窗比则为二比一，或三比一。支窗一般格心为冰裂纹、龟背、万字不断纹等小棂格图案，明清时期多为糊纸，后期窗扇格心常装玻璃，也往往在窗扇中间留出一个大的格心。

3. 牖窗（漏窗）

中国古代把墙上开的窗称之为"牖"，福州的民居建筑中的"牖窗"一般设在大小院落的横竖门墙或院墙上，起到通风、采光和装饰作用（图5-1-5）。

"牖窗"（漏窗）的形式各不相同：

1）用花岗岩石窗框，条石竖棂，竖缝不过十几厘米宽，牢固坚实，这种窗一般设在外墙上，一般都只开十分窄的窗洞，既有利于防盗，也有利于通气和采光。

2）用灰塑线脚的窗框、窗棂用木骨灰塑有花格式、直棂式（其中有木骨灰塑竹节式）。

3）用灰塑线脚的窗框、窗棂为陶制红色花格砖或玻璃花格砖、叠砌称各种图案的（漏窗）"牖"窗，也有的是木骨灰塑的仿木格心形式的漏窗。

4）瓦砌漏窗，这也是福州地区常用的手法。利用小青瓦的弧度，两片对扣形成花瓣，可以组合成多组图案，主要有两种形式：（1）用在庭院的院墙上，用瓦砌漏窗；（2）白粉墙顶的瓦砌漏窗已经完全变成围墙顶的装饰带，随墙高下，别有一番情趣。

4. 横风窗（楣窗）

横风窗位于长窗（隔扇）中槛之上，不作开启，只为采光用（图5-1-6、图5-1-7）。

5. 景窗

景窗一般外框做砖细宕子，内做木窗，形式有方形、六角形、八角形、贡式、圆式和各种花式。[1]这种窗较为精细，一般均二正面，即内外均起线做面，二面合角（图5-1-8）。

图5-1-6　**槛窗与楣窗**

图5-1-7　**楣窗**

图5-1-8　**景窗**（上：芙蓉园；下：王麒故居）

[1] 范晓莉. 从李渔《闲情偶寄》析中国传统窗饰的样式与特征[J]. 南京艺术学院学报（美术与设计版），2010，（02）：166.

5.1.1.4 其他形式

1. 地罩

地罩是一种镂空的落地隔断装饰（图5-1-9）。既隔又不断，又有美好的入口空间和各种图案，亦有用木芯料按各式窗格图案制作的装饰罩，或两类兼备的加吉子雕花、嵌花吉子做法。地罩有方形、内六角、八角形和圆形及带植物自然形。圆形罩亦称地圆罩或圆光罩。地罩常用于鸳鸯厅、水榭和雅室厅堂内的分隔内外过渡区域。方圆地罩落座在木座上，木座称作"须弥座"，须弥座亦分整木作和用多块木条拼合作。整木做法常以雕镂空花饰和如意脚座，用多条木板拼做的要按不同外形线条的要求来拼做。地罩和须弥座用短榫相接，须弥座再用鸡牙榫与地坪吻合。地罩制作均做二正面，就要求内外二面都起刨线条，而且二面交接都有合角。

2. 飞罩

飞罩是近拟挂落和地罩之间的一种装饰。作为隔悬空罩，常设于二隔扇间，但较挂落垂下得多。飞罩下垂部分不宜过宽，否则会影响空间的完整。故飞罩有人称作鸡腿罩。飞罩的制作用地罩，相似有用整块木板并雕花做各种各样的图案，有的亦可用木条作芯子做成各式花纹的飞罩。若悬垂较少，近似挂落的亦称挂落飞罩。

3. 挂落

挂落一般常设于檐口廊桁的桁机下或枋子下面（图5-1-10）。挂落由梃料和脚

图5-1-9　地罩

10 | 11

图5-1-10　挂落（永泰民居）

图5-1-11　栏杆

头组成，上面的长科称盖梃，脚料亦称横头科，装在柱上，再用相应尺寸的抱柱与柱相连。挂落的内芯子和窗格芯子一样，式样繁多，如宫式万字葵式和乱纹等。脚头常见做法有莲蓬头、葫芦头、荷花头、花篮头、方锤头和各式束腰头。挂落一端用出榫和抱柱联结，另一端用木销与抱柱相连，销子的位置应于芯子相通的水平上。挂落制作分单面起线和双面起线，双面起线的应两面作合角起线面，这是较为讲究的一种做法。

4. 栏杆

栏杆常用于水榭和廊檐或楼廊檐柱间、半窗下或地坪窗或和合窗下，以代半墙隔断。栏杆两侧与柱用抱柱与柱相连。栏杆的安装要简便可卸，便于油漆及清理（图5-1-11）。

5. 吴王靠

吴王靠亦称美人靠或鹅颈椅（其男士坐者称吴王靠，女士坐者称美人靠），一般安装在檐廊柱间或楼廊柱间，供坐下附靠休息眺望（图5-1-12）。

5.1.2 典型小木作制作工艺

5.1.2.1 板门

1. 厚板门（实榻板门）

一般厚度在50～60mm：

1）安装，一般安装于外墙或院墙的门洞上或石框门后。

2）形制，是由数块厚板拼合而成，其穿带分暗穿和明穿固定，装有门闩、门制等（图5-1-13）。

2. 中厚板门（平光板门）

一般厚度在40mm左右：

1）安装，一般作为院落门头柱间，联扇板门，及院内各道屏门安装于柱间门枕及上下槛之间。

2）形制：

（1）板厚一般厚40mm，设暗穿带和四周用边抹，攒起外框，正背面均为平光和隐蔽合页，无门轴设置。

（2）板厚40mm，门后设几道明穿带通燕尾榫把几块木板串联固定在一块，而且以门轴形式安装于柱间的木枕（抱框）与上下槛之间（图5-1-14、图5-1-15）。

```
              12
       13
              15
       14
```

图5-1-12 美人靠
图5-1-13 实榻门制作示意图
图5-1-14 穿明带中厚板门
图5-1-15 屏门（攒边门）

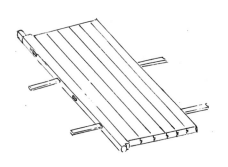

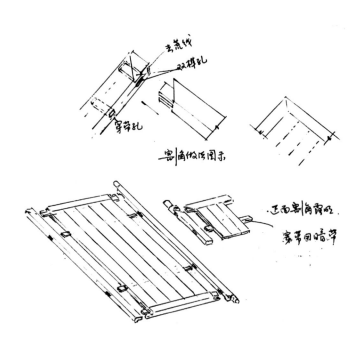

图5-1-16　隔扇门

3. 薄板门

薄板门厚约20mm：

1）安装，一般安装在主座后厅左右厢房的侧门上，以及天井两侧披榭的侧门上。

2）形制，一般采用几块薄板与一块较厚（60mm）带门轴的木板插上明穿带通过燕尾榫把几块薄板串联固定成一块薄板门。

5.1.2.2　隔扇

福州人所称的隔扇一般泛指房间的整樘门扇隔扇或整樘板壁（可以是木板壁也可以是灰板壁）。

1. 隔扇门

顾名思义，是指带木格的门，隔扇门其基本形状是用木料制成的木框（《清式营造则例》称大边），木框之内分作三部分，上部为格心，下部为裙板，格心与裙板之间为绦环板（图5-1-16）。三部分以格心为主，这是用来采光和通风的部分，所以用木棂条组成格网，在玻璃还没有用在门窗上之前，多用纸张和纱绸之类的纺织品贴糊在格子上，以避风雨和避人直接窥见室内。格心、绦环板、裙板三部分组成一长形隔扇门，如果隔扇要加高，则在格心之上和裙板之下，还可以设绦环板成为一扇有上、中、下三块绦环板的隔扇门。

隔扇门的安装主要有三种形式：（1）这种高长的隔扇门可以直接安装在房屋的两根檐柱（门柱）或两根金柱（充柱）之间，一联四扇、六扇甚至多达八扇，一整樘隔扇门，但多为双数，以保证房屋的中央是可以开启的两扇隔扇门。（2）如果柱间宽度太宽，柱子过高，也可以按隔扇门需要的宽度与高度，用增加竖向门枕来使太宽的开间隔成三间（如三坊七巷很多门头房采用六扇板做法就采用增加门枕的做法）。（3）如果柱子过高可以增加横向的槛，使之变为上、中、下槛，然后在上槛和中槛之间再安上横窗（楣窗），以解决空间中门和窗不能太高的问题。

2. 隔扇窗

顾名思义，是指带木格的窗，隔扇窗与隔扇门的区别就是只有格心和格心上下的绦环板，且下部直接安在木的窗台墙板上，不是安在下槛上。

1）带隔扇窗的整樘隔扇的做法

首先是房屋的两根柱之间安上、中、下槛和柱枕（抱框），然后就可以根据房屋使用功能，有以下几种设置：

（1）整樘隔扇从下到上依次安下槛+可拆卸窗台堵板+整排隔扇窗+中槛+可拆卸的上横窗（楣窗）+上槛。

（2）隔扇窗与隔扇门结合的做法，与前者做法不同的是在下槛与中槛之间多立了一根门枢，作为安隔扇门后剩下的空间留作隔扇窗，其余的做法与前者都一样。

2）带隔扇支摘窗的整樘隔扇的做法

三坊七巷的支摘窗指的是两种窗组合在一起使用，支指的是支窗（撑窗）；摘，指的是可拆卸的下横窗。

其整樘隔扇的做法主要有以下两种形式：

（1）整樘隔扇从下到上依次安下槛+可拆卸的窗台堵板+可拆卸的下横窗+支窗（撑窗）+中槛+可拆卸的上横窗（楣窗）+上槛（如果柱不高也可以省去上横窗和中槛）。

（2）整樘隔扇与前者的区别是在下槛与中槛之间多立了一根门枢，门枢一侧安隔扇门，另一侧安整排的支（撑）（翻）窗和摘窗（可拆卸的下横窗），其余做法与前者都一样。

3）带隔扇直棂窗的整樘隔扇的做法

由平行的直竖棂构成，即直棂窗，这是中国最古老的窗格形式。由于竖棂简洁大气，不易积灰又制作简便，因此一直沿用至今。早期的直棂窗只有固定的竖棂，或通透或糊纸，无法开闭。后来出现了可开闭的直棂窗，即在它的内侧增加了可横向推拉的直棂板式窗扇，使直棂窗可以开启又可关闭，简单实用。

这种窗的整樘隔扇首先也是在房屋的两根柱之间安上柱枢（抱框）和上、下槛，然后根据使用功能有以下几种设置：

（1）整樘隔扇从上到下依次安下槛+木窗台堵板+可开闭的直棂窗。若觉得太宽可以使直棂窗变窄后在两旁加上板壁（可以是木板壁或灰板壁）。

（2）整樘隔扇除加上门枢和隔扇门（或薄板门外），其余做法与前者一样。

5.1.2.3 隔断

隔断是院落房屋室内分隔空间除门窗隔扇以外的隔扇的形式，有活动式或固定式两种，按功能可分为间隔式或主体式两类，兼有装饰和实用功能。

1. 固定式

1）有木骨灰板壁（分单层单面粉刷、单层双面粉刷、双层各单面粉刷）。

2）有木板壁隔扇（也分双层和单层）。

3）落地罩：是隔扇的变异形式，它是两端固定于顶部的挂落（又称楣子）组成"门"字的隔断，用以分隔室内空间，落地罩的变种甚多，或作落地明罩，即取消裙板，格心一通到底，或作月洞落地罩，或作屏风或落地明罩。

4）碧纱橱：室内分隔空间用的隔扇，其做法同隔扇门。碧纱橱由槛框、横披、隔扇组成。根据房屋进深大小，采用六至十扇隔扇。裙板及绦环板上通常按照传统题材做落地雕或贴雕，内容以花卉和吉祥图案为主。

5）罩：用隔扇分隔是需要完全封闭的空间时使用的。如若不需完全分隔，就用罩来分间，北京四合院中大面积的雕刻，主要见于室内之花罩。罩的种类很多，如有栏杆罩、鸡腿罩、圆光罩、八方罩和博古架等。

6）倒挂楣子：倒挂楣子是由边框棂条及花牙子雀替组成。棂条有各种样式，花牙子、雀替是安装于楣子立边与横边交角处的构件，通常为透雕装饰，略有加固作用，如刘冠雄故居侧落花厅就有倒挂楣子的形式。

7）木搭杆、美人靠。

2. 活动式

活动式指活动屏风、活动栏杆、活动栅栏等。

5.1.2.4 福州民居门窗制作工艺

1. 门窗制作工艺总述

门窗窗框、窗棂的制作，从选材、配料、锯刨、做榫、起线到雕刻，每个工序的工艺水平都直接关联到门窗的品质与美观，尤其福州地区民居一般采用清白木施油漆的门窗。

清水门窗的边框、抹头、绦环板、裙板常选用杉木、楠木等木料制作，其木纹清洗、选料时尽可能要一致。在门、窗制作中其木料一律要根部朝下、稍部朝上。"树不倒竖"寓意吉祥，实际上正立面不倒树使木门窗上轻下重，也是符合力学原理，使窗扇不易变形，经久耐用。

福州民居中，若采用镂雕，或者较为精细棂格，选材一般都用楠木雕后镶嵌拼装，在构图时就必须考虑其色泽深浅、冷暖对比的效果，精心构图后选料。

窗棂中横竖交织，极其精细多变的花格，使用大量细小的条木窗棂榫接而成，窗棂的条木要加工得极其规整、方正、整齐划一。窗棂的断面形状多样，将看面做成花棱，其制作加工称为"起线"。福州民居中常用的窗棂断面有指甲凸、指甲凹、直面线、海棠线、文武线。

榫接的方式主要有三类：（1）攒式，又叫齐肩直榫，适用直角对接；（2）攒插，适用于直角、斜交及各种不同角度的搭接；（3）卡榫，又称公母榫，所有榫接都要求严丝合缝，"嵌不窥丝"。如卡榫结构，除了要求十分准确、精密之外，还要遵循一些构造要求，如立棂、朝外的正面不做榫口，只能在后面做，卧棂只在朝内的背面做榫口，这样在正面拼接成形后的缝隙均为垂直走向，以免积水而导致木材腐烂。

门窗装饰的木雕最常见是浮雕与透雕。浮雕多位于门窗隔窗的绦环板裙板，透雕常用在门窗的格心中两棂之间或者棂与子边之间，最常见的是木雕与棂格相结合，采用雕榫结合的工艺。

2. 花格窗扇制作

对窗扇芯子复杂的冰裂纹、龟纹、乱纹或在窗的长、宽两个方向都不能如实反映部分窗芯实际长度的或复杂图案的芯子，在制作前应放足尺大样，按样制作。大样应符合设计要求。

1）窗扇的梃、横头，应做双夹出榫连接。榫厚宜为料厚的1/5～1/6。当两料丁形相交，起面为平面时，应做直叉；起面为混面时，应做虚叉。当两料L形相交时，应做掀皮合角，榫卯结合处应采用木楔加紧牢固，必要时应采用胶结加固。

2）长、短开关窗的两窗之间缝道应做高低缝或鸭蛋缝，其深度应为窗扇梃看面宽度的1/5～1/4，且不得小于8mm。

3）两窗芯十字相交处，应采用敲交（合巴嘴）做法。深度均为各芯厚的1/2，中间宜为窗芯宽的1/3。两芯L形相交时，应做两个半脚榫连接，且正、反两面应做合角。两芯T形时，应采用深半榫，白眼结合，半榫宽应为芯宽的1/4-1/3，眼深宜为芯厚的3/4，且不得损坏芯子的另一面。芯子相交为浑面时，应做虚叉。三芯料T形相交时，其中一根芯应做榫与另两芯之卯相接。严禁窗芯平肩直接仅用胶水或铁钉相连。

4）传统民居门窗棂格因保证窗纸坚固的需要，一般棂距不可过大，在北方约为两寸半至三寸（即8～9cm），棂宽约六分（即1.9cm），故俗称"一空三棂"，即空档宽为三条棂条宽度。南方棂条更为纤细，棂宽约五分（即1.6cm），使用玻璃后，其棂条间距离达10～15cm。

3. 门窗槛框

门窗槛框是指在同一隔扇中的各门、窗的外框。在水平方向，分上、中、下槛，各槛一般直接插入与开间同宽的木柱（当下槛须要可拆卸处理或由于下槛高不过石柱础而无法直接插入柱时，采用柱枨直接落地且设羊蹄开斜槽安可拆卸下槛的做法），整个门窗槛框成"田"字形。中槛与上槛间一般安横风窗（也叫楣窗），中槛至下槛之间安木门窗，其安装方式有以下几种：

1）只安长窗（门扇），一整排长窗安在两柱枨与下槛之间。

2）只安短窗，其形式与长窗（门扇）十分相似，所不同的是长窗（门扇）下槛就是门槛。而短窗是安在窗台堵板上（窗台堵板一般是在木框架内镶嵌薄板，做成的独立堵板框安在下槛和两木枨间，且用活络闩固定在木枨上，便于拆卸）。

3）在"曰"字形的门窗槛框间在偏一侧的部位立间枨，将中槛与下槛只安短窗或上段安支窗，下段安摘窗，同样安装在窗台堵板上。

4）只在上段安支窗，下段安摘窗，整个摘窗是一个独立的横窗，直接安在窗台堵框上，且用活络闩固定在木枨和下槛间（而当开间较大时，为了防止整个隔扇内厚度薄、跨度大而不够坚挺，往往在支窗与摘窗之间加上荷墀盘即固定两柱枨上的，使其隔扇厚度变厚就能较好达到坚挺的效果）。

4. 门窗扇制作及安装工程

1）门、窗扇中的花格式样繁多，大都为榫卯结合，对比较复杂的应作样板制作，必须符合设计要求。

2）一般情况下，厚度大于50mm的门窗扇大边与抹头应采用双榫，并且紧密连接。

3）门窗榫槽强调榫槽必须胶结并用胶榫加紧（而且要用耐水胶）。

4）强调不得采用铁钉之类的材料代替榫卯结合。

5）门、窗扇、隔扇的安装，包括抱柱、窗框、门框、门槛等的安装，应符合设计要求。

6）门、窗、隔扇安装器表面应符合下列规定：裁口正确、线条顺直、刨面平整、开关灵活、无倒翘、基本无刨印、戗槎、疵病等。

7）门窗小五金安装应符合下列规定：位置正确、槽深一致，小五金齐全、规格符合要求、木螺丝拧紧平整、插销关启灵活。

5. 门窗梃交接形式

边梃、林头、正面起线也分亚、浑、木角、文武、合挑等面。四周边梃和林头相接合成45°斜合角，有燕尾插榫、暗肩等榫卯接合。中间抹头与边梃相榫合，上下成45°斜线相交之实叉，用丁字合角榫。梃面起线，须绕抹头料兜通，如用文武面者，其浑面则绕窗之外四周，其亚面则抹头料内周兜通。窗梃开启缝有做企口、和合缝、缝口边梃，上下端留"走头"作为窗档。至于心仔及边条四周相接合处亦用合角榫，浑面者十字相接处用"合把唷"或"飞尖虚叉"镶合匹配，丁字处亦用"虚叉"、"飞叉"，指榫上口与浑面相接，呈弧面尖形吻合。"虚叉"只是榫卯口与浑面盖搭，吻接合缝的飞叉角，为不起连接作用的装饰部分。若起压面者或平面者，在十字处及丁字处交接用平肩头榫接即可（图5-1-17、图5-1-18）。

门窗榫卯接合，可根据部位不同而选用。常用有出榫、暗榫、单榫、双夹榫、密榫、留肩榫、齐肩榫、束腰燕尾榫、全包合肩榫、对穿暗肩合角榫。

花格门与花格窗根据内心仔花格的不同，有万川、四纹、竖条、冰裂纹、八角、六角、灯景等各不相同的样式。

6. 门窗装饰

1）福州民居门面板门装饰

建筑不但要满足功能需求，具有形式美感，还要表现一种精神、一种理念，追求天人合一、物我交融的文化内涵。中国传统门窗非常讲究，形成有意境的空间分割。

门窗作为建筑的主要从属部分，这种文化内涵必然会表现得更加淋漓尽致。它必须与建筑的性质及风格保持一致。尽管门窗形式可以多样化，但不能牺牲建筑的功能或破坏建筑的整体气质与文化取向。

大门具有显示形象的作用。作为出入口的门户，又被称为"门面"，这说明人们对门形式的经营非常用心。门的形态既反映地域文化的特征，又表现着人们的理念和追求，在

注

线型之亚面指凹面；浑线指凸起圆弧面；木角线为两个小圆弧相接两侧面；文武面为亚面与浑面连接，或正反两个弧线相连接；合挑面指两个浑线合棋相交；其他还可组合多种线型（图5-1-19）。

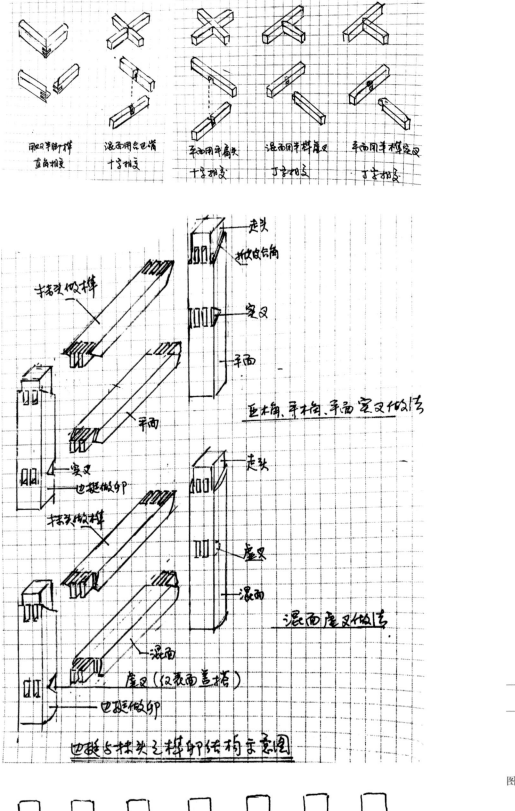

图5-1-17　门窗棂条榫卯示
　　　　　意图

图5-1-18　边梃与抹头之榫
　　　　　卯结构示意图

图5-1-19　各式线脚断面图

中国人的传统观念中，门是建筑主人身份和地位的象征。

（1）门面板门装饰

大门是装饰品的重点部位，"门脸"是人们常说的话。过去的大门也自然代表一家的脸面，有钱人家自然装饰精美，而贫穷人家也会不遗余力。

门板除了有金属门钹作装饰之外，门板在福州虽没有油漆，但有包镶薄铁皮的形式，门钉布置用各种吉祥图案、如意形等，也有镶嵌磨过的薄方砖，福州地区还有用竹片、藤条和铜钉拼出图案进行装饰的。

竹片包门板的方法也有许多种，讲究的竹包门，如福州黄巷郭柏荫故居，整排五开间的板门，其墙裙都用竹片铜钉编出优美的图案，让人百看不厌，而且起到保护门板及门枕不易磨损的目的。

用红斗底砖包门就更加讲究了。包镶门板的斗底砖，一般以正方形和六角形的红斗底砖包镶最为常见。但砖都要经过水磨，使之表面光洁，并大小一致。在砖上钻眼，然后用大头的泡钉将其钉在门板上，为防薄砖脱落，还要在门板的开启边缘处用护铁镶边。砖包门不仅美观，而且还有一定的防火功能，是一种富有人家的板门装饰。

（2）福州传统民居屏门装饰

福州传统民居屏门，主要安装的部位：

①是在门楼房（不一定是楼，只是人们习惯的称呼）的中后部正中位置立两根屏门柱安两扇屏门，以遮挡大门外的视线，平时进入内院要从屏门左右绕道进入。

②若不设门楼房，进入大门即是回廊、天井，一般在正对入口门洞的回廊檐柱位置另立两根屏门柱后安屏门，以遮挡大门外的视线，平时进入内院要从屏门左右两侧经回廊进入。

③在主座明间的中后部，一般在后充柱（对进深五柱屋）或在后小充柱与后大充柱之间设屏门（厅屏）。

2）福州民居传统门窗的装饰形式

由于福州民居风格一般是屋顶为黑灰色小青瓦，墙一般为白粉墙或乌烟灰墙或灰砖清水墙或夯土墙，还有清水纯木构穿斗式的板壁灰泥墙，其风格轻巧，相应其门窗漏花装饰则以"清水"为主，不施油漆，木材的质感完全暴露，在窗格拼接、组合图案以及木雕装饰风格各异，做足文章。

其特点：（1）以清水为主，不施油漆，木材质感完全暴露；（2）棂条精细，其材质多用楠木，一般精细的用杉木、樟木；（3）多用浅浮雕、精美物件以散点布局，在构图的匀称与变化中求美感；（4）窗格中常有不对称的琴棋书画图案的花格出现是不多见的构图手法，匠心凸显。

3）福州民居门扇隔心图案的时代特征

一扇隔扇门，上段格心是用来采光与通风的部位，因为古代还只能在窗上贴糊纸张或稠棉等纺织物以避风雨。所以必须用木条组成比较密集的格网，工匠就利用这些木条织成不同花纹而起到装饰作用。格心以下的绦环板，是在竖长隔扇的框架中，安在中段横腰串之间的木板，它的高度正好与人的视线最接近。为了使隔扇好看，工匠多在绦环板上用木雕进行装饰，所以在宋代称它为腰华板。隔扇的下段为裙板部分，它所处位置比较低，在一般建筑上，尤其是民居一般多不施装饰，只做简单的线脚。对于绦环板也分上、中、下，一般考虑到下面的绦环板距离的视线比较远，他们即便有装饰，一般也比中间那块绦环板简单。福州民居门窗隔心图案虽然千变万化，但也有它自己的一套讲究，有规律可循，有时代可循。

（1）明代发达的文化、繁荣的商业经济和富庶的市井生活，无疑是明代小木作工艺发展的基础，明代门窗与建筑构件装饰一样，特点是选料讲究、图案简洁、结构合理、做工精巧、装饰纯朴，具有疏朗大方，儒雅庄重、精练质朴的气质。采用的框架和榫卯技术，追求坚稳精确的结构、规矩匀实的线脚和光洁平整的质感。就装饰而言，其门窗充分显露木质的本色和纹理，不擅雕琢堆砌，追求朴素自然的美感。

（2）清代门窗就制作工艺而言，清代门窗及建筑装饰的确达到炉火纯青的地步。无论是结构的墩接，还是线脚的转折以及雕刻，都不逊于明代，甚至有所发展，而且清代门窗在渲染气氛、烘托环境方面也是颇为独特。可是等级礼制和奇形雕琢，使许多门窗和建筑构件装饰偏离了原有的方向，而令人感觉矫饰婿俗。这种作用既费工费料，不合经济原则，又损害了构件装饰的实用功能和审美价值，从而使清代的建筑装饰丧失了明代那种朴实清雅、高雅超逸的艺术魅力。这也是人们对清代在古建装饰上贬多褒少的原因之一，但总的来说清代在建筑及门窗的装饰上毕竟保持了明代的优秀传统，并且有鲜明的风格特色。

（3）常见的明代隔心图案，有直棂、正搭正交方格、井口字、四字式、一码之箭（粗的）、正搭斜交"卍"字、正搭斜交方格。

（4）常见的清代隔心图案：①横竖棂：步之锦，一码之箭（细的）、四字纹、亚纹等；②拐子纹：万字纹、灯笼框、方胜、八达；③斜棂纹：风东锦、方胜、万字、盘长、斜方砖、菱形纹、席纹、冰裂纹等；④龟甲纹；⑤雕饰花纹，雕花类棂条其设计制作难度最大；⑥灯笼纹；⑦波纹；⑧套环纹；⑨柿蒂纹；⑩影字纹。

4）福州民居门窗装饰寓意

与全国一样，以福、禄、寿、喜、财这"五福"为主题的吉祥图案在窗饰中最为常见，体现了对人生的祝福，给人们带来心理的平衡和精神上的寄托与慰藉。

（1）祈福图案：以磬与鱼织图，喻为"吉庆有余"；连珠石榴，喻为"子孙兴旺"；以戟、磬、如意组图，喻为"吉庆如意"；百合、柿子、灵芝组图，喻为"百事如意"；以蝙蝠、铜钱、绶带组图，喻为"福寿绵长"；四只蝙蝠谐音"赐福"，有"迎福纳祥"

之意。

（2）祈禄图案：花瓶中插放三支兵器戟，喻为"平升三级"；鲤鱼跳龙门，喻为科举高中；喜鹊立于莲蓬，喻为"喜得连科"；猴骑马上，喻为"马上封侯"。

（3）祈寿图案：五只蝙蝠围一个寿字，喻为"五福捧寿"；蝙蝠、挑与双线组图，喻为"福寿双全"。

（4）祈喜图案：双喜加上两只喜鹊，谓之"双喜临门"；双鱼加双喜，喻为"喜庆有余"。

（5）祈财图案：金鱼、水草组图，喻为"金玉满堂"；鱼与牡丹组图，喻为"富贵有余"；海棠、牡丹组图，喻为"满堂富贵"；冰格嵌梅花，喻为"梅花香自苦寒来"；荷花与螃蟹，喻为"和谐"；荷花与墨鱼，喻为"和睦"。

（6）"博古"图案：画面内容丰富。将古代四物香炉、玉佩、笔筒、砚台、花瓶巧妙安排在一组"多宝图"画面中，表示文人的生活。文房四宝与花瓶在一起，寓意四季平安。

（7）金钱图案：金钱也称古钱，最早是战国晚期秦始皇为统一货币而制的圆形方孔的铜钱，意为"外法天，内法地"。古钱又称泉，因泉与全音同，所以两枚古钱就谐音为"双全"，十枚则称"十全"，古人把金钱之形刻成窗，每一种形态都有特定的吉祥语，钱孔一至十的称呼为一本万利、二人同心、三元及第、四级平安、五谷丰登、六合同春、七子团圆、八仙上寿、九世同堂、十全富贵。

（8）卍——万字图案：卍原本不是汉字，而是梵文，意为"胸部的吉祥标志"。这是一种宗教标志，佛教著作中说佛祖再世生，胸前隐起"卍"字纹。这种标志旧时意为"吉祥海云相"。在七世纪唐代武则天当政时，被正式用作汉字。此后，佛经便将之写作"万"字，发音也相同。尽管它被用作汉字，但更多地还是以图案的形式出现。"卍"，从形状上看似几何形纹饰，从其上、下，四端延伸绘出各种连续纹样，在中国"卍"字符号大都逆时针循环样式，意为绵长不断，有"富贵不断头"之意，从数字来看还是一个多的意思，从谐音角度也可以引申为万事如意、万寿无疆等赐福之意。隋唐时期"卍"字已经走出了佛经，成为日常器物的装饰性主题。"卍"字在道教建筑装饰中意味着循环宇宙观，在佛教建筑装饰中有佛赐吉祥的标志性。所以在福州民居隔扇门窗、隔扇楣窗经常用到，如三坊七巷中宫巷刘齐衔故居花厅中。

（9）如意纹：如意是佛家的一种器物，寺庙里供奉的菩萨像手中多持如意。它也是随佛教从印度传入我国的。在中国，如意的形象有多种，应用范围广泛。

（10）琴棋书画：中国文人追求高雅，"琴棋书画"是古代文人通晓的四种技艺，琴可以陶冶情操，棋锻炼思维能力，书是必不可少的精神食粮，而画同样是文人需要掌握的一种艺术形式。

（11）松、竹、梅：松、竹、梅是木雕隔扇中常表现的内容，自古以来，松竹梅就有"岁寒三友"之称。而把植物中的松竹梅比作人类的益友，与中国古代文人的思维境界有关。历代文人常借景抒情、托物寄思，大自然是他们寄托情感的理想环境，借物来比拟人品和人格也是他们惯用的手法。❶松树刚劲挺拔、腊梅凌寒独自开、翠竹竿直而心虚，所以被认为是花种的高士，用来比喻人品的刚直品洁。正因为如此，人们才把岁寒三友的形象刻于门窗之上，是对这种高尚品格的追求。

5.1.2.5 木楼梯与木楼板的制作与安装

1. 木楼梯的制作与安装

1）楼梯的形式应与其建筑时代、特征相符，各部尺寸应符合设计要求和安全使用要求。

2）楼梯斜梁上的三角木、扶手断面、有图案的栏杆芯子应放足尺大样，大样应符合设计要求，应按大样制样板，并按样板制作构件。

3）楼梯栏杆高度不应低于900mm，同一建筑楼梯栏杆高度应一致。楼梁与芯子结合应牢固、紧密、垂直。栏杆扶手、芯子不应有绕曲。扶手应齐直、连接点平齐牢固、转弯匀和、接缝严密。

4）素楼梯的踏脚板、踢脚板两端于斜梁应开槽连接。踏脚板槽应为30～40mm，踢脚板槽深应为20～30mm，且均不得大于斜梁后的1/3。楼梯两斜梁之间应采用木构件榫卯连接或采用螺栓拉结。连接斜梁的构件间距应小于1.5m。当采用木构件连接时，其断面面积不应小于50cm²，榫断面面积不得小于25cm²，且每段楼梯不得少于2根连接构件。阳楼梯应采用三角木与斜梁连接，三角木的木纹应与楼梯斜梁木纹方向一致。三角木的厚度应为30～50mm。每块三角木的两端均至少应用2枚铁钉与斜梁连接。当木质较硬时，应先钻孔后再钉钉，钻孔深度宜为钉长的3/5。阳楼梯斜梁之间的连接构件可按照素楼梯的做法执行（图5-1-20）。

5）楼梯斜梁上端应与楼面上的木构件连接牢固，下端应搁置于楼梯基座上或构件上，并采用螺栓与基座连接。当直角转弯楼梯平台不采用落地脚时，应增加悬挑构件，上、下两斜梁应采用榫卯和铁件进行连接加固。

6）踏脚板后不应小于20mm，同一楼梯踏脚板宽度应一致，踢脚板厚宜为12～20mm，同一楼梯踢脚板高度应一致，踏脚板与踢脚板结合处应开槽相交，槽深宜为3～5mm。

7）两斜梁应平行，不翘曲。扶手安装应牢固，不晃动。踏脚板、踢脚板结合应紧密，走人无响声。各踏脚板外露口角均应在一直线上，上下不得翘曲。

8）当木质楼梯大于或等于1m时，每段楼梯应采用三根斜梁。木质楼梯总宽度不应大于1.5m。

❶ 张瑞. 徽州古民居木雕门窗的装饰特色研究[D]. 西北大学. 2009：22.

2. 木楼板的制作与安装

杉木地板在福州多用于铺卧室与阁楼。少数的建筑物在大厅也有铺设，地板主要有楼桁与桁板构成，其主要作用是防潮及调节温度。杉木地板的制作看似简单，但需要有很高的技术才可以制作出好的杉木地板，所以好的地板应符合三点要求：一要刨直，这样才能在安装时不会有缝隙；二是地板槽必须预留同样宽度和深度；三是地板的肩（就是缝或榫头两边平地部分）向下的一边必须同样宽，在安装时才会对上缝。

1）地板制作方法

（1）木地板应采用不易腐朽、不易变形开裂的木材制成，侧面带有企口的木板宽度不应大于120mm，厚度应符合设计要求，木地板表面应刨平。

（2）楼板拼缝不得采用平缝，当楼板厚度大于或等于30mm时，应做凹凸缝，当楼板厚度小于30mm时，应做凹凸缝或高低缝：①雌雄缝，地板的一侧边是凸出的缝，一边是凹进去的缝，两板可以互拼一起；②高低缝，也就是一边是下面的比上面凸出，一边是上面比下面凸出。杉木地板制作工序：杉木板先要锯成3.5cm或4cm厚，将两边弹直，劈去多余部分，先用粗刨刨光，再用细长刨刨平、刨直后用糟刨刨出凹与凸的缝，这是雌雄缝的做法。高低缝是刨平、刨直再用单边长刨刨出高低缝（图5-1-21）。

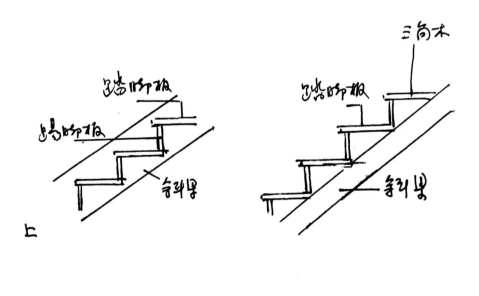

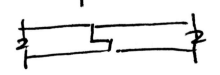

2）杉木地板的安装

先将做好的楼檩，放于水平的地基上固定好，后安装杉木地板，楼板的接头应设在搁栅上。楼板在同一搁栅上的连续接头不宜大于500mm，且在同一搁栅上的接头总长度不应大于该搁栅长度的1/2（靠边框的搁栅除外）。

具体安装程序如下：将第一块地板与边上的地栿对好缝，才可钉好，再安装其他地板。安装要用蚂蟥搭钉在楼檩上但不要钉紧，再将地板头与硬木尖放于蚂蟥搭与地板之间，敲紧硬木尖，直到地板与地板之间的缝密实为止，后钉竹钉，即可敲松硬木尖，也可在地板缝之间涂上粘合剂。通常是拼合后不急于钉钉子，预留一块板位，中间用木契使缝隙楔紧密实后，再钉钉子和最后一块板。讲究的做法是经过秋季后钉最后一块木板。

5.2 木雕工艺

福州民居木雕，分为大木雕刻和小木雕刻。大木雕刻就是大木构件的梁、枋、斗栱上花饰构件的雕刻。是指纵向看架和横向缝架上的斗栱、弯枋、轩架、挑梁头、垂花柱、插栱、木锯花、花座等雕饰大木构件。小木雕刻俗称"细木雕"，是指木装修的雕刻如木门、窗、木堵板、木栏杆、木家具等装饰的雕刻。

5.2.1 雕刻用材

雕刻用材十分讲究，要求选用木质坚韧、质地细腻、纹理淡雅、木色纯洁、不易变形的木材。主要有樟木、椴木、花梨木、楠木、棒木、杉木等。总之，木纹粗糙不宜雕刻，木纹细腻适宜雕刻，硬木作品存世长久，软木作品易损不久，樟木万年不烂，生虫时毁灭。

5.2.2 时代特征

建筑木雕的时代特征可分为四个时期。明代至清初比较简洁，内容多见花草，品种亦不复杂，施雕构件讲究与整体梁架和谐。清代中期趋于华丽但不失稳健，建筑构件中加强了装饰性雕刻；清代中后期雕刻内容丰富、形式多样，技艺有了发展，出现了不少精品，追求立体效果，形成了百花齐放的局面；清代晚期作品讲究诗情画意，比较突出的是将文学作品作为创作题材，如将《三国演义》、《二十小孝》等以连环画的形式展现在人们眼前。这时期的作品有如下特点：写实功力增强，开始重视人体比例，追求骨骼肌肉造型匀称，人物形象接近现实，动物造型接近真实，花卉写实生动，贴近自然，刻技多样化，除了使用的雕刻外还吸收了西洋的表现手法；装饰性的雕刻作品趋于繁琐，人物、花卉、动物进一步从装饰纹样中独立出来。

5.2.2.1 图样要优美

一切雕刻的要求也是木雕的基本要求。雕刻的传统题材有些暗喻高贵之人格，如松竹梅岁寒三友、梅兰竹菊少君子，但要给以适当的抽象和图案花，不能过分写实，有些是寓意的图案，例如"万福万寿"是将互不相关的万字、蝙蝠、桃子安排在一起，"吉庆有余"是将磬和鱼组合起来，"万事如意"是把万字、柿子和如意放在一起。传统图案中有很多成功的范例，值得借鉴。

5.2.2.2 空间要均匀

在图案优美和谐的基础上，所雕刻花纹和留出的空间的对比要均衡。建筑木雕一般是看大效果，要求整个画面的均匀平衡、粗枝大叶、盘旋缠绕，不能像国画那样疏能跑马、密不容针。特别是镂雕，空地太大显得松散稀疏且不牢固，花纹太密又给人以透不过气来的感觉。为此，凡是大面积的人物故事雕刻时要在空处尽量点缀些小型物体，以牵其势但不牵强附会。例如，一个博古架上设置古瓶器皿则一般在瓶内插入梅花、如意、拂尘或竹子、宝剑等，旁边还可放些水仙盆或蔬果，以达到整个图案画面平衡、上下基本轻重相当、左右大致均匀的果。

5.2.3 雕刻工具

雕刻工具根据工艺分类，可分为斧、刀、凿、刨等四类。

5.2.3.1 雕刻工具

雕刻工具有硬木槌、小斧头、雕花桌、刀具、磨刀石、钢丝锯。实花先用凿起底，除去图案以外多余的部分。雕刀称为凿，主要有平凿、圆凿、翘头凿、蝴蝶凿、槽凿、三角凿等。刀口的宽度最大可达4cm，最小的不足1cm不等，总之根据需要决定工具，如遇特殊要自制刀具。

5.2.3.2 磨凿方法

木雕大部分用小斧头，其他各处多用硬质木槌，又称敲槌。

凿是木雕中最主要的工具，因此，磨凿也是木雕工序中的一项重要技术。如果磨凿不好，会给雕刻制成品打坯和修光等工序带来很大的障碍，影响整体的效果。磨凿时首先检查磨石是否平整，如不平整，凿的锋口就会磨得歪斜，右手仰卧凿柄，左手中指和食指按住凿口附近，前后推磨，用力咬均匀，不能左右摇摆。凿口斜面（铁面）同磨石平面要贴平，铁面可重磨，钢面则清荡（即轻口磨平）。因为铁面厚、钢面薄，如重磨钢面，容易使钢面磨损。磨时先放在粗磨石上磨，待凿锋没有缺口和锯齿形时，再在细磨石上反复细磨清荡。每种凿都须经过粗细两种磨石，一种粗为油石，另一种为刀砖。只有这样，才能达到凿的锋利适用。各种凿的形状不同，磨法也不同。平凿的凿口两角要磨尖，使其锋利。用圆凿和反口凿的凿口两角要磨圆，不能尖。由于圆凿的钢面在弓背，铁面在凹面覆贴在磨石的凸圆形上进行前后推磨，待磨好后，再把弓背钢面反过来，横放在平面磨石上，用右手的中指、食指和拇指夹住圆凿的柄头，左手的中指和食指按在凿口附近，以摆荡或旋转磨之，才能使圆凿锋利和适用。

三角凿是凿中之冠，经常要用到它，磨时应格外小心。凿的凿口呈三角形，是最难磨之凿，倘若歪了一面就不能使用。其磨法要先把粗细两种磨石依照欲磨的三角凿大小、形状，放在磨石上进行，"以石磨石"推磨，使两种磨石都分别摸出凸尖状的三角形，然后拿过三角凿，先在平石上进行推磨，把三角凿的两侧（铁面）贴在很平的磨石上磨锋利后，再将凿的三角形钢槽枋在三角形凸尖式的磨石上轻轻推磨，再经过细磨石的加工后，仔细观察三角凿口，倘不偏，锋正无卷便适用了。这里要注意的是三角凸形磨石的大小形状正确挺括，要和三角形凿的大小吻合，其尖角要扎，倘不合要求，则磨出的三角凿尖角的锋口上便会出现圆槽形的舌头，凿便报废了。磨合各种凿时，一定要带水拖磨，千万不能干磨，以致造成凿口转锋。

5.2.3.3 磨石的类型

磨凿之石，又称刀砖，有两种之分，粗为异形油石，根据磨凿只需要有大圆、中圆、小圆、细圆之分。大圆凿走圆径10mm左右，中圆凿走圆径5mm，小圆凿走圆径3mm左右，细圆凿走圆径2mm左右，如细分则排列更多。

油石粗磨石后上细刀砖。

5.2.4 工艺流程

雕刻操作有其特殊的加工程序，木雕主要分为无画雕刻和按图稿设计雕刻，主要工艺流程：从选料开始，进行画样，又称起谱子、绘稿、上样、刻样，经剔地，粗坯雕，细坯雕，修光又称出细、打磨、刻线、装配、检验等工序。

5.2.4.1 整体规划

通常由花作师傅和大木师傅筹划，然后决定雕刻在整体构架中的布局和比例。使雕刻的形式内容同建筑密切结合，达到协调的目的。

5.2.4.2 设计和放样

设计是木雕工艺的第一步。其图稿设计要求一是绘画造型美观大方、图案布置合理，富有艺术特色；二是内容必须主题突出，层次分明，主次分清，富有装饰性；三是设计必须在材料和技艺许可的范围内，保证体现设计意图。起谱，即画稿，也称"拓印"，起谱有直接用笔墨在版面上画出所要雕刻的图案，在纸上画好图案后，把纸贴在木材上进行雕刻，当雕刻立体感要求较强的，可以先定出轮廓的形象粗刻一层，再绘出图案进行细部雕刻，即一层层地绘，一层层地雕。

雕花匠都有师徒相授、父子相承的"花样"作为雕刻的"粉本"，本领大的师傅要迎合房主的喜爱和当地风俗来创作设计，使雕刻更合理、形象和更生动。放样有两种，一种是直接将图样贴在构件上；一种是将事先制作的样板放在构件上将它复描下来。当然也有名师高手胸有成竹地直接刻凿，技艺之高，世人倾倒。❶

5.2.4.3 打轮廓线

放样后便在构件上打轮廓线，第一次不能刻得过深过重，要逐步进行，不同形式的作品有着不同的侧重面，以分出不同深度的层次和初步的构图形状为妥。

5.2.4.4 分层打坯

雕刻要主次分明、层次清楚，为此，雕刻时要分层进行。画稿是从远到近的，雕刻却完全相反，是从近到远、从高到低的，多至五六层，少至二三层。

打坯包括粗坯雕和细坯雕，先行粗坯雕，再行细坯雕。打坯的一般工艺顺序为，先将图稿复印在雕刻件面上，以便行刀时作大体的分层分面。再按图稿要求，自上而下，由浅入深，连续打出各层次画面物象的前后、左右、远近交错的参差关系，打出相应的高低、厚薄、深浅的大层次。比例，打出基本形体，并对各个局部如人之五官、衣纹、花卉之基、叶、瓣、鸟类之羽毛及桥梁、山石、房屋等，逐一处理为层次变化，刻出物象各自的基本特征。粗坯雕刻是考虑木雕工艺的大效果，即构图、层次、块面和造型艺术。制坯人动刀凿之前主要吃透画面的思想内容，掌握住人物各自的特征以及物象之间的位置关系，做到心中有数，行刀开凿就会笔走如神，作品中的任务就能变化有序，神态各异，富有动态表情。如有底纹花草衬托协调，则能达到层次分明，深浅得当、凿迹清楚、线脚平直挺括之目的，为修光打下坚定基础。

5.2.4.5 细部雕刻

在粗坯的基础上做具体的刻画，通过深入的剔雕，使形象一一分明并趋于完善。一般是从下刻到上，先次要后主体，以免操作时碰坏物象，深浮雕刻的镂空放到越后越好，以防一刀无情前功尽弃，其要求是人物的动作、形体、衣饰、表情、花草的结构、枝叶、形态均质明确、线条清晰流畅。

❶ 杨鸣. 鄂东南民间营造工艺研究[D]. 华中科技大学. 2006：76.

5.2.4.6　修光打磨

修光是木雕工艺的最后一道工序，对整个作品从整体到局部进行一次全面修整，其要求一是作品要无毛刺、无瑕疵；二是线和面整齐挺括；三是修补粗细坯雕后留下的不足之处，然后用木砂纸打光，使作品更加精美细腻，再用棕刷刷干。具体制作程序如下：

在打坯的基础上，做进一步的细微加工。修光是对粗坯雕、细坯雕后的半成品整修、充实和提高，使之更加洁净、光滑和细腻。修光功在精细，意在神怡。修光者在落刀前，需要充分领会设计的意图，理解构图内容和处理手法，再行刀清除制坯时残面的疤痕和毛刺，以整体到局部以至细节，一刀不漏、一丝不苟地进行艺术加工，要求作品平整光洁，线条流畅，做到"粗不留线，细不留纤"。修光工艺应循序渐进，在切好修好框边线、外线和轮廓线以后，即可先大后小地剔平"底地"，然后分清情况，从上层到底层，或从底层到上层，依次将物象精雕细刻，把制坯时处于歪斜不正的楼台、亭阁等建筑物，通过对一些节点直接地"手术"，使之整体完美，对千人一模，或五官不整、老幼不分、歪嘴斜目的众多人物，通过"整容"，使之人物形象个性突出、表情各异、眼能传神、栩栩如生。对凌乱歪斜的水波纹，按水平线刻成近疏远密、远细近粗。

5.2.4.7　揩油上漆

木雕完成后要揩油上漆，既可美化木雕又可保护木雕，起到防腐蚀的作用，为了体现木材本色和纹路的美，有时不用漆覆盖而是罩上一层透明的桐油，显得朴实无华。

最后是对木雕制品的装配，其装配方式主要有胶结合、木销钉结合、接件结合、圆形连接、榫卯连接，为确保质量，装配时要做到结合牢固，榫孔恰到好处，几何形和弧形角度正确，平面平直光滑。

5.2.5　雕刻技法

福州的木雕应用比较广泛的是以线面结合来表现物象形体的雕刻技法。雕刻二字，雕是雕、刻是刻。刻为线条文章，雕分带底实雕、浅雕、深雕、浅浮雕、深浮雕。透空雕即用钢丝锯空再雕，又分浅浮雕、深浮雕。深浮雕即高浮雕，高到极致又称半圆雕。圆雕（图5-2-1）与浮雕是两码事，两种手法。

浮雕，主要技法是平浮雕（图5-2-2）、浅浮雕（图5-2-3）和深浮雕（图5-2-4）。薄浮雕主要是以线为主，以面为辅，雕刻深度在10mm以内，主要通过以线带面的作用，需要严谨的艺术功底，体现其立体感，适用于构图简约、层次不多的稿样。浅浮雕应用比较广泛，一般雕刻深度在15mm左右，以面为主，深浅结合，以疏成密，层次一般在三层，先深后浅，立体感才能充分体现。深雕，一般不低于20mm的浮雕，往往采用圆雕手法，层次分明，立体感强，艺术效果逼真。

① 衣锦坊水榭戏台看台单步
梁后尾雕刻

② 看台楼下单步梁刻花

③ 看台楼下垂莲柱

④ 看台楼下明间驼峰

⑤ 衣锦坊水榭戏台吊顶刻花

图5-2-1 **圆雕**

图5-2-2 **平浮雕**

图5-2-3 **浅浮雕**

图5-2-4 **深浮雕**

透空雕（图5-2-5），一种以钢丝锯、锯空后再进行正反面的技法，板料在40mm厚左右，既要透空深雕，又要玲珑剔透，既要平整牢固，又要布景合理、疏密有效、工艺精湛。

阴雕，又称"皮雕"，是一种以刀代笔，深度在5mm以内，一个层次，效果近似写意中国画的雕法。

5.2.6 门窗雕刻技法

传统的建筑木装修，在建筑中占据十分重要的地位，是建筑整体的有机组成。从各种木装修上，我们不难看出各种各样的精美图案和手工雕刻，形成了一种独特的建筑结构方式。在建筑装饰中，到处都闪耀着雕刻的艺术光彩。清代工部《工程做法则例》讲木雕石刻称为"雕凿作"。随着工艺技法的日趋提高，又出现了线雕、隐雕、浮雕、通雕、混雕、嵌雕、贴雕等雕刻工艺，使木雕技术得到进一步的发展。

建筑木雕主要分为三类：梁架雕刻（包括梁托、瓜柱、柁墩、藻井、天花等构件雕刻）（图5-2-6）、檐下雕刻（包括斗栱、额枋、花板、雀替、槽栱、挂落、垂花、花牙子、栏杆、匾联、灯杠、灯杠托、一斗三升弯枋、轩架、轩棚等）（图5-2-7～图5-2-11）、门窗雕刻（包括门、窗及构件）（图5-2-12）。

门窗是建筑装修中的"小木作"，是传统建筑室内外相互分隔的中介。门供人出入，窗用来通风采光，它们承担着建筑物的围护和分隔功能。门窗木雕是人们较为关注的部位，在展示艺术风格、图形特征和雕刻技巧的同时，门窗的类别、样式、结构等也体现了建筑木构件的多样化，形象直观地展现了传统建筑门窗的装饰美。由于门窗一般为木制，所以依附在门窗上的装饰也以木雕为主要手段。其木雕材料大多用楠木、樟木、榉、杉木、榆木等，雕刻后通过多道工艺进行处理，如染色、烫蜡等，使木质表面光滑润泽，以保证木雕作品的"寿命"。福州地区木雕有以下类别：

5.2.6.1 浮雕

浮雕是木雕艺术中用得最多的一种做法。浮雕又分为浅浮雕（平雕）和深浮雕（高浮雕）两类，通常是在木版上进行铲凿，逐渐形成凹凸画面，具有很强的立体感。宋代时木雕也称为剔雕或隐雕，通常用于屏风、隔扇、槛板及家具上。在门窗的装饰方面，浮雕被大量使用在绦环板的装饰上。其绦环雕刻的精细程度堪比工笔白描。

5.2.6.2 线雕

线雕是一种线刻技术。就是以阴线为表现手段，在平面上就地随刃雕压出花纹。这种线雕艺术接近于绘画的白描效果，清淡雅静，强调起伏感、流动感和层次感。在门窗上，线雕既可用于强调门窗的挺直与轮廓，又可以用于棂格与绦环板装饰。

5	6
7	
8	9	10
11	

图5-2-5 透雕

图5-2-6 梁架雕刻（藻井）

图5-2-7 檐下雕刻（斗栱）——水榭戏台花厅

图5-2-8 檐下雕刻（角兽）乌塔会馆

图5-2-9 檐下雕刻（角鱼与雀替）

图5-2-10 檐下雕刻（轩架1）

图5-2-11 檐下雕刻（轩架2）

图5-2-12　门扇雕刻

5.2.6.3　透雕

透雕立体感较强，给人一种层次丰富的感觉，它的制作工艺要求通常都非常高。一般都是先在木料上绘出图形的纹样，然后再按纹样精细雕刻。在建筑装饰上常用于屋架、雀替、隔扇、屏罩、挂落、栏杆、窗户等构件上。此外，透雕也有单面、双面之分。单面是指只有正面做精细的雕刻，而且图案十分明显。双面透雕也就是正反面均有雕刻，有正反面相同，也有正反纹样不同的。透雕工艺被广泛使用在门窗棂格上。棂格的功能是贴窗纸，因而既需要相当的空洞，又不能把空洞做得太大。透雕的形式恰可以适应上述功能要求，因而易于被使用在门窗棂格上。

5.2.6.4　圆雕

圆雕即混雕，也称为立体雕，是一种完全立体的雕刻。它将浮雕、透雕、线雕三种雕刻技法结合在一起，制作出来的装饰最能显示木雕技艺的高低，一般较少被使用在门窗的装饰上。

5.2.6.5 嵌雕

嵌雕工艺有两种方式，一是在凸起的画面上另外镶嵌更加突出的雕刻；二是先雕刻出所要描绘物体的凹凿，再在凹凿内镶嵌相应的木纹装饰，也可称为透雕和浮雕的结合体。这种做法比其他雕刻工艺较为复杂，既难度高，又非常费工耗资，主要用于屏风和隔扇门上。

5.2.6.6 贴雕

贴雕工艺与嵌雕恰恰相反，嵌雕是将木纹嵌入凹凿中，而贴雕是把所要雕刻的花纹用薄板锼制出来，进行雕刻加工以后，再将其用胶贴在平板上，它属于一种贴面不嵌的雕刻方式。由于贴雕是贴在表面上的，而不是嵌在里面的，其立体感较强，工价又不是特别昂贵，所以也很受人们的欢迎。这种工艺多应用在绦环板上，也应用在雕梁上，在维修更换时把雕梁表面的雕刻部分锯开，与槽朽的木梁脱离取下后，用胶将其贴在新更换的木梁上。

5.3 小木作维修与加固

1) 传统建筑小木作的修缮，应先作形制勘查。对具有历史、艺术价值的残件应照原样修补拼接加固或照原样复制。不得随意拆除、移动、改变门窗装修。

2) 修补和添配小木作构件时，其材料、尺寸、榫卯做法和起线形式应与原构件一致，榫卯应严实且涂胶加固。

3) 小木作中金属零件不全时，应按原式样、原材料、原数量添配，并置于原部位。为加固而新增的铁件应置于隐蔽部位。

4) 小木作表面的油饰、漆层、打蜡等，若年久褪光，勘查时应仔细识别，并记入勘查记录中，作为维修设计和施工的依据。❶

❶ GB 50165–92. 古建筑木结构维护与加固技术规范[S]. 1992：56–57.

第6章

福州传统建筑土作

6.1 常用土作材料的品种、技术要求和应用

6.1.1 常用砖材料

6.1.1.1 常用砖材料的品种（图6-1-1）

6.1.1.2 黏土青瓦、青砖制作

1. 基本制作：黏土加工过程

1）福州传统建筑砌体基本概况

福州传统建筑砌体中使用的大多是烧制青砖。砖形式为长方形，有大、小不同的尺度。民间有明砖清瓦的说法。古时制造砖瓦材料，是取自地下蕴存着大量能制造砖瓦的黏土，如闽侯文山、连江山堂、晋江磁灶等地的黏土质量比较好。上层土最适合制作瓦。

在这几处地方人工从地层下挖出来，运到砖瓦作坊，砖瓦制造原料相同，但样式烧法有一些不一样。首先在工场里面，挖几个深40cm的圆形或正方形土槽，用以蓄土。槽下用条石铺底，用三合灰勾缝，槽周边砌砖，高度

图6-1-1 常用砖的形式

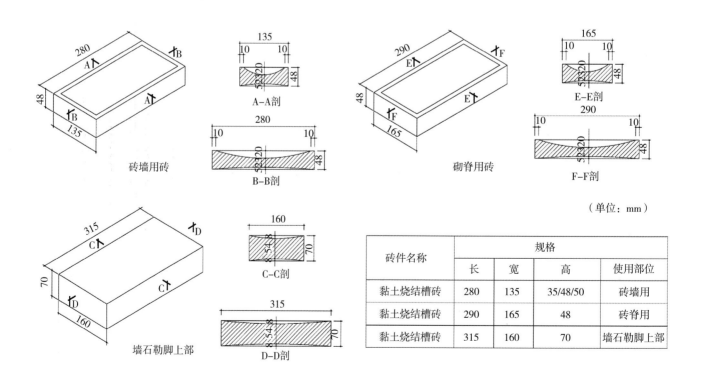

砖墙用砖
A–A剖
B–B剖

砌脊用砖
E–E剖
F–F剖

墙石勒脚上部
C–C剖
D–D剖

（单位：mm）

砖件名称	规格			
	长	宽	高	使用部位
黏土烧结槽砖	280	135	35/48/50	砖墙用
黏土烧结槽砖	290	165	48	砖脊用
黏土烧结槽砖	315	160	70	墙石勒脚上部

20～30cm左右，黏土放在槽内。如黏土较湿就不要加水，如太干要浇一点水，然后人工用锄头把土搞碎、捣均匀。几天后蓄力踩土，一人牵牛（黄牛和水牛都可，最好用脚蹄较小的黄牛），在黏土上踩踏，直到黏土用手捏扔到墙上不会散去、取一小块放置阳光下晒干不会裂开为止，就可以作为砖与瓦的材料。

2）制瓦过程

瓦和砖模型都是用杉木板制造的。瓦模是用全块杉木板精制，宽21.5cm、长23cm、厚1.5cm的杉木瓦模型，后面钉两条座条。首先搭一瓦房，四面通风后砌独立砖垛，把木作屋架安装上，檐口要按照瓦场周边抽出50cm，地面要比户外路面高50cm为宜。瓦房宜建在通风地方，瓦容易吹干，屋架基础上架檩木，后钉椽条后盖瓦，不扛槽。后用砂铺在瓦房底下做瓦模，即将已做好面瓦和底瓦两种模型用砂整成瓦模，全做好后开始制作瓦坯。首先在印瓦位上砌一个高70cm、宽40～45cm、长80cm的石条桌放置瓦模和其他工具等物品。

制作瓦坯过程：瓦筋是用黄竹条制成，令两头弯曲，挂上钢钱，作为划土用。把放在槽内瓦土划取比瓦坯多两倍以上的瓦土安放在模中，后放在地下用脚踏踩，把土踩到模型满与实为止。将模型拿起来放在石架上，在模型上面用瓦弓把余土划去，用木光板磨光后把印好的瓦坯倒在预备好的沙瓦模型上，重叠至5～6片后再换另一个模型，按此过程循环，最好拼2～3片。瓦坯面上抹点沙，等到每片之间不会粘在一起，同时在模型上要抹上稻稿灰等，使瓦不会粘在瓦模上。隔日再在原有几层基础上重叠，直到1.5m左右，然后放在瓦房内风干。

3）制砖过程

砖最好印在空埕之中，即砖埕要使用大面积空地，选择地面要高，周围地面要低，砖埕应选择地面土质干燥、易脱水的地方。把地面整平打实，预留放置砖的位置。每行按照约30cm宽来确定。两行砖位中间预留人行道，砖位要比道路和地面高，有的砖位是用砖块砌成的。在中间砌两砖档，高三尺、长1m、宽45cm左右，作为制砖使用。

一切准备完妥后开始做砖坯模型，按照砖长、宽、厚度要求制作。模型用杉木板制做。模型分为两层：底层和面层。形状如同砖的底边长方型槽，上面做长方形框，中内径、内径一样大，按照砖的高度。古时砖块上面有点弯形，底部凹形。总的来说模型形状和砖形是一样的。把砖模型磨光、上油后开始印砖。

用手工先将土做成如同砖块一样大的模型后，用双手举起用力打入模内，不够饱满的地方补上，填饱满后用钢线制弯弓按在砖模面割去后，把余土放在土堆上。后把上盖用双手往上提，后把土制砖坯用五指按在砖面上慢慢地放在砖埕上，往前推靠紧。先排一层后过数小时后再重叠上，按照此过程循环工作。过一两天后叫另一个人把砖叠上至1.5m左右高度，后让它风干。预备编织单盖，铺成半圆形，在下雨天时盖砖坯用，单盖是用竹制成骨架，俗称芋容草。待干后就可放烧砖窑中烧制。

4）砖、瓦的烧制过程

烧砖瓦窑的建造和施工。烧砖瓦的窑大多数建在山边，因山边土质比较坚硬，不易下沉和裂缝，所以选择开山造窑，或砖砌成窑，硬土质最有利地方，窑大多数为圆型和长方型两种，首先把基槽挖深，深度要比窑地面深1m左右，后砌两层条石宽为1.8～2m，后砌砖，宽为0.6m左右，后外墙砌方条石宽为0.6m，中间余0.6m填土筑实，砌砖注意饱满，中间放窑门口，高2m、宽0.8m左右，圆形砌1.5m高后，按比例收小，直到窑顶端，后在窑背后放1～2道烟囱，宽0.6m、长1m左右，高为2.5～3m。具体按照窑的大小而确定。

窑顶建一个窑井，用作"经水"，所需砌灰和耐火土配合比，注意不要产生空洞以免漏气，中间放置小漏井。砌好勾缝后窑内地面砌砖铺平，在窑门口安放铁条间距为12cm，预留用于掉灰尘的位置。窑口高2.5m、宽1m左右，施工完成后把吹干的砖、瓦担进窑内，从里到外，底下三层及侧边砌空，留道火路，然后再叠上直至窑顶，排第二行时又隔离一条火路约10分左右，后按顺序排列到窑门口。排砖瓦时千万注意要保证火力循环、通道畅通。

砖、瓦坯进好后开始起火。烧火的材料为木材或山上的野茅草等，从开始烧直到停火的整个过程需要19～22天左右，窑门用砖封闭好。看火色再向窑顶的窑井内灌水，称为"经水"，"经水"时间为10天，凉冷后就可以出窑，形成建民居用的白砖、青瓦。

2. 砖的质量鉴定

砖的质量可根据以下方面和方法进行检查鉴定：

1）规格尺寸是否符合要求，尺寸是否一致。

2）强度是否能满足要求，除通过试验室出具的试验报告判定外，可以按照声音判定，有哑音的砖强度较低。

3）棱角是否完整直顺，露明面的平整度如何。

4）颜色差异能否满足工程要求，有无串烟变黑的砖。

5）有无欠火砖甚至没烧熟的生砖。欠火砖的表面或心部呈暗红色或黑色，敲击时发出哑音。

6）有无过火砖。尤其是干摆、灶缝、砖雕所用的砖料。如选用的是过火砖，将会很难砍磨加工。过火砖的颜色较正常砖的颜色更深，多有弯曲变形，敲击时声音清脆，似金属声。

7）有无裂纹。在晾坯过程中出现的"风裂"可通过观察发现，烧制造成的砖内"火裂"可通过敲击声音辨别。表面或内部有裂纹的砖会使强度降低，还容易造成冻融破坏。

8）砖的密实度检查。可通过检查泥坯的断面和成品砖的断面鉴别，有孔洞、砂眼、水截层、砂截层及含有杂质或生土块等的砖，其密实度都会受到影响。

9）有无泛霜（起碱）。有泛霜的砖不能用于基础或潮湿部位，严重泛霜的为不合格的砖。

10）其他检查。如土的含砂量是否过大，是否含有浆打籽粒，是否有打灰籽粒甚至石灰爆裂，砖坯是否淋过雨，砖坯是否受过冻或曾含有过冻土等。这些现象的存在都会造成砖质量的下降，应仔细观察检查。

11）检查厂家出具的试验报告。砖料运到现场后，项目部应自行选样送试验室进行复试。复试结果如不符合国家相关标准，则说明现场材料与样品质量不符。

6.1.2 常用瓦件、脊件的品种、技术要求和应用

常见瓦件如图6-1-2所示。

半圆型土烧瓦以前用黄土沙壳灰混合搅拌砂浆砌成，外皮粉刷先用沙灰打底，然后人工用硬木壳下面包铁的工具将浸好的醋和黑灰渗入壳灰与麻筋，使其混合在一起，打成浆后粉光。

出线砖用土烧白或烧红，按市尺寸长7寸或5～8寸，宽为3.8～4寸，厚为1.5寸，出弓1.5寸。

瓦片：用土烧瓦半圆筒左右倒砌，中间用铁条沙灰溶后而成。

左右用土烧白瓦对接底瓦凹处，按舌头保持和面瓦平，然后铺平瓦。先铺一层，然后交叉铺第二层，加入灰沙和少量黄土然后和上面一齐粉刷。

图6-1-2 常用瓦的形式

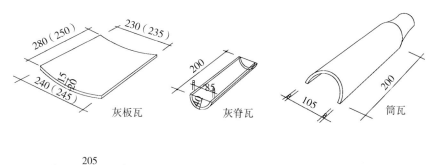

瓦件名称	规格				
	长	宽	高	中心厚	重量
灰板瓦1	280	235	25	10	2斤
灰板瓦2	250	230	25	10	1.85斤
灰板瓦3	215	100	8	40	

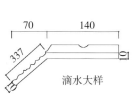
滴水大样

（单位：mm）

铺瓦时要识清底瓦和面瓦，底瓦中间有点凹，底面要平整；面瓦有点带卷，瓦距为2.5寸，清朝瓦宽为6.5寸、长7寸、厚为3~3.5分，有红白两色然后压砖有距离2.5~3尺，有的形成五梅花，四周用砂灰粉刷。

6.1.3 常用灰浆的品种、技术要求和应用

传统建筑所用灰浆的种类、配制及主要用途等，见下表：

常见灰浆一览表　　　　　　　　　　　表6-1-1

名称	适用范围	成分组成及参考配比	说明
麻刀灰	用于外墙面抹灰，乌烟灰的主要原料	蛎灰：麻筋二 100：4~5	按配比混合均匀后加适量水，椿至出油后放入淋灰池。加水沉伏15天以上，方可使用。沉浮期间每隔3~4天要翻捣一次
蛎灰膏	用于灰塑	壳灰加麻筋	
砌筑砂浆	砖石砌体灌浆	用壳灰浆加田土搅拌均匀而成。壳灰：田土＝3：7或4：6（体积比）	
乌烟灰	屋脊刷浆、墙帽、墙面粉刷	麻刀灰掺加适量炭黑（原烟）	先以炭黑与食用米醋发酵约2~3天左右后用

图6-1-3　**灰板壁形式**

壳灰为粘合粉刷材料。原料是牡蛎、蚬、蛤等贝壳类材料放在炉中烧制而成，加麻筋后加水搅拌，锤筑产生化学变化，后用水保养越久越好，称为养灰。墙体粉刷时先把底地浇湿，然后用木抹粉平后用钢抹磨光，就形成灰粉墙群。粉刷干透后坚硬，能过水，具有耐晒、抗拉力、防裂的作用，所以人们把它作为外墙粉刷的主要材料。

壳灰除多用于粉刷外，还用于抹壁、泥塑及剪黏。细灰加桐油也可以用来填补木作的裂缝和包柱子，称为披麻捉灰，用时需要加桐油或猪血混合成具有黏性的炭土。

屏仔壁，又叫作灰板壁（图6-1-3），是填补

大木结构柱与扇行间空隙的壁体，在扇间处，先用木条固定在扇行上，每格排上几条，后再用芦苇或竹片编成网状的壁体，再在里外抹上泥，再粉白即成。

福州近代多见有板壁，板壁即是用木板拼制做成墙壁，其只在屏仔壁下方一小段，大致有两米左右高度的一排板壁，板壁多发现在清朝与民国的传统建筑中。

6.2 墙体工程

6.2.1 夯土与版筑工艺

福州民居利用城市拆除旧房的碎砖烂瓦夯筑成城市瓦砾土墙，具有鲜明的地方特色。封火山墙的曲线多变最为突出，山墙轮廓或圆或方，似鹤似云，错落有致，生机盎然，显得活泼、流畅、自然，在连片的合院民居中，形成一道亮丽的风景线。整个山墙的艺术处理简单而有节制，只在端部的翘角上做重点装饰，整个曲线檐下只有墙帽下几道层层出挑的砖线脚，顶上各叠压三片或四片瓦片，中央顶部安筒瓦，各板瓦衔接处抹乌烟灰压实，特别是各筒瓦衔接处乌烟抹灰如竹节。其中明末清初保留下来的封火山墙，有80%以上属于夯土墙，其高度一般在5~8m左右，厚度只不过60cm左右。可见在明末清初，福州的夯土及版筑技术也与福建其他地方一样，已经达到了巅峰，无论从地基处理、夯土材料、墙身构造以及夯筑方法诸方面都积累了宝贵的经验，正因为如此，福州夯土墙才能做到这样薄而又能达到加固和抗震的要求。

6.2.1.1 夯土工具

夯土所用的工具为夯杵，夯杵大小、重量一般以单人使用方便为宜。夯杵有铁、石和木制等，夯头大小不一、形式也较多，特别是木夯的式样更多，木杵的材料多用硬木，有平底木夯、铁夯、夯碨。

6.2.1.2 夯土材料

福州传统民居采用生土夯筑墙体的占90%以上。通常就地取材，选取黏性好、含砂多的黄土，这种土干缩性小，可减少裂缝。同时土质的含水量要控制适当，不干不湿，这样才容易夯实。

福州地区夯土墙的土一般是选用一定比例的含砂土（生土），再加上黏土掺和而成。含砂质的土能降低黄土的缩水率，减少墙体开裂。有时为了降低黄土干燥后的收缩，有的掺和旧墙的泥土（老墙泥也叫"城市瓦砾"）作骨料，以减少土墙开裂，增强土墙的整体性。掺进一定的黏土（即熟土，把生土反复翻打、研磨细碎后，堆放一段时间再用。熟化的过程翻打得越细越精，存放时间越长质量越好），增加材料的黏性，使墙体更加牢固。由于各地土的含砂量都不一致，因此黄土、黏土及老墙土、瓦砾等的配合比一般都要经过取土，就地试验出不同配合比的夯筑成型的样品，然后比较样品的牢固性、抗裂、抗水、经济性等各方面，通过权衡对比，优选后才能确定大面积实施。以2010年福州"三坊七巷"修复过程中进行的试验为例，夯土就地取材，按一定比例进行科学配料，试验过程采用本地熟泥土32%、生土18%、壳灰丁12%、碎瓦片与碎陶瓷片25%、糯米浆等3%，混合均匀。

此外，控制土质含水量是保证土墙质量的关键。如果土质含水少，黏性就差，筑墙时很难夯实；如果含水多，夯墙就容易，但水分一旦蒸发，土墙干燥后就容易开裂。根据筑墙师傅的总结，夯筑所用的土以土质含砂25%、含水18%时为最佳。工匠掌握的谚语称"手捏成团，落地开花"的土质为最佳含水量，即将熟土捏紧后能成团、抛下即散开。

特殊配方的三合土一般用在比较讲究的地方，通常在"三合土"中再掺入红糖、蛋清、糯米浆等，以增加土墙的坚硬程度，这样的土夯成的墙用洋镐都难以敲裂，最多只能留下凹坑，可经数百年风雨完好无损。❶

6.2.1.3 夯墙工艺

自从版筑技术创始以来，夯土墙成为福州传统民居的普遍技术，用之筑院墙、山墙。

夯土墙的砌筑工艺包括：放线开槽筑墙基；砌筑石勒脚、墙体版筑、砖壁带、壁柱以及内外墙面的粉刷、墙头灰塑等工序。

1. 开槽筑墙基

根据基地大小，划好灰线，择吉日动工挖基槽。

根据土质情况，一般挖至老土。

首先是放灰线，接着选择良辰吉日动工，开挖基槽，然后根据土质情况，确定基槽的深度和基底宽度，一般都得深至老土，由于福州"三坊七巷"地处闽江冲击平原地带，持力层较浅，所以福州夯土墙的地基一般埋置深度约1~1.2m左右，地下多为淤泥层（基础不宜超过淤泥层，若超过淤泥层则要深挖约10m）（图6-2-1、图6-2-2）。基底宽度一般为墙厚的两倍，上宽取墙身加2寸，砌筑材料，福州地质一般湿度大，所以并不是采用北方的砌砖基础，而是极具地方特色的不规则矩形毛块石，以45°斜向干砌，直至室外地坪以上约60cm左右（实际上在地坪以上的墙基应称为墙体的石勒脚，起到防潮防洪的作用；另一方面由于福州多山地，盛产廉价的石材，可减少建房造价。）

2. 石勒脚（也称花基）

基底一般先夯实整平素土，再铺上一层砂，最后再砌石基。对于比较重要的建筑如福州孔庙等，有采用打木桩的做法，打至硬土，再在成行的木桩顶上铺条石，石间空隙用碎

❶ 李浈. 中国传统建筑形制与工艺［M］. 上海：同济大学出版社. 2006：224-230.

砖瓦夯实，其上砌石墙基。

传统砌墙材料为整毛石，至少要一面平整，呈长体，大小不一（有1~3倍左右的差别）。砌筑采用干摆砌法。底层石采用斜插呈45°，一般每块石头大头朝下、小头朝上。摆缝要求尽可能紧密，且上、下、左、右每隔1m左右安一块丁头石，截面长度等于基宽干摆砌筑，因为这种干砌的方法实际比坐浆砌筑还要牢固，因为干砌石脚不怕水，靠泥浆砌筑的石脚经不起水泡。埋入室外地坪以下的部分基本属基础的扩大基部分，室外地坪面以上露明部分属石勒脚部分，其宽度基本上与夯土墙的下部墙体同宽，其下部与埋入土中的石墙基接茬相砌，石勒脚部分的高度可随室内外地坪高低有所变化，且略高于室内地面，但是其石勒脚的顶面因要夯筑墙体，一般要求砌成水平台面，或呈高低错落的水平台面，以便于

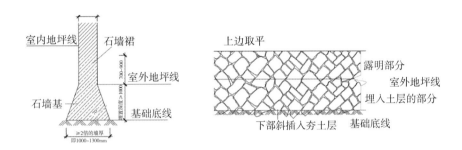

图6-2-1　基础剖面示意图

图6-2-2　基础立面示意图

图6-2-3　**夯土墙地基与基础砌筑过程**

夯筑。采用45°砌入的墙基及石勒脚，一般统称砌花基（图6-2-2、图6-2-3）。还有一种较讲究的砌法为平砌，采用规整的长形条石水平叠砌，每块石块走向相同，上、下不对缝，有密缝、有自然缝，依所需精细程度采取不同的加工精度。

3. 版筑工艺

在古代没有机械化的条件下，筑墙先砌好左右墙挡，按照墙宽度2~2.5尺左右高度到墙尾为止，中间筑土，最后砌墙帽，具体做法如下：

1）砌筑墙挡

首先按退收分的作法里面直线，砌好左右砖墙的独立挡。挡的宽度按照墙的长度确定，使整个土墙由大到小，具有稳定性。挡宽度一般有二横二丁、三横二丁，具体视砌筑墙的长度而定。砌法中砂浆要饱满，应注意在砖墙中心位置凹进约半块砖位置，距墙三分之一或升出半块砖，用来筑土，使土墙和砖墙连在一起成为整体（图6-2-4）。

2）土墙夯筑

版筑按所用模板类型分为桢杆筑法（也叫椽筑法），另一类叫版筑法，福州地区一般均采用版筑法。即利用两块夹板固定好位置，中间填土夯实成墙，夹板可逐段移动，顺序夯筑为长墙，一版夯筑完成，再提高夯筑上一层，版筑的工具如图6-2-5所示。

版筑墙用两侧板和一块端板组成的模具，另一端加活动卡具。侧板较长，夯筑后拆模平移，连续筑至所需长度，称第一版，再把模具移放第一版之上，第二版、三版之墙高约一丈，称为"一堵"，逐板升高到所需高度为止。每版夯筑也是采用分层夯筑沿高度方向每三、四寸（约10~13cm）一层称为层杆。首先是沿墙的厚度、长度方向间隔2~3寸（约6.6~10cm）春一个洞，每个洞要连春两下，称"重杆"，其目的是把黏土固定住，确保春得密实，如果无规则地乱春，黏土挤来挤去，就很难夯得均匀、夯得结实。

夯筑每版高不过40cm、长约2m，上、下夯版要错缝，夯筑落窝要有规律，不可乱夯，每版要分三次夯成。夯筑土墙高度每次不超过3m，须等下层干透再夯上层，还得采取收分等技术措施。墙厚从底层往上逐渐减薄，外皮略带有收分，内皮分层退台递收，这样在结构上更加稳定，又减轻了墙身的自重。

4. 其他细节做法

墙体部分的夯筑除以上提到的夯筑工序外，福州地区的夯土墙还往往掺和槽砖砌筑的壁带、壁柱、砖栱以及预埋的木过梁等其他结构做法。夯土墙为了更牢固，减轻出墙顶部的重量，增强门、窗洞、横纵墙体的搭接，往往在山墙的上部及门窗洞部位，以及横竖墙的搭接部位以烧制的泥土槽砖与三七灰土砌筑的局部砖墙混合夯筑（图6-2-6）。另外夯土墙为了耐久和美观，其外表面还施以草泥灰打底找平，以壳灰或掺乌烟灰的壳灰抹面，遇到门窗洞顶部往往加砌以砖栱形式或者在夯土墙时予以埋厚木板作为门窗顶过梁使用，墙帽的帽檐下均以槽砖砌两层叠涩挑托（图6-2-7）等。

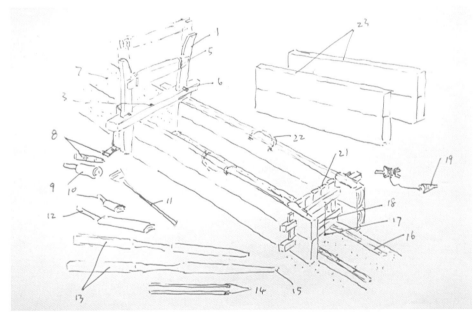

图示：

1 墙卡	2 狗臂	3 狗颈
4 撑棍	5 扎铁丝	6 竹梢
7 已夯土墙	8 竹墙钉	9 木槌
10 补板	11 墙铲	12 拍板
13 椿件	14 墙针	15 铁头
16 竹筋	17 小铅锤	18 垂线标志
19 铅锤	20 胶皮垫	21 挡板
22 提手	23 接口板	

4

5

图6-2-4　版筑工艺过程图

图6-2-5　版筑模板示意图

5. 墙体收分

为了增强墙体的牢固稳定，砌筑的墙体不是上下固定，而是上窄下宽，俗称"收分"。福州民居有三种形式：（1）内外同时同样收分；（2）外面收分，内面不收分；（3）外面正常收分，内面收分少。正常收分一般为13%～15%，而石勒脚的收分一般要比墙体大些，俗称"放脚"，而且不是直线坡，要求是弧状坡，俗称"犁壁"脚。

6.2.2 清水墙施工工艺

清水墙工艺，是三坊七巷传统建筑中的一种垒砖技术。它是出窑的青砖不加修饰并直接抹白灰浆垒墙的工艺，这种做法又叫"上搭灰"。所谓上搭灰，就是砖墙上不铺灰，左手持砖，右手拿刮灰板，把灰浆刮在砖上，一块一块往上垒。与现代垒砌沙灰墙的"下搭灰"做法相反。垒砌清水墙，在古代有两种粘接剂，一是纯白灰，二是糯米糊白灰混合浆。用糯米熬成的糊与白灰混合成的混合浆，多用于有特殊性质的重要建筑物。这两种工艺虽然配料上有一定区别，但都属清水砖墙。

6.2.2.1 砌筑过程

1. 审砖

清水墙工艺要求砖缝均匀，粘接牢固，墙面平整，线道流畅。要达到这样的要求，首先确保用砖的合格。第一道工序就是审砖。

大型工程用砖，一般是采用"定窑"的办法，即提前商量好购买一个整窑

图6-2-6 封火墙细节处理（1）

图6-2-7 封火墙细节处理（2）

的砖，因此负责造砖的人员要亲临砖的产地勘察情况。一个砖窑的砖能不能用来砌清水砖墙，是根据其土质、土坯、火候、色彩等四个方面决定的。砖的质量好坏，土质是重要因素之一。土层分立土和卧土两种，有红黏土、褐黏土、白色黏土、黄沙土等多种。立土层的土黏性，大部分属红黏土、褐黏土、白色黏土，这些土含胶泥多，只是其中有土子。卧土层一般属黄沙土层，土质松弛无黏性、渗水快。所以比较而言，立土层的土是烧制青砖较好的材料。传统建筑使用传统青砖要求人工扣坯，要看扣制的砖是否端正合格，入窑前的土坯有无雨淋过的痕迹。土质、土坯勘察合格后，还要勘察成品砖的火候是否合适，看它的色彩是否正常。若四个方面都能过关，即可定窑购买。待所定的窑砖停火后，把窑内的上三层泗水砖和火口砖去掉，窑内中间砖才是较合格的工程用砖。

砖运到工程场地后，开始审砖。审砖就是一个一个地审查砖是否合格。做法是左手拿砖，右手用敲击梆敲击砖体。根据敲击时发出的声音判断砖是否合格。敲击时发出与钟声相似的悦耳声音的就是合格砖，发出"嚓嚓"的杂音或"嗒嗒"的哑音的就是不合格的砖。这两种不合格砖分几种情况，一种是窑口上方的泗水砖，一种是土坯被雨淋过的淋雨砖，或者是受伤砖与火候不到的生砖。这些砖不可以垒墙使用，因为它们多有变形，会影响灰缝直线和墙面的整洁，而且年深日久会产生自然掉皮的现象，较重要的工程，火口的铁头砖也不可使用。

2. 调制白灰

白灰就是石灰，用石灰窑烧制而成的白色灰块，是垒砖粘合用的主要材料。由于岩层的石块有地域差异，所以各个地区烧出的石灰劲度和耐度也各不相同。福州及沿海地区多用蛎壳烧成白灰，过筛后坚白细腻，经久不脱，说明蛎壳灰的质量优于普通石灰，其用法与石灰基本相同。成品的石灰分两种，一种是紧性灰，另一种是松性灰。紧性灰是垒墙的较好材料，它的优点是干固后坚硬、耐风化，缺点是干固快，不易保存。松性灰有易保存的优点，室内抹墙少裂纹，气味小，但是不耐风化。区分两种灰的办法是用现灰浆拽砖，把泗湿的干净青砖搭上白灰，用力按压到另一块砖的平面上，依次安放两至三块合在一起，过两至三分钟，把最上层砖提起，能够带起两至三块砖以上的，就是垒墙的合格白灰。

白灰有两种调制法，一是水淋，一是过筛。传统青砖白灰墙要求使用水淋白灰，忌用过筛的干白灰粉面。没有经过水淋的白灰，不但粗糙，而且干灰粉内常带有一种小石子颗粒，是没有烧好的残渣，叫"死灰子"，垒砖上墙以后，会无定期地膨胀，严重影响墙体的质量。水淋灰是一次繁琐的工作。做法是把灰块泼水分化成粉末，用废砖砌一淋灰池子，或在平地挖一个土坑代替，池子或土坑的大小根据工程用灰量决定。准备一个大铁锅，往池子倒石灰水地方（水口）吊一个筛子，分次把石灰粉放入大铁锅内，加水搅和均匀（石灰粉和水的比例为1∶3），倒入筛内漏入池中，这就叫做"淋灰"。用这样的办法一直淋到灰池中水满为止。无论是大灰池还是小灰池，等水渗完以后露出的白灰都是三个等级，依次是"根灰"、"中灰"、"梢灰"。离水口近的为"根灰"，中段灰为"中灰"，最远距离的为"梢灰"，梢灰是垒砌青砖墙最优质的材料，中灰可用室内墙面灰，根灰可供垒土衬或调制破灰泥。

调制白灰是青砖垒砌中的一道重要工序。白灰砖要求反复调和，不调不稀，绵软顺滑。刮灰板插进去既能带起灰浆，又不会带得过多，提起到灰板也不费力，用起来得心应手。带不起灰浆即因过稀，带得过多，提起刮灰板费力，即过稠。

3. 泅砖

把砖浸泡在水内，让水渗入砖体叫"泅砖"。青砖白灰砖缝，泅砖是一个重要环节。尤其是清水墙的垒砌，泅砖质量至关重要。具体做法是：放若干件盛水大缸或大铁锅，成过半清水，把砖放入水中，砖不可露出水面。约浸泡十分钟左右，观察砖在水里不吐水泡时捞出。要注意泅水不足的"干心砖"和泅水过度的"死水砖"。干心砖就是水没有完全渗入砖芯，死水砖是浸泡过久而泅水过度。干心砖在操作时，灰浆抹到砖上水分会被迅速吸干，还未把砖放到墙面上，灰浆已成硬块，既已失去粘合力，又因为按压不下去而高出灰缝线。死水砖是因为水分饱和而失去吸水能力，白灰浆刮到砖面上，因砖泅水过度而失去吸力，出现下滑的现象，假如勉强垒放到墙上，砖墙也因此得不到控制而出现流缝，砖缝就会低凹下去，形成不合格的墙体。干心砖可继续再泅，死水砖要晾上一段时间，等合适时再用。

4. 垒砖

先按牢两尽头把边的挂线砖。垒砖前要做好准备工作，检查盛灰斗、瓦刀是否备齐，白灰浆调稀程度是否合适，砖调得是够合格，墙面的挂线是否准确。垒砌时，操作人员左手拿砖，砖的小面（估计作为墙面的一面）行内称"看面"，朝怀里，粗面朝上，右手用刮灰板插入盛灰斗带一层白灰浆，刮灰板斜着顺砖的前棱均匀刮一层灰浆，再在砖后棱的两个角上各刮一层。迅速把砖安放到墙面上。之后左手把握的上面往下按，右手操起瓦刀，轻轻磕碰砖的上面和旁边，使砖的前棱与线平行。操作中最忌把已经安的砖磕碰活动和把挤压流出的白灰浆随意抹开，造成墙面被污和灰缝不清晰的后果。

5. 勾缝和清洗

清水墙最后的工序是勾缝和清洗。工艺要求每一天分上午班、下午班，每班要负责在下班前把本班垒砌的墙面勾完砖缝，清理干净。勾缝是用瓦刀把流出砖外的白灰割掉，用专用勾缝刀从头到尾把白灰缝勾抹一遍。勾缝时要注意灰缝的深度和平度，把蜂窝眼填实，具体的灰缝形式如图6-2-8所示。最后用硬度较强的刷子蘸水彻底洗刷干净，达到砖缝流畅，墙面青、白鲜明。垒砌清水砖的砖不加任何修饰，清水墙就是要保证它的原始美观。

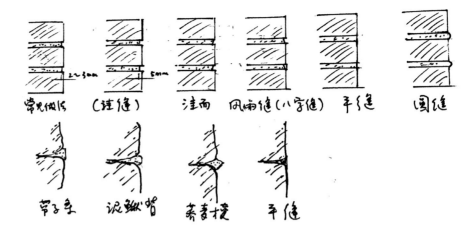

图6-2-8 各种灰缝形式

6.2.2.2 砖砌墙体操作要点

1）在砌砖墙体作业时，砌的砖必须要跟着控制线走，俗话为"上平线，下跟线，左右相缘要对平"。就是说砌砖时砖的上楞要与所控的线离散1mm，避免顶线，下楞也要与下层已砌好的砖楞砌平；左右、前后砖的位置要准确，上下层砖要错缝，相隔层要对直，不能上、下层对缝。

2）砌嵌时砖必须放平，切记灰浆不均匀，灰缝有大小，造成砌面的倾斜，如果养成这种不好的习惯，砌出的墙面会不垂直、不平整、不美观。

3）墙砌到一步架高时，要用靠尺全面检查一下墙体是否垂直平整。在砌筑中一般是用三层网线垂吊一吊，看角直不直；五层用靠尺靠一靠，看是否垂直平整，俗话说"三层一吊，五层一靠"。

4）拉线虽然使砌砖有了依据，但线有时也会受风力或其他因素的影响发生偏离。所以砌筑时还要学会"穿墙"，即穿着下面砌好的墙面来找准新砌砖的位置。

5）砌筑时要重新进行选砖，要色彩一致、棱角光整，尤其是清水砖墙，显得更重要，以保证砌体表面的平整美观。

6）砌好的墙不能砸，如果墙面有鼓肚，用砸砖的办法把墙面砸平整，这时墙的质量会受极大影响，而且这也不是应有的操作习惯。发现墙面有大的落差时，应该拆了重砌。

7）在操作中还应该掌握砌砖用多少灰浆，就拌和多少灰浆，尽量不要偏多使用，严禁扒、拉、凿的现象。

8）砌墙每天砌筑高度不得超过1.8m，其中雨天湿砖砌筑高度不得超过1.2m，过夜墙体要覆盖。

9）砌墙的水平灰缝和竖向灰缝宽度在8mm以内。

6.2.2.3　砖砌图案和条带

将砖挑出或退入墙表面或斜置、立置、卧置，或用单块或成组的手法，可以造成浅浮雕饰的图案。各种图案都可以用现成的砖就地完成。由于砖头是符合模板的，所以设计看能有条件仅用几种基本形状，进行不同方式的组合，就开发出装饰性的各系列。纵观历史，人们一直用砖创造极具装饰性的图案。其图案既有斜角形，也有人字形的、棋盘式等。

砖与其他建筑材料可以结合得很好。砖与石结合在一起，砖砌层与石砌层相交错，用于砖木混合结构的房子。

铸铁不但被用作建筑物装饰性的细部，让它发挥工艺美术的作用，还被用作格栅、大门、终端饰、五金件和无数的其他建筑构件。其他的装饰性金属如青铜、黄铜、紫铜、钻和不锈钢，并不应用于主要构造部分，它们被用作镶嵌材料和装饰的五金件。

拱券：建在开口上方的一种基本建筑结构，用楔形块料建造，块料彼此挤住定位，将加在它上面的荷载垂直压力传递给其组成部分，再侧向传给毗连拱支座。

拱门装饰：在拱或者窗、门和其他开口附近的装饰性线脚。

阳台：通常在建筑物外侧挑出的平台，有时它由下面的牛腿托臂所制成，或者则由木质的、金属的或砌筑的突出物支撑。阳台往往外侧有栏杆、扶手或其他矮围墙。阳台为室内居室提供了一种延伸的空间，它最通常被设计成结构组成部分，并且与建筑物的风格相关联。阳台可以用不透的围栏或网格结构维护，饰以铁制饰件，也可以完全不加装饰。

带饰：一种平整的水平方向饰带，或是稍微凸出墙面的一种连续的花饰或一系列线脚。这种带饰环绕着建筑物或沿墙体伸展，从而成为墙体的一道分隔线。

水平凸出线条：用相同或不同材料建成，用于排放墙上的雨水的凸出的水平状砌层条带，通常带状层是与室内地板边缘相符合的。

托座：突出于垂直表面的一种结构，它在飞檐、阳台、窗户或任何其他挑出墙体之外的构造之下，起结构性的作用，或者只是起到使建筑看起来稳妥的作用。

柱廊：多个柱子的结合或组合，柱距以有规律的间隔分布。布置时注意它们与建筑的结构关系或装饰关系。它们可以排成直行或按图形的图案或弧形排列。

墙压顶：在墙顶或如墙顶的一种保护性盖顶，其上表面或为平坦或为斜坡，以使雨水流淌。如其伸出墙体，可以削出一个滴水槽，从而使下面的墙得到保护。

梁托：在砌筑工程中，梁托是指一排突出墙体的砖头，用于支持挑檐。

挑出面层：一种挑出的砌筑层，在墙顶附近，由牛腿支托，作为胸墙，或挑檐之用。

齿形装饰：一种齿状装饰块，通常以连续的条带方式出现在檐板底下起到线脚的作用。

门：一种平开的或推拉或翻转或折叠式的板构件。用于封闭墙洞或出入口处，门必须与其所在的立面或墙体相联系。门在确定室外建筑风格中极其重要，是从室外到室内空间的重要过渡要素。

门口：门口是使门与建筑物相连接的门外框部分。作为人们天然的视线集中点，门口是建筑物正立面的关键区域，是反映人体尺度的设计要素。

楣窗：一种半圆形窗户，通常在门的上方。楣窗上带有放射状小条，仿佛是一把开启的扇子。

6.2.3 泥壁墙施工工艺

也叫竹夹泥墙、荆芭抹泥墙（福州多叫灰板壁）。其工艺先将墙面分成若干块，再将编好的竹木荆芭帘子固定好，或直接在龙骨上编插，而后用草泥将帘子两面抹平，最后用白灰膏找平压光。一般用于屋内隔断，木构件与木构件之间形成影壁时也能用上。

室内墙体均采用编竹夹泥墙的做法。编竹夹泥墙为木骨、芦苇秆、竹片应做防腐防虫处理，外部照原样抹灰刷浆。木骨的防腐一般涂刷沥青膏1~2道，或涂3%氟化钠水溶液2~3遍。

6.2.4 封火山墙施工工艺

6.2.4.1 封火山墙的形制特征

封火山墙，又称"风火山墙"，特指高出屋面的墙体，墙体在以木结构为主的传统民居建筑中，墙体不是木构架的承重体，只作外围护，俗称"墙倒屋不倒"。三坊七巷传统民居建筑大多沿袭唐末分段筑墙传统，都有高、厚砖或土筑的围墙，不同于江浙、皖南一带民居山墙的直线台梯状，福州的封火山墙随着木屋架的起伏做流线型，翘角伸出宅外，状似马鞍，又称马鞍墙。

1. 封火山墙的形制特征

按其在传统院落中所处的位置可以分为两类：沿纵向进深方向设置的封火山墙、垂直于纵向进深方向设置的封火山墙。

1）纵深向封火山墙

沿纵向进深布置的封火山墙一般是顺应福州传统民居各进建筑瓦屋面起伏，且略高于瓦屋面，或平直、或呈曲线变化而设置的呈马鞍形、人字形、几字平顶、几字弧顶、弯弓形、如意形、观音兜、水形等形态，虽跌宕起伏却给人以优美的运动感（图6-2-9、图6-2-10）。

2）横向封火山墙

垂直于纵向进深方向设置的封火山墙一般是根据福州民居纵向多进的组合方式及墙体

纵横墙的结构需求而设置的门墙、院墙、檐墙。其形制主要在墙帽部分变化，有平直形、单凹直线、双凹直线、单凹弧线、双凹弧线、折线形、牌坊形等形式，所以墙体一般呈中间降低、左右对称且呈弧线或折线抬升与纵向封火山墙对接，这样既满足了厅井部分的通风和采光，同时也使院内的人不至于感觉压抑。

2. 封火山墙的使用功能

1）由于福州所处纬度低，年平均气温较高，冬短夏长，所以大部分封火山墙采用瓦灰涂抹墙面，因乌墙黛瓦可以吸光，避免了墙面直射阳光。

2）民居墙体主要按照夏季气候条件设置的，为了加强通风，屋宇前后左右设有小天井以及通风巷（防火巷），以加强屋宇内外空气对流。从建筑群体布局看，建筑密集，成排高耸的封火山墙抵御了阳光的直射，行走在深巷窄道中，如同置身于一个通风口，既遮阳又凉爽。

3）因连片建造的木结构民居防火要求特别高，户与户之间设防火墙就显得十分必要，所以有的民居出于防火考虑，在一户之内的每组合院之间也用了封火山墙，只留中门或边门相通。

4）由于每一座宅院都有高封火山墙环护（除部分民居使用木门屋外），多重的纵向或横向的封火山墙，折射出鲜明的坊巷格

图6-2-9　福州传统民居封火墙形式
图6-2-10　福州三坊七巷鸟瞰图

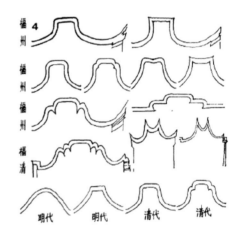

局。这种格局也很好地反映出传统民居的类型特征，表现为以庭院为核心，对外封闭，对内开敞的空间序列。而封火山墙作为最明确的边界要素，在传统民居中"墙套墙"、"院套院"成为传统空间的核心。在庭院中，墙是一种面要素，与门、廊建筑共同围合成庭院空间。

5）由于福州民居所有木构架除了房屋前后出檐较深，可抵挡房屋檐部的雨水和阳光的直射，保护前檐部的木构架。而其后部或两山面部分的木构架均靠封火山墙而建，所以封火山墙就成了这部分木构架的围护墙。

6）福州封火山墙建得高耸而坚实，而且是重重叠叠连成一片，以抵御强有力的台风，避免屋面的瓦片吹落，有力削弱飓风的威力。只有少数靠海的地区强劲的海风经常侵袭建筑物，封火山墙也不能很好地保护屋面，所以这些区域大部分采用石头垒墙，屋面采用砖压瓦，故封火山墙低矮。如福州的平潭地区、福清地区、鼓岭地区。

7）在福州传统民居中建筑群巷道非常多，尤其在人口比较集中的城区，封火山墙一方面是交通的需求，另一方面是防火的需要，所以这些封火山墙并排形成的巷道，又称"防火巷"。此外还能调节气候，所以在炎热的夏季又称"冷巷"。

3. 封火山墙的装饰功能

在受多种文化的影响下，福州民居外部特征最突出的就是封火山墙的装饰，其装饰功能往往是人们为了满足精神追求，主要表现在以下几个方面：

1）装饰造型

这些封火山墙的墙头有直线型，有曲线型，都是用瓦做成墙头，像一座屋顶一样，中央有突出的脊，两边有斜置的瓦面到面端也像屋脊屋角一样也向上起翘，其形状犹如昂起的马头。这些翘起的墙头顶端造型也是不一样的，有的呈宽厚，有的显尖翘，有的呈翻卷之势，有的直冲苍天，有的在小小的顶端还添置了小型雕塑，在山墙的端面绘制图画纹样。

由于曲线的造型，使整个建筑的侧面犹如凝固的音乐，有强弱，有高低，有节奏，有韵律，各个地区多彩多姿的形式和风格，以及同一地区同一风格下的丰富变化，形成了闽东民居的一个突出特色，表现出民间工匠高超的技艺。

2）装饰部位

封火山墙朝前后的两端称为"墀头"，是装饰的重点，墀头又可分为上、中、下三部分，上为盘头（福州为翘起的牌堵），中为上身，下为下碱。按传统装饰，装饰多集中在上面的盘头部分的牌堵上，上身与下碱很少用装饰，但在讲究的民居中，下碱正面多用角柱石，有的在角柱石上也用雕刻装饰。盘头也分为上、下两段，上段为一块竖立的灰塑框堵，下段为斜置的灰塑框堵，在各堵框上下和墙框边缘都有精美的线脚，墀头的装饰集中在这部分，简单的如彩塑一些植物花纹和几何纹样，复杂的用人物、动物、器物来组成吉祥图案画面。

另一部位主要在封火山墙的墙檐部位，即砖墙的上端与屋顶相连的部位（如墙的上端不与屋顶直接相连面超过屋顶，成为凌空状态，或者单独院墙，那么墙的上端称为"墙头"，而非"墙檐"）。

3）装饰内容

封火墙装饰内容有两层含意，其一是装饰用的形象，有人物、动物、植物、器具，以及日月山川和各种几何纹样等。其二是通过这些形象表现一定的思想内涵。

（1）动物、植物

在动物形象中，常用有龙、凤、师、鹿、麒麟、仙鹤、象等，这些都具有特定的喻意。在宫殿建筑里这些动物象征着皇帝皇后。而民间这一些动物都象征着勇猛、吉祥与美好的喻意。经常有动植物相处在一起，我们还见到猴、孔雀、牛、羊、葡萄、南瓜、松鼠、石榴、鱼鸡的身影。猴是灵巧聪明，又与封侯当官之"侯"字同音。孔雀美丽文静，鸡与"吉"谐音，还有吉利吉祥之象征意义。葡萄、南瓜、松鼠、石榴、鱼作为多子多孙的象征。

在福州的封火山墙的装饰上，最常见的是灵兽麒麟，它是我国古代的四大灵兽之一。麒麟，并非现代中的生物，麒麟的形象自古以来一直处于变化之中，到了明代变得复杂了，它集合了鹿马牛羊及飞禽的特征而形成的神兽，但大致采用了鹿的原形。在福州封火山墙翘头位置，麒麟多装饰于墀头部位，以灰塑、彩绘为主。选择麒麟作为装饰母体，其蕴含的意义首先是辟邪，其次是儒家思想的传播，同为麒麟与儒家思想始祖孔子有关，最重要的还是生殖崇拜，另外也是希望子孙够聪慧、有出息。福州是北方移民集中地之一，他们往往把子孙后代的繁衍放在很重要的位置，期盼子孙能够出人头地，走上仕途。

"鹿"在福州封火山墙的灰塑之中也经常见到。鹿是古代长寿的吉祥物，与"禄"谐音，所以鹿又被赋予了象征高官厚禄的意义。"鹿"与"竹"结合在一起有多种含义，其一，"鹿"与"禄"谐音象征着富庶，竹子有节，挺拔喻示奋发向上，节节高升，竹鹿一起即代表富贵，又喻示高风亮节，步步高升，也代表"积禄"。其二，竹鹿结合一起，寓意竹鹿同眷，展现万事万物欣欣向荣的美好祝愿。

（2）器物

在福州传统装饰题材里，常见的器物是博古架和博古架上下的鼎、瓶、盆景和琴、棋、书、画，八仙手中的葫芦、扇子、花篮、尺板等器物也是常见之物。博古原意博古通事，后泛指古器物，存放古器物之架称为博古架。故博古器物象征着博通古事，有文化。其中琴、棋、书、画表示出主人对高度文明生活的追求，八仙器具表现出人们对八仙的崇敬。常用的"瓶"与"平"谐音，瓶中插四季花寓意"四季平安"，瓶中插麦穗，寓意"岁岁平安"。在传统门窗的绦环板上、在墙檐上灰塑堵框上、在木构的纵向看架上都可以见到这类博古器物的装饰，其表现形式还经常采用回纹组成的框堵里，嵌塑上上述装饰内容。说明了人们追求的生活情趣，向往丰衣足食、有文化的生活。

（3）几何形纹样

几何形纹样是指曲直线、曲线组合而成抽象图形，它不是任何动物、植物、文字的形象。在建筑装饰中，最常见的几何纹是回纹卷草纹。油漆在福州传统建筑装饰中应用最为广泛，如封火墙墀头上灰塑堵框、墙檐墙头上的灰塑堵框、门窗上的花格、柱间挂落，或者花罩，它们几乎都是回纹或卷草纹组合而成，回纹卷草纹拐来拐去，比较讲究的还会在回纹中间加各种动、植物的雕花作装饰。还有福州民居中常用的"卍"形的万字纹，也多不单独出现，而是由许多万字相互连成网，常用于装饰的底纹。万字之间的连接靠的是回纹或卷草纹，回纹把万字连成一片，称为"万字不到头"，具有了象征的意义。

6.2.4.2 夯土墙的传统做法

福州封火墙大多采用生土夯筑，基底为石墙基，宽达1m左右、埋深1m且从墙至墙顶逐步收分，自地坪以上约0.5m为石勒脚（下碱），厚约0.63m，以上为夯土墙体，也呈逐步收分，直至墙顶部宽为0.43m左右，墙帽一般在墙体顶部，以槽砖出两层叠涩向墙两边平均伸出墙体11cm左右，加上帽沿瓦伸出各3cm，所以墙帽的平均宽度在70cm左右。且墙帽檐以伏瓦叠砌做成"鹰嘴"状，使雨水直接从墙帽檐滴落，从而避免雨水顺着墙体流，达到保护夯土墙体的目的。

在古代没有机械化的条件下，筑墙先砌好左右砖，按照墙宽度2～2.5尺左右高度到墙尾为止，中间筑土，筑墙材料用碎瓦片、黏土，最好放入灰、灰碴等材料，具体做法如下：

1. 砌筑墙垱

首先砌好左右砖墙的独立垱。垱的宽度按照墙的长度确定。使整个土墙由大到小，具有稳定性。垱宽度一般有二横二丁、三横二丁，具体视砌筑墙的长度而定。砌法中砂浆要饱满，应注意在砖墙中心位置凹进约半块砖位置，距墙三分之一或升出半块砖用来筑土，使土墙和砖墙连在一起成为整体。

2. 整体土墙筑

首先在砖墙中间靠基础里外的两旁边埋下长度较长的四颗杉木柱。框堵如果较长需要左右共六颗，埋好后在旁边用碎石塞满。在基面或土墙面用竹丝把两颗杉木左右拉紧，以保证在砌筑时下座不会涨裂开。其次用杉木拼成厚约2寸以上的板，板长要超过砖墙垱间距中心位置，后用麻绳捆双条中间插一条小硬木，把木头和麻绳转紧，后在柱与板交接地方用木尖插紧，后用土填入两块板所框成的盒中，筑墙的材料包括碎瓦片、灰、灰渣、黏土等，按照讲究的做法外墙皮还筑一层三合土，使墙面能够耐磨损、不怕雨水侵入，对于粉刷墙面更加有利。

6.2.4.3 砖墙的传统做法

福州传统建筑常用白砖，形为两面凹形，缝小稳定。墙分为空心砖墙和实心砖墙两种。

1. 空心砖墙

空心砖墙是古民居中常见砖墙结构的一种墙体，有防湿、隔音、防寒、通风、减轻墙体重量等效果，所以古人、现代人运用砖墙砌体，如侧砌左右侧丁，上下压丁，前后交叉成为整体，既节约材料又稳定牢固。砌法为浆砌，砂浆是用壳灰、沙、黏土等，配合比为灰2份、砂和黄土各1.5份。砌时先把砖浸湿，对缝用砂浆连接紧密。

砌法用带刀灰砌法。对于又厚又高的墙体，古时采用外墙皮退收分砌法。内侧皮线仍为垂直线。外墙退收分的做法使外墙体不易向外倾斜。同时也增加墙体下部的宽度，从而加强它的稳定性。

半圆形转弯角，可以采用侧砌，上面一块顺砖。关于砌砖一定要有灵活性，避免有拉力受阻、破缝及其他现象产生，也可以用大半块（七五）或侧砌来代替。砌砖主要注意互相中间交砌，间隔交错砌筑。砌法要注意平、直、砂浆饱满等事项。

2. 实体砖墙

实墙砌法主要有一顺一丁、三顺一丁、五顺一丁等（图6-2-11、图6-2-12），砖砌时应注意相向交砌。如大宽度墙体，前面如顺砖后面就要丁砖，反之后面如顺砖前面就应丁砖，这样可以使长短交砌，如果掌握的适当就是下面基础一部分产生沉降，上面墙体就不会产生变化，可见相向交砌非常重要。砌时一定要注意每块都需平、直、砂浆尺寸一致，最好砖缝不得超过1cm以上（如缝隙尺寸太大，就会使墙体变形）。

3. 墙面粉刷形式

封火墙砌好后墙面形式主要包括清水墙面（以砖砌的墙体较多）、粉刷墙面两种形式。打底用灰黄土、稻稿和砌成1寸长的麻筋，调匀后放置发酵几天后使用。面层以黑、白灰为原料进行粉刷，其中黑灰原料是用白灰加上黑烟、醋后发酵再加入白灰原料，麻筋和壳灰用锤力筑成。

6.2.4.4 墙帽

1. 墙帽的整体造型做法

筑墙完毕后，用砖补好墙体再出弓，形成各种艺术造型的封火山墙，如国公帽、状元帽、人字帽等造型底座，墙顶中砌人字形底座后，造型先出砖弓，一般三层左右每层出1.5～2寸砌好后铺青瓦脊面。其中青瓦铺法：中到中交叉，瓦和瓦之间层距一般按瓦中为准分工，字形、层数三到四层数为一半。层数按墙面宽度来定，中间盖2～3层平瓦，每层压中心线为准，脊中间最好安放一到二条铁片或钢筋起整体拉力作用，顶峰脊盖筒瓦最佳，也有采取盖砖、瓦后粉刷的形式。

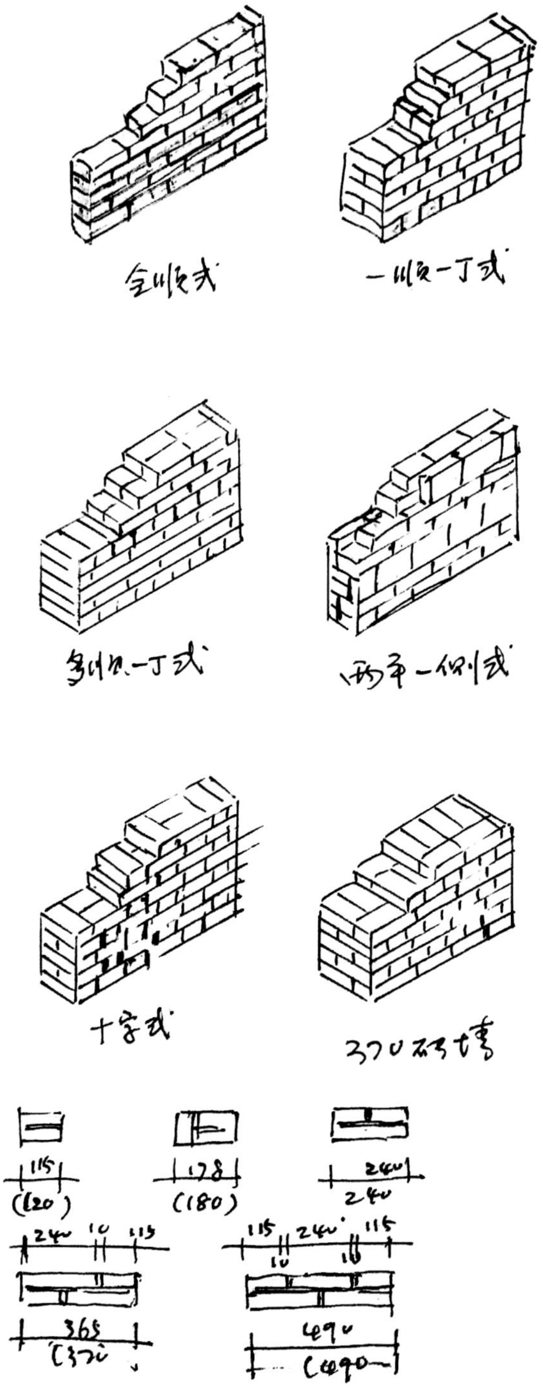

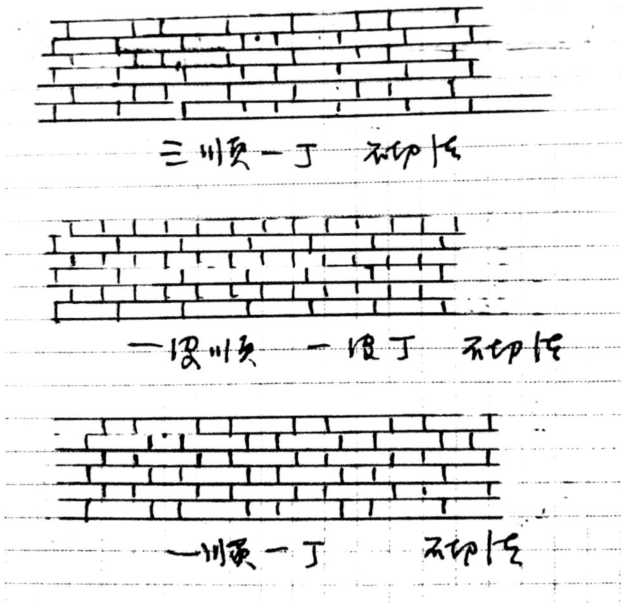

11 | 12

图6-2-11 **砖墙组砌方式示意图**

图6-2-12 **常见的三顺一丁做法形式**

2. 墙帽的细部造型做法

1）荷墀做法

荷墀是从古至今任何一种线条不能代替的，不管装饰土木各个角落都非常壮观（图6-2-13）。做法常见先用白砖先出线一层约2寸左右，砌第二层砖头按弧线造型砍薄约出弓1.5寸左右，如大型弧度第三层约1.5寸左右，后再压一条平线，后有不顺地方砍顺，如多层再按此法继续出线，后用沙灰打底，然后再过一次麻布灰面，颜色按照原来要求。如按照讲究的做法：加糯米汁、红糖、蛋清等黏性材料，后用小灰匙、圆形木抹及杉木条等工具粉刷到平、直、顺为止。

荷墀上面窄框堵大约层高5寸左右，长度按照荷墀和下座的线水平，是先用砖砌出弓线条，后把内外粉刷好，最好能够用模型，用灰麻筋加糯米浆及其他黏性材料，制出所需草尾花和其他弯钩，干后安装上去。这种做法比较省时省力，两旁边草尾花要相同。先用砖头砌成以上造型，三角形框堵，粉好底后塑单尾花等造型。

2）瓦花做法

瓦花是用青瓦来构成空花，因青瓦较薄并且有小曲度，以曲面相对组成花瓣图案（图6-2-14），这是利用建材作装饰的上好例子，一般瓦花都筑在围墙的上段，以免承受过重压力。

瓦花做法：工具用小灰匙，砂浆用白灰和乌烟灰1：1拌成和瓦片一样的颜色，左右两片合拢后上面用灰浆粘住、粉好。要上中和底中垂直，然后上盖瓦再砌，中间横一片拉住后砌上去，就成为瓦花墙，中间勾圆形缝用白灰。瓦桶里面用勾缝小灰匙勾缝。

3）墀头做法

人物灰塑，需要用细石灰、糖汁、棉花、麻绒等作为原料，如塑人物手脚或花鸟枝叶，用油灰土制作泥塑（图6-2-15）。其做法首先在框堵中绘画成人物形状和动态后用铁钉钉进墙中（有较厚的泥塑才能用上，如图人物身躯部分，薄的就不需要），进而用铁丝骨或木、竹骨为骨，后以多次逐层堆泥的方式，使达到预定厚度，后用小灰匙和手指配合，但民间工艺师一定要掌握人物各种姿态和喜、怒、哀、乐各种面部表情，以及衣节凹凸和明暗处理等，只有这样才能塑造出生动的人物形象。

石抽，做马头底层出弓用已制好方条石，有弧形、有斜角形、有的用木方柱抽出，安装最好带斜一点，后用白砖一层一层抽出，砌砖用材料白灰加砂按1：1.5混合砂浆，砌时要注意砂浆饱满，每一皮砌砖中一顺一丁相向交砌，有结合搭接能力，后按造型砌好后用灰土、麻筋等砂浆打底后起线造型塑花（图6-2-16）。

6.2.5 墙体维护与修复工艺

6.2.5.1 墙体维修措施

传统建筑的墙体主要起填充和围护作用，墙面主要损坏形式为酥碱、开裂、倾斜。酥碱指墙体因自然侵蚀、风化、潮湿产生的破坏现象，地基不均匀沉降、上部荷载过大、地质变化、建筑年久失修、屋架受力改变则可能使墙体出现歪闪裂缝，严重者会导致局部坍塌。

根据墙体损坏的不同，修缮一般有剔凿挖补、局部整修、局部抹灰、局部折砌、择砌等几种做法。

1. 砖墙维修措施

1）剔凿挖补

对整段墙体完好且仅局部酥碱时可以采取这种措施。先用凿子将需修复的地方凿掉，凿去面积应是单个整砖的倍数，然后按原砖规格重新砍制，按原样或设计图样用原做法重砌填实。

2）局部整修

整个墙较好但墙体某部残缺需进行局部整修，如整修墙头、墙帽、碑堵等。

	13	
14	15	16

图6-2-13　何墀线示意图

图6-2-14　瓦花

图6-2-15　人物灰塑

图6-2-16　石抽

3）局部抹灰

在找补抹灰前应对局部空膨、脱落的灰皮、调口等做好基底清理，扫净浮土，洇湿墙面，打底时接搓处应塞严，罩面时接搓应平顺，且不得开裂、起翘，抹出的形状应尽量为矩形。对原有的抹灰墙面再抹一层灰，在抹灰之前，可在旧墙面上剁出小坑，加强新旧抹灰结合，基层处理好后，维修时先用大麻刀灰打底，然后用麻刀灰抹面。

4）择砌

墙体的局部酥碱、空膨、鼓膨或损坏部位在中下部且整个墙体比较完好时，可以采取这种办法。择砌必须边拆边砌，不可等全部拆完后再砌。一次择砌的长度不应超过50～60cm，若只择砌外（里）皮，长度不要超过1m。

5）局部拆砌

如酥碱、空膨或鼓膨的范围较大，经局部拆砌又可排除危险的，可采取这种办法。经局部拆除后，上面不能再有墙体存在。如损坏部位在下部，需用择砌。拆砌时，先将需要拆砌的地方拆除，如砖搓，应留坡搓，再用水将旧搓泅湿，然后按原样重新砌好，保留的墙体部分需做阶梯形接搓搭接处理。

拆砌墙体注意不要损坏原条砖，清理条砖表面砂浆及杂草，清理后挑选较好的条砖按原砌法重砌，不够的条砖按原规格订制，新老砌体之间搭接一定要处理好，表面清理干净，砌筑灰浆必须饱满密实。

2. 夯土墙维修措施

对于需要重新夯筑的土墙，按当地传统工艺重新夯筑，先安装好夹板、分层夯筑、分层铺土厚度30cm，用木夯夯实。夯实度要求夯窝深度小于1mm。

同时墙体内必须埋置杉圆木作为拉结筋，墙角部位拉结筋相互之间应有卡槽连结。拉结筋的分布每1m高布一层，直径为$\Phi100mm$。木材料必须干燥，重点做防腐处理。

而对于一般性夯土墙墙面的修缮具体如下：

1）夯土材料

选用当地传统夯土做法，原材料选购一级生石灰块、熟化后进行初筛，黏土选用未扰动含砂砾的生黏土，配比按生石灰：黏土=2：8的比例拌和均匀，混合料的含水率必须达到最优含水率。

2）基面清理

清除墙面生长的苔藓及松散的灰土，清理干净基面，在拍打夯土前刷一遍108胶石灰浆。

墙面生长的苔藓采用岩石抗藻保护液（BYB1007）进行抗藻处理。该材料主要成分为氟硅烷的混合物，含有抗藻作用的氟硅烷能长久抑制藻类、青苔等的生长，避免微生物生长、代谢对墙体的影响。使用方法可选择刷涂、喷涂、浸泡等多种方法进行施工，至少涂刷两遍，而后在施工后的24小时内需保持干燥养护。

3）外部钉麻撅、抹灰

对于酥碱粉化较深约5~10cm的，光抹灰容易脱落，这时可采用钉麻撅，撅是竹钉在墙面按上、下、左、右相距100mm相间布钉，竹钉规格160mm×15mm×15mm，梅花状交替钉，一般露出墙面2cm以内，然后编麻如网状，而后再抹灰，对深度超10cm时，可用砖补砌后再抹灰（先以砂灰打底打平，白灰与砂体积为1：2或1：3，面层白灰与麻刀比为100：3）。

4）夯拍

分三次拍打，最后一遍拍打时间应在三合土凝固结实初期进行，务必用力拍打致实，直至出面浆为止，然后用泥抹子压平抹光，确保新老墙无明显缝隙。

5）颜色协调

采用0.5%高锰酸钾（$KMnO_4$）溶液进行做旧，依据颜色调添适量墨汁，用抹布沾溶液涂抹，待表面红色变浅直至消失，查看做旧处颜色与周边颜色的色差，如果仍然比较浅，则继续涂抹至颜色与原墙面颜色一致。墙面做旧前进行小范围的试验，确保对文物本体无损坏后方可大面积实施。

3. 砌体工程的修缮具体要求

1）传统建筑墙体修复应按原样修复。清水墙应采用与原墙相同的砖修复，混水墙可采用与原墙相似的砖修复。

2）砌体拆砌前应切断可能危及安全的电路，砌体附近的陈设、有使用价值的建筑构件应采取保护措施。

3）拆卸墙上的砖石构件或砖、石雕刻品时，应采取保护措施，并应分类编号单独存放。

4）当发生下列危险情况时，砖墙应局部拆除，并应按下列规定修复：

①木结构房屋砖墙内的柱脚严重损坏并影响房屋安全，需要换柱脚时，应把柱脚一侧或两侧的墙体拆除，在更换柱脚后按原样修复。

②由于基础沉降，墙体发生上下贯通的直裂缝或斜裂缝，裂缝长度超过层高的1/2且缝宽大于2cm时，或产生缝长超过层高的1/3的多余竖向裂缝时，应对基础软弱部分进行加固，待沉降稳定后，再将损坏处墙体局部拆除重新按原样砌筑修复。

③当一层或两层房屋的墙体倾斜超过层高的1.5%，应查清原因加固排除隐患后，再将倾斜部分拆除，并按原样修复。

④当墙体鼓凸面超过2㎡，鼓凸出的水平长度大于1m，或鼓凸出面积超过整个墙体面积的1/3且凸出等于或大于5cm时，应拆除并按原样修复。

⑤当砖墙空鼓，形成两层皮，两面凸出墙面等于或大于3cm时，应拆除并按原样修复。

⑥当砖墙风化深度达1/4墙厚、面积超过3m²或风化水平长度超过2m时，应拆除，并按原样修复。

5）当墙体发生下列情况时，可采用局部挖补方法修复。

①当墙体鼓凸面积小于2m²，或鼓凸水平小于1m，且整体墙面质量较好时，可采用局部挖修，但应对上部荷载进行支撑加固。

②局部风化、酥碱的清水墙可采用分段剔凿挖补。每段不应大于1m，并应为整砖的倍数，应采用与原墙相同规格的砖重新补砌，混水墙的局部风化、酥碱时，应把风化层清理干净，采用1∶3水泥砂浆分层补实后再粉面层，恢复原样。

③对于墙体转角处破损、墙体产生孔洞、屏风墙破损等，当面积较小、整体墙质量较好时，可对破损处按原样进行修复，并做好接搓。

④当裂缝宽度小于或等于2cm并经观察裂缝不再发展时，可待裂缝稳定后采用

1：2水泥砂浆或其他材料将裂缝嵌填密实，清水墙应修补做缝，混水墙应抹灰、恢复原样。

⑤对重要的传统建筑墙体拆砌和修补，应采用与原墙体相同的砖、砂浆，将原墙体相同的砌筑方法进行拆砌、修补，修复后的墙体应与原墙体一致。

⑥对一般传统建筑应采用与原墙体相似的砖、砂浆，并按原墙体相同的砌筑方法进行拆砌修补，修复后的墙体应与原墙体一致。

4. 墙体裂缝或空洞的具体维修措施

对砌体裂缝的维修，必须在裂缝稳定以后进行。对于裂缝和损坏严重的砌体，必须进行局部拆除重砌。其维修措施如下：

1）对于结构安全尚未形成威胁且已趋稳定的砌体裂缝

（1）用水泥砂浆嵌补

这是一种比较经济而又简便的修理方法。修补施工时，首先用勾缝刀、刮刀等工具将缝隙清理干净，然后用1：3水泥砂浆将缝隙嵌实。

（2）挖补法

对于砖墙上较宽的斜裂缝，可用同一规格的砖块进行跨缝挖补，挖补时采用107胶水泥砂浆砌筑并粉平。

2）旧墙压力灌浆加固技术（包括旧夯土墙、夯砖混砌墙及旧砖墙）

旧夯土墙及夯砖混砌墙，多采用掺灰泥或大泥进行砌筑，往往因年久失修、墙帽残损渗漏、墙皮脱落、长期暴露严重酥碱等原因，造成胶结材料掺灰泥粉化，使得墙体的抗压强度大大降低，或者由于地基局部沉降，使得墙体产生各种形式的裂缝。

实践证明对传统建筑砌体空洞或裂缝进行压力灌浆补强是一种有效的措施，其施工做法：

（1）材料配制

水泥宜选用晚期强度较高的425#矿渣硅酸盐水泥，砂子可用中砂或细砂，白灰膏使用充分熟化后的灰膏，配合比为水泥：砂：灰膏是1：0.5：0.5。

（2）机械装置

选一台装修常用的气泵，自行焊制压力容气罐一个，普通冲击钻一个，直径20～22mm，钻头数根，直径20mm聚氯乙烯塑料管，切割100～120mm。

（3）操作程序

①首先用勾缝刀、刮刀、压力吹气管等对裂缝的缝隙内松散的尘土进行清理干净，留下比较坚实、干净的裂缝壁；

②沿砌体或夯土墙裂缝的一定位置埋设灌注嘴、排气管和出浆嘴，其位置和距离应根据灌浆压力、灰浆扩散半径和裂缝贯通等情况确定，一般为50～100cm，灌注嘴和排

气管可采用$\Phi 10\sim\Phi 16$钢管制成。可用电钻在砌体上钻出灌浆孔，也可用手锤和钢钎人工凿出。将灌注嘴及排气管分别插入并嵌固于灌注孔内，埋入深度视砌体的强度、厚度等情况而定，以保证严密而不漏浆为准，管与砌体间的余隙用砂浆或水玻璃、麻刀嵌塞。嵌塞工作可分两次进行，第一次先使管子和砌体固结；第二次再进一步封闭，填满深窝，表面抹灰。

③扩缝封闭裂缝表面处理：先用手锤和钢钎将裂缝的必要段落扩大，以利于浆液贯通，再对裂缝表面用灰浆勾缝或抹灰嵌补封闭。

④灌注浆液：当灌浆梁不大或裂缝宽度比较均匀时，一般使用同一压力、同一种浆液稠度一次灌成。在灌浆过程中出现冒浆时，应在不中断灌浆操作下采取堵漏，降压改变浓度，加促凝剂等方法进行处理。

6.2.5.2 砖材料维护原则与措施分类

1. 砖材风化原因

砖石的风化主要包括以下几种现象：物理风化——湿度、湿气、冻裂、盐化；化学风化——氧化、水解、碳酸化、水化、溶解；生物风化——受植物、动物等对砖石产生的破坏作用。

砖质风化现象主要包括：泛碱、锈斑、霉斑、龟裂、胀大、弯曲、崩落等。[1]

泛碱现象（又称白华、反碱、泛霜、泛白、折白、起霜），很多工程中泛碱现象被认为只是破坏了砖墙的美观，但其实泛碱是对砖质墙体产生进一步严重破坏的重要表征。

由于砖材构建在制造过程中常带有来自土壤中的盐类，在湿润的环境中材料中的盐类溶解并析出表面，湿度较低时在表面结晶产生絮团状的粉末。当湿度再次升高时，这些可溶于水的盐类就会通过离子扩散和毛细现象继续渗透到砖的孔隙、裂缝。同时因水分的再次蒸发而再次结晶。结晶后体积膨胀而产生压力，长期的干湿变化使盐类不断往返于砖体内部与表面，从而引起砖体的崩裂。长期的后果表现为砖体的脱皮和表面粉化，更甚者将危害到砖材的受力结构。通常这种作用发生在砖体内部，表现在外表上的症状即为粉末状结晶——泛碱。[2]泛碱在风化分类中属于物理风化。

伴随泛碱的其他危害，以实测泛碱成分（$NaSO_2$、K_2SO_4）为例，泛碱可能伴随以下几种化学作用。

1）水合作用

从$NaSO_4$的水合物十水盐（$Na_2SO_4\cdot 10H_2O$）和介稳态七水盐（$Na_2SO_4\cdot 7H_2O$），其水合化学方程式可表述为：

$$Na_2SO_4+10H_2O\longrightarrow Na_2SO_4\cdot 10H_2O$$

$$Na_2SO_4+7H_2O\longrightarrow Na_2SO_4\cdot 7H_2O$$

水合作用是外界的水分进入材质的分子结构中变成材质的一部分，从而难以通过表面

[1] 张克贵. 古建筑干摆外墙泛碱病害的研究[J]. 古建园林技术, 2010, （01）: 12.

[2] 张克贵. 古建筑干摆外墙泛碱病害的研究[J]. 古建园林技术, 2010, （01）: 13.

擦拭等方式去除。但同时因水合作用又具有可逆性，在湿度升高后，水分蒸发，使Na_2SO_4又称为可流动的溶液，加快崩裂的产生。

影响泛碱的因素有四个：砖质构件本身存在的水溶性盐类物质；砖质构件中有能够使盐类不断发生溶解和析出的水分；砖质构件中存在孔隙或裂缝使溶解盐类的水分有流动的通道；外界温度和湿度的变化。

所以砖材构件本身含盐量的多少是影响泛碱发生的重要因素。传统砖窑有一整套严格的技术操作规程，制作时先将厚土用大筛子筛一遍，再将筛出的土换成小筛子再筛一遍，将筛出的泥土在池子中浆越久越好，然后再虑池中将上层细质泥浆去除，用来制作砖坯、脱坯。脱坯是制砖工序中最早，也是最难掌握的一道技术工序，首先在砖模里铺上一层湿布，然后从踩好的泥堆中去除六七十斤重的泥头，用力摔入砖模中，充填实在后，连泥带模一起端走倒出，即称砖坯，当时各窑场都设专人检查砖块质量，合格的砖坯要求棱角分明、光滑平整。[1] 脱好砖坯经晾干之后，便可装窑烧制，每窑砖必须烧制半个月，再经过一周时间的泅窑，才可以出窑。

砖材质量主要的衡量标准是它的密实度，质量好的砖外层面无砂眼，或砂眼极少、极细小；砖内部无蜂窝，或蜂窝极少、极小，反之越差，而密实度直接表现在砖体的孔隙率和渗透率。此指标揭示了砖体墙的耐水、耐膨、耐腐蚀、耐冻融的能力。

砖面劣化状况有白华现象，呈现晶状盐、青苔发霉、风化腐蚀、凹蚀、坑洞、脱层、灰缝损蚀、龟裂、剥落损坏。

2）水解作用

泛碱的主要成分中Na_2SO_4和K_2SO_4产生于硅酸盐矿物的水解。长石是石类矿物的主要代表，同时长石也是地壳中最常见的矿物，比例达到60%，在火成岩、变质岩、沉积岩中都可出现。[2] 长石按其化学成分可分为：正长石$KAlSi_3O_8$、钠长石$NaAlSi_3O_8$、钙长石$CaAl_2Si_3O_8$。在砖石成分中长石占有相当大的比例。以正长石水解为例，方程式为：

$$2KAlSi_3O_8+2H^++H_2O=Al_2O_2O_5（OH）_4+2K^++4SiO_2$$

$$4 K（AlSi_3O_8）+6H_2O= Al_2（Si_4O_{10}）（OH）_8+8SiO_2+4KOH$$

$$2 KAlSi_3O_8+H_2CO_3+H_2O= Al_2Si_2（OH）_4+K_2CO_3+4SiO_2$$

2. 砖材料维护原则

1）砖面的整体维护原则

（1）防水损害的措施绝对不可忽略。

（2）修复后应提供适当的排水系统，平日应该定期检查排水管的通畅性，以免排水管堵塞，造成内部渗透，再次让水渗透到砖体内部，使砖材受破坏。

（3）修复后应定期维护和检测其劣化状况，必要时再行修复，任何建筑物的损坏状况，都必须在最早的时间发现，并进行修复处理。

[1] 张克贵. 古建筑干摆外墙泛碱病害的研究[J]. 古建园林技术，2010，（01）：13.

[2] 张克贵. 古建筑干摆外墙泛碱病害的研究[J]. 古建园林技术，2010，（01）：14.

2）清洁维护原则

（1）在决定清洁之前，应有确需清洁的原因。有时所谓的砖面的脏，可能是因为砖面受劣化、褪色而产生的现象。若要清洁的话，应确定砖面本身是否会因此受到损坏，因为不当的清洁方式可能会加速砖面劣化的速度。

（2）应制定出一个清洁砖面的方案，因为不适当的清洁方式可能会造成砖面或建筑物上其他部位的腐蚀。

（3）如选择了错误的清洁剂将可能使砖面产生有害的反应。

（4）清洁砖面的污染物，不能牺牲建筑原有砖面的品质。

（5）清洁前确定需要的技术和经验，并能以正确的方式执行工作，而不会造成砖面的损坏。

（6）选择减少危险性的措施，应首先清洁一个小面积的试验面，然后选择最可能的轻微方式去达到预期的效果。

（7）在清洁试验前后应该测量颜色、表面粗糙度，进行岩石试验以及PH测试，并测试孔隙率及渗透率。

（8）冲洗出留置在砖下面的化学物。

（9）应该谨慎地选择有经验的施工队进行工作。

3）进行清洁时必须遵守的原则

（1）需要去除墙面因受污染而继续变坏的因素，或要清除砖面严重的污损物，应于清洁前对所需采用的清洁方式在小地方进行试验。当验证这样的清洁方式合适后，才可进行大面积的砖面清洁。若试验结果有两种清洁方式均适合砖面污染清洁，则选择较温和的方式。

（2）不要过分清洗原有的建筑砖面，只有当轻微的方式不能作用时，才增加清洁剂的用量。

（3）要小心翼翼地运用清洁方式，以免伤害到砖材，尽量采用效率高且对砖面破坏性较低的清洁方式。

（4）谨慎地用水或其他清洗剂来清洁建筑物。在清洁时，所有龟裂及灰缝处均已修复过，避免水渗透造成湿气问题。

（5）在清洁前必须知道污秽的来源，方可对症下药。每种污秽来源均有其不同的清洁方式。

（6）砖面劣化比较严重的地方，在清洁前，必须将松动、剥落处先行强化稳固及修复。

3. 砖材料维护措施分类

当出现下列几种状况时，需要对其砖面进行进一步清洁维护：当污损物危害到了建筑砖面，且砖面衍生出其他劣化问题时；视觉上影响到了建筑整体的品质时；若现在不将污损去除，其后将会很难将污损物移除时。

砖面清洁方法通常包括水式蒸汽清洁方法、化学清洁方法、机械清洁方法。

1）水式蒸汽清洁方法

（1）水清洁法

水清洁时用水从表面软化尘土和洗涤污垢。此法用以减少污秽，将表面的积存物冲掉。水洗法式在清洁中用途最广的有以下三种形式：

①擦拭法：用抹布、草瓜布等蘸清水或中性清洁剂擦拭，仅适用砖面平整部分。

②刷洗法：用天然繁毛或采用软毛塑料等柔性材料的毛刷刷洗砖面，避免用钢刷或钉刷刮伤墙面。

③喷洗法：用低压的水枪喷雾清洗砖面，高压水枪可能伤及砖面，应避免使用。

注意：应尽量以清水清洗，必要时才使用中性清洗，以免清洁维护时又造成砖面第二次污染。各清洗法的程序应由上而下，避免长时间浸泡，否则可能会造成白华。

（2）蒸汽清洗法

用蒸汽清洗也能有效地清洗砖面。用蒸汽清洗比用加压的水清洗更有效率，整体清洗速度比较慢。此法是锅炉瞬间产生的蒸汽直接对砖面产生较低的压力，使用的喷嘴口径约1.27cm。蒸汽清洗和水清洗可以混合实施，可先施以蒸汽喷射，然后再用清洁浆清洁砖面，最后用水清洗，该法不适用有绘图的墙面。

（3）水式蒸汽法的注意要点

在使用水式蒸汽清洗时，应注意避开所有接缝，包括灰缝或伸缩缝接头，以避免水渗透至内部。

在清洗过程中，多孔的砖体可能吸收过多水分，导致砖体的损坏。

过多的水分可能将可溶性的盐由砖体内带到表面，导致白华现象。

水中的矿物质如铁和铜是使表面破相的另一个来源，甚至软水可能含有有害化学成分，在清洁砖面时会对砖面造成损坏。

虽然存在这些问题，一般来说水清洁法是容易操作、对建筑物的外围环境最安全及最便宜的方法。

2）化学清洁方法

化学清洁法主要分两种形式，一是酸性清洁剂，另一个是碱性清洁剂。如使用2%～5%浓度的氟氢酸溶液，须先把砖面以水枪预湿，再将预先配好或现场稀释的溶液涂抹在砖面，再用水枪彻底洗净。操作时周边的窗户、油漆或亮光表面应预先有充分的防护，操作者必须是专业人员，也必须有防护措施。如使用10%盐酸溶液，可清除砖面上的砂浆与水泥浆的污点，但使用此法有使砖面产生白华的风险，使用前应先完全湿润砖面，涂抹后应彻底清洁干净。

3）机械清洁方法（研磨性清洁法）

（1）研磨工法：以各式研磨机配合全钢砂、钢刷、毛刷或布毡的磨片或磨针套用。此工法有在砖面产生圆弧形磨痕的风险，应由有经验者操作。

（2）喷砂（气）工法：以高压喷枪配合各式喷嘴，采用全钢砂、石英砂或钢珠等不同柱径的喷料，并于现场试验，再决定最佳效果的喷距、喷角、喷嘴及喷料粒径。喷料除砂外，也可以使用煤渣、火山灰、核桃壳、杏仁果壳、白米外壳、蛋壳、椰子壳、砂土、聚合物和玻璃珠等材料压碎来代替，甚至可以水压为喷料，在水中加入颗粒，也定位为研磨性清洁法。基本上所谓的湿喷料有两种不同的方法，第一种是普通的喷料中加水，可减少灰尘的产生，也可减少喷料的冲力；第二种是将非常小的喷料加在水中，此法可由加入的喷料数量及水的压力来控制。通常粒径越大，砖面损伤越大。

比较上述工法，喷气工法是最安全的清洁法，但是清洁速度相当慢且耗费很大。

（3）涂布保护层

好的保护层能防止水进入并且可以使砖墙内部的水蒸气从气孔排出。有些防水涂料（如环氧树脂）会影响外部美观，所以当必须使用防水涂料时，应该选择无色、无反光的涂料。

（4）控制有机物的生长

若建筑墙体上长有杂草或披附了爬藤植物，应该进行清除，否则其根系会进入砖的灰缝，造成砖面崩裂，而且披附在砖面的植物也容易将水分保留在根中，虽然水分浸入砖体内能蒸发，但是也妨碍美观。清除方式先用除草剂进行化学处理后，再人工拔除，否则会加重破坏灰缝或裂缝的程度。

使用化学杀虫剂基本上是阿摩尼亚四元素化合物，与三丁烯及氧化锡混合会起到长时期抑制植物繁殖的作用。

将处理面留置至少一周，以钢丝刷尽可能将死的生长物刷掉。

植物根部进入墙时，最好的处理方法是在远离砖墙除切掉树木而遗留根部在原处。根部将在两周后枯萎，这样根部较容易被清除。不应该将植栽由砖体拔出，因为这样会将灰浆一块拖出。应适时适度地进行清理及修剪，必要时须采用移植及调整等方法，保护老建筑及其周边环境。

6.2.5.3 清水砖墙的修复[1]

1. 清洁工作

先用水和刷子进行人工清洗，在水中加入极少量盐酸，然后用低压冷水涡流技术进行清洁。

2. 修补砖块

如果砖块已经损毁严重，则必须一块砖一块砖地进行替换。如果砖块只是轻微损毁，则可原样保留，如果一定要修补的话，可采用砖粉进行修补。

[1] 王辉平，侯建设，陈帅，葛倩华. 历史建筑清水红砖墙修复工艺 中国. CN/01429816A[P]. 2009：6–11.

3. 修补勾缝

如果砖墙勾缝已经损毁，则须挖开勾缝（宽度2倍的深度）进行修补。

4. 清除杂草、小树等

对于生长在砖墙上的杂草、小树，首先观察它们的生长状况，分析生长深度、根系分布等情况，察看墙体缝隙（或裂纹）状态，记录缝隙（或裂纹）的大小和深度，察看墙面损毁情况，完成察看工作后开始进行杂草、小树等的清理。植物清理工作为两步骤：（1）先剪除小树的其他枝干，保留主干，再在根部小心剥离根系，最后用工具拔出杂草、小树，在这一过程中应避免扰动砌体结构。（2）然后进行根系清理，采用少量低压力水冲洗缝隙内的杂物及根系，并喷洒稀释后的除草化学溶液，避免杂草再生。

5. 砖墙清洁

通常采用细砂对清水砖墙进行擦洗，将表层的风化物或污物剥离，然后小心取出疏松的清水砖砌体，应避免扰动其他砌体，造成新的松动。

6. 修补墙体裂缝

首先向清水砖砌体的裂缝内灌注高强度环氧砂浆，增加墙体的整体强度，再向清水砖砌体表面喷射环氧砂浆，做进一步的加固。

7. 修补勾缝

完成上述步骤后，应对所有砖墙上的破损勾缝进行处理和填补。勾缝砂浆应含有适量石灰，以增加水密性和柔性。首先将破损的勾缝挖除到一定深度（视风化程度而定，但不应危及砌体结构安全），接着用喷压法清理砌体勾缝，最后用弹性腻子修补较深缝路，表层用原有材料和颜色进行勾缝。也可采用专利"砖粉修复剂"的方法进行修补。

8. 砖墙防护处理

对修复完毕的墙体进行防护处理，防护处理包含防潮处理和化学养护。防潮处理是将防水剂沿钻孔注入墙体后，防水剂通过毛细作用进入墙体材料内，使钻孔周围的毛细系统降低，在孔洞周围形成防水带，防止毛细水上升。化学养护是指用喷枪或刷漆的方法，将疏水剂涂抹于清水砖砌体外表面，疏水剂能够对砌体材料起到很好的防水、透气以及保护作用。

6.2.5.4 灰缝的修复

灰缝是整个墙面中最容易遭受损坏的部分，砂浆的剥落主要由于有害的化学物侵蚀而致。砂浆的紧密度不够或灰缝的形状造成水分停滞，且导致灰泥劣化的过程加速。灰缝的修复即将损坏的灰泥从砖砌体的接缝中去除，以新灰泥来取代。

1. 施工前的策划及试验面操作

（1）找出损坏原因。砂浆的损坏原因：屋顶漏水、导水槽破坏、墙体沉陷、毛细管现象造成湿气上升或者暴露于外界受到风化，这些原因均应在施工前修正。

（2）应选经验丰富且有同类修复经验的工匠进行。

（3）试验面操作。在施工前应该在前面的隐蔽处选择试验点，可能需要包括所有不同类型的砖材、接缝形式、砂浆颜色及可能在工作上遇到的其他相关问题，通常选用一个90cm×90cm×90cm的试验面即可。

2. 砂浆材料的选择

选择的新砂浆不仅要在弹性、强度、硬度、渗透性及蒸发性上必须与旧砂浆相匹配，并且新砂浆的颜色、质感以及外观应该与旧砂浆相似。

为了忠于建筑物的历史价值，在选择砂浆材料时，应尽量采用原有的传统砂浆。但因传统砂浆配比不易控制，所以目前修复工程常以近代材料取代，以各种不同比例的水泥、砂及水或者白灰、砂、水，再加入少量水泥，或者牡蛎灰、砂、水，再加入少许水泥去调配，其效果比较理想。如果选择材料不当，将影响整个砖面工程的品质。所以建议新修复材料应该与原有材料兼容，其兼容性应符合如下四个原则：

1）新砂浆必须尽量在颜色、质感及工法上与老建筑砂浆相匹配。

2）为了避免老建筑砖块受损，应采取有弹性的新砂浆材料。新砂浆材料的压缩强度和硬度应该比原砖材小，如使用太硬的新砂浆与软墙结合，将不会得到理想的结果。因为经过一段时间后，砖墙的重量将变得不均匀，会导致砖的外部边缘一小块、一小块地龟裂甚至剥落。

3）新砂浆的渗透性及蒸发性必须比砖块高。如使用硬度高的水泥砂浆，其渗透性比软的砖小，潮气会被包入砖墙无法由灰缝蒸发。如潮气由砖块蒸发时，会将盐粒遗留在表面晶化，盐在砖块中增加压力，使砖块外部剥落或脱层。如砂浆不能让潮气蒸发，必会使得砖块损坏。新砂浆应该扮演牺牲者的角色来保护具有历史性的砖墙。

4）新砂浆的强度和硬度应该比原砂浆小。若新填的砂浆强度和硬度比原砂浆大，由于温度所产生的热胀冷缩或者其他外力作用下，易造成新砂浆挤压旧砂浆，使原有传统建筑的砂浆破坏，造成得不偿失的后果。一般来说，应避免采用水泥砂浆粉刷或接缝。

3. 填缝施工的方法

1）适当的接头处理，如新旧砂浆的接头处理不当，新砂浆不能有正确的粘接，会由接头松脱。一般而论，当旧砂浆的侵蚀度达1cm时得考虑再填缝，所有劣化及松动的砂浆均应被凿除，建议最小的凿除深度为2.5cm。凿除的方法是先将中间劣化的砂浆割开，将松动的砂浆刮除，再用凿子小心地刮除附着在砖材边缘的砂浆，确定不要造成砖边缘的破坏，并且凿除深度要均匀，把接触面用压缩空气、刷子或水冲洗洁净，以使新旧砂浆之间有良好的接触面。

2）分层填缝法：一次填满的砂浆很容易在里层产生气泡，使新旧材料间因有空隙而无法契合，使用分层填缝法能达到所要效果。

3）砂浆不能过分填满，目前一般做法是将砂浆填满夹缝，使之与砖面齐平或凸出，这样不仅使新灰缝看起来比原灰缝大，与原传统建筑原貌不符合，并且凸出部分在受到外力撞击时，容易造成破损，再加上水分也容易进入砖体内部，使新砂浆产生劣化。建议将灰缝填至离砖面表面有点距离，涂抹成弧状或V形，这样容易将水排出。

6.3 抹灰工程

6.3.1 墙体抹灰工艺

6.3.1.1 传统抹灰的材料调制

传统抹灰的材料调制应符合下列规定：

1）传统抹灰的颜色和材料配比。应先做样板，经设计及用户认可后再按样板的材料配比进行大面积施工。色浆应先做色板，经设计和用户认可后，才可进行大面积刷浆。

2）外墙抹灰的调制。南方做法应用灰膏调制。灰膏淋制时，应用筛孔不大于5mm的筛子过筛，并应在灰池内放置15天。

3）滑秸泥的调制。应将麦秆或稻草剪短、压劈后，再用白灰烧软，与泥（灰）拌和调制。当用麦壳配滑秸泥时，应与麦秆分开使用。掺麦秆的应用于底灰，掺麦壳的应用于罩面。

4）砂子灰调制。砂子灰宜用作底灰，其配比砂：灰为3∶1。

6.3.1.2 传统抹灰前的墙面处理

传统抹灰前的墙面处理应符合下列规定：

1）应将墙面清扫干净，并用水将墙面湿润。

2）旧墙面除应将墙面清扫干净并用水湿润外，还应采用麻刀灰或泥灰对脱落严重的灰缝进行"串缝"。缺砖或酥碱严重处应补砖，并用麻刀灰找平。

3）对于要求使用麻的墙面，"麻揪"的间距不应大于500mm，上下行之间的"麻揪"应错开排列。

6.3.1.3 传统抹灰的底灰（靠骨灰）

传统抹灰的底灰（靠骨灰）应符合下列规定：

1）应先用底灰将墙面凹凸不平处抹平。

2）底灰较厚时，应分层进行，每层厚度应为5~8mm。

3）底层不应抹光和刷浆。

6.3.1.4 传统抹灰的罩面灰

传统抹灰的罩面灰应符合下列规定：

1）应在打底灰干至七成后再抹罩面灰。青灰、红灰、黄灰墙面应在抹完后即刷一遍浆，再用木抹子搓平。分段抹灰的接搓部分不得刷浆和赶轧，应"白搓"或"毛搓"。

2）室外墙面的赶轧应反复进行，直至完全压实，不得以"水光"交活。青灰墙面以密实的竖向"小抹子花"、"出亮"交活，不应有漏轧或"翻白眼"（未抹轧点）现象。

3）抹灰表面不应露麻、起毛，应无生灰炸点、无开裂或空鼓。接搓处应平顺、无明显搭痕，不应有漏轧、起泡、水纹等赶轧粗糙现象。白灰墙面不得有轧子尖轧处的"荷叶沟"或轧赶变色现象。

4）红灰和黄灰墙面应以"蒙头浆"交活，刷浆不应对附近清水墙面和其他构件造成污染。

5）壁画抹灰的面层为抹泥做法的，表面宜抹刷白矾水。

6）麻面砂子灰做法应恰当掌握木抹子搓孔的时间。搓向、纹理应有规律，应避免砂眼、干粗搓痕、水纹、裂缝等现象。

6.3.2　墙体抹灰的修缮

6.3.2.1　保护和修缮原有墙面的抹灰

1. 抹灰损毁的类型

主要有10种类型，包括：剥落、出现裂缝、由于水分积聚而引起的抹灰损毁、受潮、盐碱化、真菌化或藻类生长、空臌、砂化、变色、污脏等。

2. 损毁原因

由于基层处理不当而致，使表层粉刷剥落，其原因是由于基层附着力不足，次要原因是墙体潮湿。

3. 修缮方法

1）铲抹

对于灰皮大部分空臌、脱落的墙面多采用铲抹方法。即在旧灰皮上抹灰，应先铲除空臌、酥碱的灰皮，表面应凿毛，喷水应反复进行，直至墙皮湿润。有油污的墙面，应以稀浆或稀灰揉擦后再开始抹灰。烟熏泛黄的墙面，应涂刷白浆后再开始抹灰。砖缝凹进较多者，应先进行窜缝处理后重新抹灰。

2）局部修补抹灰

局部修补抹灰，指墙面部分损坏，可以先用大麻刀灰打底，然后用麻刀灰抹面，趁灰未干时在上面洒上砖面，并用轧子赶轧出光。注意局部修补抹灰应抹成规则的几何图形。

3）找补抹灰

对于局部空臌、脱落的灰皮，或室内新掏洞口，可采用找补抹灰的方法。找补抹灰前应做好基层清理，打底时接搓处应塞严，罩面时接搓处应平顺，且不得开裂、起翘，补抹出的形状应尽量为矩形或正方形。补抹的部分不应低于邻近的旧墙面，也不宜明显高于邻近的旧墙面，接搓处应抹平顺。

4）重新罩面

即在原有的抹灰墙面上再抹一层灰。在抹灰之前，可在旧墙面上剁出许多小坑，这样可以加强新旧层的结合，不致空臌。旧灰皮一定要用水洇湿，洇湿的程度以抹灰时不会造成干裂为宜，故必须反复泼水，直到闷透为止。墙面上有油污的，要用稀浆涂刷或用稀灰揉擦。被熏黄了的墙面，若抹白灰可先用月白浆涂刷一遍，以避免泛黄。在旧灰上抹灰容易出现干湿不均，因此抹灰时要在干得快的地方随手刷上一遍水，轧活时干湿快的地方应先轧光。

5）串缝

一般用于糙砖墙或碎砖墙。当灰缝风化脱落凹进砖内时，可用串缝的方法进行修缮。操作时用"鸭嘴"将掺灰泥或灰"喂"入缝内，然后反复按压平实。

4. 修缮原则要求

1）传统建筑修缮抹灰的外观质感应符合历史传统风格。

2）在旧灰皮上抹灰，应先铲除空臌、酥碱的灰皮，逐层、彻底地铲除起壳的粉刷，直至露出平整、坚固的粉刷基层（甚至墙体）为止，表面应凿毛。喷水应反复进行，直至墙皮湿润。有油污的墙面，应以稀浆或稀灰揉擦后再开始抹灰，烟熏泛黄的墙面，应涂刷白浆后再开始抹灰。

3）局部修补抹灰，应抹成规则的几何图形。

4）宜将接搓处旧皮切成凹进去的八字形，搓口处不应出现翘边、开裂、空膨等现象。

5）抹上新的粉后刷，在粉刷时应注意控制刷子的角度与方向。补抹的部分不应低于邻近的旧墙面，也不宜明显高于邻近的旧墙面，接搓处应抹平顺。

6）凡经修补的墙面不应再有明显的灰皮松动、空臌、脱落等漏修现象。

7）修补刷浆的色泽应与原墙浆色相近，不应有漏刷、掉粉、起皮等缺陷。

6.3.2.2 一般抹灰的修缮工艺

1. 确定修补范围

修补时，应先根据裂缝、剥落、起鼓的范围大致确定修补范围，然后再用敲击法检查确定损坏范围，并采用色笔圈定修补范围。修补范围宜采用矩形或方形等规则形状。

2. 基层清理

基层清理应根据圈定的修补范围，采用泥刀或钢铲铲出修补的界限，再将损坏的部分全部铲除干净，并把砖墙的灰缝掏出5mm，最后将墙面上的砂、碎砖块、粉尘等清扫干净。

3. 接缝处理

接缝处处理时，应先把修补接缝处的旧灰层斩成凹进去的八字形，清扫粉尘，喷水湿润，再用与原抹灰相同的材料沿新老接缝处塞紧压实，然后再粉刷其他部位。

4. 抹灰刷浆

1）抹灰

（1）底层抹灰：南方多用砂灰打底，白灰与砂体积比为1：2至1：3。

（2）面层抹灰：20厚草泥灰打底找平，5厚壳灰抹光。

（3）纸筋灰：分为草纸灰和纸筋灰，先将草纸或麻纸撕碎，泡在大桶或水池内，用清水浸泡3～5日后将纸捣烂如泥，再渗入白灰内，比用麻刀灰细致洁白，材料重量比为白灰：纸筋是10：1。

南方园林中有一种在纸筋灰皮上打蜡的做法，使墙面明亮鉴人，称为"镜面墙"。先用砂打底，上抹纸筋灰，干透后用白蜡打磨，灰皮表面以麻帚轻扫，至明亮为止。

2）刷浆

古代建筑中墙面抹灰后，常用红、红黄、白或青灰等几种色浆涂刷。先用水掺以适量的胶料、色料做成色浆，用排刷在新抹墙面上刷2～3道。近代改用喷筒喷涂效果更好。如为旧墙面，须将墙面打扫干净，先用火碱水洗去墙面污迹，用清水冲刷后再刷色浆，墙面凹凸不平或个别灰洞应补抹平整后再进行刷浆。

5. 不同形式的抹灰修缮要求

1）一般墙体的抹灰修缮要求

当抹灰全部损坏时，应按新抹灰要求施工。

局部损坏采取局部修补应符合下列规定：

（1）基层处理。当局部修缮为混凝土等硬基层时，基层清理干净后，应打毛或用聚合物水泥浆刷一遍。

（2）抹底层灰和中层灰。当修补范围小于或等于2m×2m时，可直接抹底层灰，底层灰稍干后，再用同样砂浆抹中层灰，中层灰厚度宜为7～9mm，当中层灰过厚时，应分层抹。当修补范围大于2m×2m时，室内抹灰应先做灰饼和冲筋，再分层抹底层灰和中层灰。室外抹灰工程应避免日光暴晒，并应保持修补的部分与原抹灰层一致。

（3）粉面层。当面层用水泥砂浆或混合砂浆时，应在中层灰抹完后的次日进行。操作时，应喷水湿润，面层厚度宜为5～8mm，并应分两层进行。应先薄刮一遍，与中层粘牢，紧随抹第二遍，达到厚度要求后，再用刮尺刮平。待"收水"后，应用铁抹子压实抹光。

当面层采用纸筋灰或麻刀灰时，应待中层灰7~8成干时施抹。中层灰过干时，应喷水湿润。面层厚度宜2~3mm，待灰浆稍干"收水"后，应及时用铁抹子压实抹光。在新老接缝处，应采用排笔沾水刷一遍，避免接缝处开裂。

2）夯土墙、土墙的抹灰修缮要求

夯土墙、土墙的外部多数有抹灰层保护，灰皮剥落可局部补抹或全部重抹。但常见的还会出现灰皮剥落已久，夯土墙长期暴露在外，受自然侵袭，酥碱风化严重，重新补抹的灰很难与夯土墙粘合紧密，抹后容易脱落，这时可采用"钉麻"，就是用竹钉在墙面按上、下、左、右相距100mm相间布钉。一般露出墙面2cm以内，然后编麻如网状再抹灰，下部酥碱严重的可用砖补砌后抹灰。

对于坍塌歪闪严重的夯土墙，应按原做法式样重新夯打或垒砌。

夯土墙应先分析研究原夯层的厚度、夯窝尺寸、夯土掺合材料的比例及夯筑方法（各地做法不一），然后照原做法复制。

3）编壁抹灰修缮要求

编壁（即木骨灰板壁，福州又叫壁刀）内为木骨，芦苇秆、竹片应做防腐防虫处理，外部照原样抹灰刷浆（图6-3-1）。木骨的防腐一般涂刷沥青膏1~2道，或涂刷3%氟化钠水溶液2~3遍。

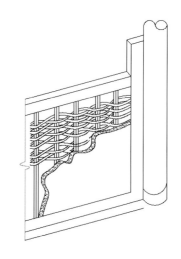

图6-3-1 **木骨灰板壁**

6.4 屋面工程

6.4.1 屋面构件

6.4.1.1 架桁、椽板

传统屋面常见几种斜度，有的加三斜，有的加三五斜，有的加四斜不等。在这里拿一种说明一下，从檐口头一棵桁为水平线至脊檩中，弹一条水平墨线，比如说总长5m，按加四斜，1m就按40cm计算，5m成为2m，那中桁就按水平量上2m安好，这就叫作加四斜。后拉一条斜线架桁木，斜度中距最好不超80cm，木径为15~16cm（长间距木径要加大）。后钉椽板，屋面常见有两种，一种是钉稀椽，一种是钉密椽。稀椽板为宽11cm左右、厚为2.5~3cm，下面刨光后按瓦距划线，按线中钉好，按11cm计算中距18cm以内，这是稀椽。密椽有的板会薄一点，厚为2.5cm，但有刨上下槽钉法，密椽铺瓦时一定先分好瓦位置，最后铺瓦（图6-4-1、图6-4-2）。

6.4.1.2　脊作法

传统做法先分中线，按照中水扛椽铺起，底瓦垄先铺中心线左右，后分出大小瓦槽间距总长，底瓦中距为28～30cm，算到底瓦垄铺到墙边。顶端面底瓦常见都叠盖两片，防脊受压时断裂，如面瓦破一块，下一块也可以流水。古铺要按上尺头、上七寸铺法，铺底瓦垄后用直半边瓦铺设在两片底瓦垄，蚰蜒档位置最好靠紧，不要把椽板露出，后用麻筋灰浆砌，把砌好的横半边瓦左右对接，底垫碎瓦，上用白灰铺在走水当中，铺底瓦垄时搭接不得少于一搭三铺法，最后用瓦垫高稳，以后铺瓦时容易接进去。铺脊旁底面瓦时寸度上尺头上七寸，最好不要出现空洞，免得被雨水入侵，在脊两旁底瓦垄和盖瓦垄不要铺太长，一般在40cm左右，盖瓦最顶也要盖一块按瓦总长三分之二的半片瓦，在盖瓦间距中间要铺两片横半片瓦，左右要靠紧盖瓦两旁，上面两块接头对合，铺好，凹地用白灰浆和碎瓦片铺平，后用M5混合砂拌白灰浆砌，先铺两端老头瓦，后拉线砌2～3层，砖砌脊堵，砖胎130砖M5混合砂浆砌脊堵高25cm，后用240砖出弓，然后盖瓦筒，瓦筒勾缝用粉刷。后用混合砂浆（灰、黄土水，沙）粉底地，砌砖脊堵要距离封火山墙内面3.5～4尺左右，后弯形伸长，缩小，缩小分为三层，第一层用砖慢慢伸长，第二层用铁片预埋件长1.6m左右、宽度7分至1寸，调弯形后插入瓦筒中，后从大到两边打洞，用铁丝捆在铁片上，以麻筋灰粉好面里底白，再把脊用乌烟灰粉刷（图6-4-3）。

1 | 2

图6-4-1　屋面形式

图6-4-2　屋面结构

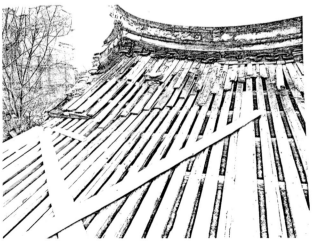

6.4.1.3 铺大面积瓦屋面

脊做好后才开始铺屋面瓦，铺瓦先从左边封火山墙墙边底瓦垄领头瓦铺起。传统的下七寸下尺头铺法，未铺前最好做一个三寸长模型，模长六寸，三寸中距一层，铺几块后整按一下，使寸度一样，以后给盖瓦垄打下有利条件。封火山墙旁边铺底瓦垄时一定靠紧，后用窄木板，底下用小瓦片垫左、右、中，把挂背下方靠板中，上面一头用麻筋灰浆砌，安贴在墙上，后勾完缝后，慢慢地把垫小瓦片拿开，木板掉，瓦不会掉，这种做法叫挂背，使雨水不会进室内和墙上（图6-4-4）。接着再铺一条底瓦垄后，蜻蜓当中铺盖瓦垄，再用直木板压直，以灰沙勾槽，扎口，工具是小灰匙，按这做法铺好后，从右边墙边从上到下退下去，有的瓦屋还用砖压在盖瓦垄上，形为五梅花等排法。

6.4.2 屋面修缮工程

屋面是传统建筑最上部的围护体系，是保护房屋内部构件的主要部分，既具有防雨、保温、隔热功能，同时也是最能体现各地建筑风貌的部位。

6.4.2.1 屋面的损坏情况

主要有以下几种：

1）瓦件残损、破裂、位移、缺损、风化、松动；

2）瓦垄中间的垄沟由于积土使草根、小树蔓延，造成瓦件搭接松动、位移，垄沟堵塞，排水不畅，四处弥漫，引发漏雨；

3 | 4

图6-4-3　屋脊形式

图6-4-4　瓦屋面

3）由于漏雨逐渐加重，首先直接渗漏到屋面的木基层（指椽板与望板），时间一长就引起屋面椽望板的糟朽和下挠，继续发展下去连支撑椽望的檩木、梁、枋等大木构件也会因漏雨而糟朽。

6.4.2.2　屋面维修

1. 日常保养工程

对屋面除草勾抿、清除瓦顶污垢、更新残损的瓦件、局部的揭瓦补漏、修补轻度残损的屋脊及硬山墙帽等。

2. 查补雨漏

一般分为两种情况，一种是整个屋顶状况较好，漏雨的部位不多，就只需进行零星的查补。另一种情况是大部分瓦垄受损，或漏雨的部位较多，或经多次零星查补后仍不见效，就需要大面积的查补，即大查补。大查补的项目可以是合瓦夹腮（将盖瓦垄两腮睁眼上的苔藓、土或已松动的旧灰铲除干净并用水冲净，更换破碎的瓦件）、筒瓦捉节（在因筒瓦脱节而发生漏雨的情况下，可以采用这种方法）、筒瓦裹垄（布筒瓦大部分已损坏时可以采取这种做法）、装垄（当底瓦已无法查补或局部严重坑渣存水时，可采用装垄的方法）等。

3. 抽换底瓦和更换盖瓦

由于底瓦破碎或质量不好，可以抽换底瓦。抽换底瓦的方法是先将上部底瓦和两边的盖瓦撬松，去除坏瓦，并将底瓦泥铲掉，然后铺灰，再用新瓦按原样盖好，被撬动的盖瓦要进行夹腮或夹拢。

4. 局部挖补

如果瓦垄局部损坏严重，瓦面凹陷或经多次大查补无效时，应采取局部挖补的方法。维修时先将瓦面处理干净，然后将需挖补部分的底盖瓦全部拆卸下来，并清除底、盖瓦泥（灰）。如果发现望板或椽板糟朽应随之更换，用水将槎子处洇透后，按原有做法重做苫背，待泥背干后重新盖瓦。

5. 揭檐头

如檐头损坏严重时应采取揭檐头的做法。先将勾头、滴水瓦拆下，然后将檐头部分需揭瓦的底瓦盖瓦全部拆下，存好备用。连连檐（封檐板）、瓦口一般都应重新更换，如有糟朽的椽子、望板，也应更新，再参照挖补做法重新铺瓦。❶

6. 脊的修复

如果脊毁坏得不严重，可以用灰勾抹严实。破损的构件一般不要轻易更换或扔掉，应尽量采取粘补的方法处理。如实在不能粘补，要及时用灰浆将坏处抹严，以待更换。若脊的大部分瓦件已经残缺，应将脊拆除并重新调脊。

屋脊粉塑或墙头灰塑做法可采用先砌筑各脊式墙头的砖胎骨架或线脚后进行粉塑。

❶ 文化部文物保护科研所. 中国古建筑修缮技术[M]. 北京：中国建筑工业出版社，1996：208-213.

7. 全面揭瓦翻修屋面

主要是勘察屋顶的渗漏情况较为严重的，瓦、椽、望板和梁架的残损情况较为严重的，可作揭顶翻修。

1）揭瓦前工作

对于按原样修复的传统建筑，揭瓦前及揭瓦，卸脊的同时，应对原有屋面的瓦件规格、垄数、瓦件搭接、脊饰的形制以及砌筑材料等应作详细的勘察及拍摄记录，补测尺寸，统计瓦件数量，尽量保管拆卸的瓦、板瓦、勾头、望砖等各类瓦件分类码放，瓦件揭取之后，经挑选尽量利用。根据设计图纸和拆除记录、照片等资料，按原式样、尺寸、规格订烧（制）瓦件。

2）对木基层的勘查

在揭瓦后，应重新对原屋面木基层，包括椽板、望板（或望砖）、封檐板以及檩木的残损状况进行全面的勘查，进一步确定以上木基层及檩木的更换数量和修补做法。

3）铺瓦前的准备

（1）检查屋面木基层

包括檩木、椽板、望板（或望砖）、封檐板的铺设质量，包括坡度、平整度、升起各方面是否符合修复设计（原样修复）的要求，不符合的应予以纠正，按福州三坊七巷传统民居做法，其望板上还得刷桐油两遍，待干后铺瓦。

（2）审瓦

审瓦工序采用扣瓦和对照标准瓦方式观察。

①对旧瓦：因一般传统建筑由于年代关系都经过多次的维修，所以难免出现屋面瓦规格多样、大小不一、厚度不一、弧度不一，存在不同程度的破损裂纹的缺陷。这些瓦如果修复中继续使用就难免底盖瓦搭接不够严密，就非常容易引起瓦片松动、位移，产生垄行补齐，线行不畅，结果容易漏水。

②对新瓦：凡破损，扣之有沙沙声的有裂缝的瓦以及厚度等尺寸不符的均应剔除不予采用，对检验合格的新瓦为防止砂眼引起的漏水，还应在用前放青灰浆中浸泡后使用。新的瓦件的材质、尺寸、质量均应接近旧瓦件，不得有变形、开裂和砂眼，颜色应一致，瓦耐压力达60Pa。

③铺瓦时一般按传统的铺瓦的步骤为分中号垄、排瓦当、铺边垄、栓线、铺瓦（审瓦、冲垄、铺底瓦、铺盖瓦）、抹夹垄灰（扛槽）、抹扎口灰工序。还有天沟、窝角沟、边垄上部靠墙的挂瓦、正脊档匀，以及盖瓦垄头部的扎口抹灰等工序。

4）勾灰材料

铺瓦时所用的勾灰材料，一律选用传统的麻刀灰掺乌烟灰使用。

（1）麻刀，要求均匀、坚韧干燥不含杂质，使用时将麻丝剪切成2~3cm，随用随打松散，每100kg的石灰膏约配1kg麻刀掺入。

（2）制作工艺

①用块状石灰时，先用水反复均匀对块状石灰进行泼洒，成为粉状熟化时，宜用不大于3mm筛孔过筛，同时加入麻刀，并用硬木棍反复捣舂至出油状后，在常温下，在淋灰池内沉伏时间应不小于15天（超过半年的也不能使用），充分熟化后，掺乌烟灰使用。

②蛎壳灰其调剂方法基本同块状石灰。

③用建材市场买回的现成的合格袋装麻刀灰膏，应尽量现买现用，如暂时用不完应倒入淋灰池用水养护，隔绝空气，防止发硬变质。

5）铺瓦

（1）板瓦

当设计无明确要求时，板瓦搭接要求应符合传统做法要求（图6-4-5～图6-4-7）：

①先在望板上刷熟桐油两遍，作用是防腐、防潮、护板。

②铺设小青瓦时一律不做灰和灰背。

③老头瓦伸入脊内长度不应小于瓦长的1/3，脊瓦应坐中，两坡的老头瓦应碰头。

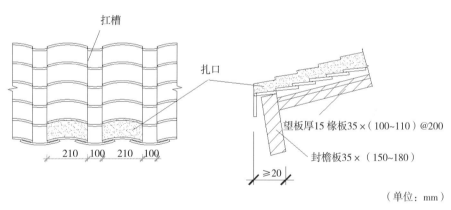

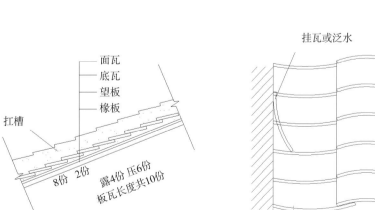

图6-4-5　屋面铺置示意图

图6-4-6　屋面做法

图6-4-7　挂瓦或泛水做法示意图

④分中号垄时，一般修复工程必须按原状做法施工（也就是在揭瓦前应对保留的屋面现状进行详细勘测，然后依据原做法进行分中号垄，然后铺瓦），因为是底瓦坐中，还是盖瓦坐中，各地做法或许有所不同，修复时还是尊重原状为妙。

⑤盖瓦与底瓦之间应留出适当的"睁眼"，小青瓦屋面的睁眼宜为50～60mm。

⑥檐口瓦的搭接密度可适当减少，接近脊部时密度宜适当增加。

⑦滴水瓦瓦头挑出瓦口板的长度不得大于瓦长的1/3，且不得小于50mm。

⑧斜沟底瓦大概不应小于150mm，或底瓦搭接不应小于一搭三。

⑨底瓦搭盖外露不应大于1/3瓦长（一搭三），当坡度大于1：0.65时应用刺丝或钉绑扎固定，且底瓦应大头朝上，盖瓦应大头朝下。

⑩突出屋面墙的侧面底瓦插入泛水宽度不得小于50mm。

⑪天沟插入底瓦的长度不得小于100mm。

⑫盖瓦夹垄灰（扛槽）时麻刀灰应密实，与底瓦交接严实、平顺、粘结牢固，屋面整洁。

⑬瓦面外观，瓦楞整齐直顺，瓦挡均匀一致，瓦面平整，坡度平整，坡度和顺一致，屋面整洁美观。

⑭板瓦一般一头稍微大一些近似一个梯形。这种不平行的特点能够使干叠瓦也不至于下滑。所以铺底瓦时应大头朝上，铺盖时应大头朝上，不然瓦片就容易下滑。

⑮分布每一垄檐口仰瓦时，要在下面垫两块半截瓦，在盖瓦的下面垫三层截瓦，布靠屋脊最后一片瓦时要在下面垫一层半截瓦。

（2）筒瓦屋面工程

筒瓦铺设前的准备工作与板瓦铺基本相同，所不同的是筒瓦铺设一般不能干搓瓦，必须生砌铺设，其生浆厚一般2～3cm，其垄沟宽度一般同筒瓦的宽度，筒瓦的脚下口高出底瓦瓦面高度，1号、2号筒瓦高30mm，10号筒瓦高20mm，筒内及生灰、睁眼抹灰均应灰浆饱满、粘结牢固、瓦楞基本圆滑紧密、不出灰翅。

各式筒瓦屋面工程的搭接应符合设计要求，当设计无明确要求时，应符合下列规定：

①老桩子瓦伸入脊内长度不应小于瓦长的1/3，脊瓦应坐中，两坡老桩瓦应碰头。

②滴水瓦瓦头挑出瓦口板的长度不得大于瓦长的1/3，且不得小于20mm。

③斜沟底瓦搭盖不应小于150mm，或底瓦搭盖不应小于一搭三。

④斜沟两侧的百斜头伸入沟内不应小于50mm。

⑤底瓦搭盖外露不应大于1/3瓦长（一搭三）。

⑥突出屋面墙的侧面（泛水）的底瓦伸入泛水宽度不应小于50mm。

⑦天沟伸入瓦片下的长度不应小于100mm。

⑧底瓦铺设大头应向上。

⑨筒瓦屋面的盖瓦之间的接缝不应大于3mm，混水筒瓦之间的接缝不应大于5mm。当

坡度大于50%时，底瓦应用刺丝或钉绑扎固定，盖瓦应每隔3～4片荷叶钉一只。

⑩对于筒瓦、仿筒瓦、盖瓦搭盖底瓦部分，混合瓦、仿筒瓦每侧不得小于1/3盖瓦宽，清水瓦每侧不得小于2/5盖瓦宽。

⑪做出墙披水线时，山墙上面瓦的挑出部分宜为瓦宽的1/2。

⑫筒瓦下脚应高出底瓦瓦面的睁眼高度。1号、2号筒瓦高30mm，10号筒瓦高20mm。睁眼高均不宜大于盖瓦高度的1/3。

⑬对于瓦垄的垄距和板瓦的蚰蜒档宽度，10号瓦不得大于20mm，3号和2号瓦不得大于30mm，1号瓦不得大于40mm。

⑭瓦面出檐应一致，筒瓦的出檐尺寸宜为60～100mm。

⑮盖瓦下脚与底瓦之间应留出适当的"睁眼"，筒瓦睁眼不宜小于筒瓦瓦高的1/3。

⑯檐口部位的底瓦坡不应过缓，檐口不应出现倒喝水现象，底瓦应摆正，无明显侧偏或喝风现象。

⑰筒瓦屋面的底瓦至少应"压六露四"，也可按"压七露三"。

⑱檐头瓦的搭接密度可适当减少，接近脊部时密度宜适当增加。

⑲瓦垄（包括盖瓦垄）应伸进屋脊内，伸进的插入长度不应小于屋脊宽的1/3。

6.4.2.3 维修注意事项

屋面揭顶时应进一步对屋脊、瓦件规格及各砌筑材料做详细勘查记录，尽可能保留好原构件。拆除所有后改椽子，按原规格予以复原。槽杇椽子拆掉后，按原规格、原材料、原形进行制作和安装。椽板弯垂不超过长度的2%可继续使用。拆卸过程中应尽量小心使瓦件不受人为损伤。瓦件应根据其完好程度以及分类规格，分类码放，去除不合规格和缺损严重的瓦件，将统一规格的瓦铺在一个屋面上。

1）拆除槽杇的椽条，按原规格（120mm×30mm×240mm）杉木材质制作恢复。

2）屋面揭顶维修，订制原规格瓦件，如小青瓦190mm×（190～175）mm×7mm，更换碎裂残损的瓦件，不够的瓦件按原有瓦件的规格订制，重新盖瓦严格按照搭七留三的要求施盖。

3）拆除不符合原制的青砖屋脊，按原小青瓦立摆屋脊（图6-4-8）。

4）拆除槽杇的封檐板，按原规格，用杉木材质制作恢复。

5）凡是屋面与墙体相交处，均在墙上作挂瓦处理，以防雨水由墙边渗透（图6-4-7、图6-4-9）。

6）在正座与前后披榭或回廊交汇处，为防止走廊檐口前后檐口雨水溅入，都会在披榭或回廊的悬挑部分的屋檐上加截水脊，其脊的前部往往也是灰塑装饰的重点。

7）屋面铺设本地板瓦，均无苫背，为干搓瓦形式，底盖瓦均用板瓦，在盖瓦两侧以乌烟加腮作扛槽，每垄盖瓦的头瓦以乌烟作扛口处理，且为盖瓦坐中。

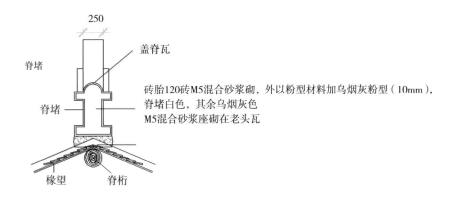

盖脊瓦

脊堵

脊堵

砖胎120砖M5混合砂浆砌，外以粉型材料加乌烟灰粉型（10mm），
脊堵白色，其余乌烟灰色
M5混合砂浆座砌在老头瓦

椽望　　脊桁

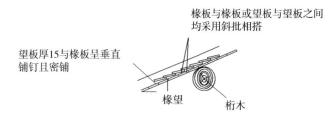

椽板与椽板或望板与望板之间
均采用斜批相搭

望板厚15与椽板呈垂直
铺钉且密铺

椽望　　　桁木

$\dfrac{8}{9}$

图6-4-8　**屋脊做法示意图**

图6-4-9　**椽望铺置示意图**

6.5 地面工程

6.5.1　地面操平（找平）

6.5.1.1　操平的工具

1）最简单的工具就用塑料管装水操平（找平）的方法，它只适用于中等范围的操平。

2）激光水平仪，是当前较先进的仪器，适用范围较大。

6.5.1.2　地形的实测操平方法

主要有两种方法，即分段操平和借线操平。分段操平是在作业面超出人的视力范围时把它分成若干段，然后一段一段分别操平。借线操平是在作业范围内地形高低落差较大的情况下，按现场实际，分成若干层的台间操平，然后根据层面台间的落差，计算确定水平点。

6.5.1.3　具体操作

操平难度比较大的是统一操平的尺度。一处面积大的建筑基地要在多处设操平中心点，多个操平中心点不可能在同一水平线上，所设的水平线高低不一，这就需要通过计算中心点相互间的落差找出统一的水平线。首先要找出大门处的最低点与操平中心点的相差高度。一般简捷的办法是把大门的最低处设为标准"零"设操平架线杆，安装水平仪，在操平架线杆上标好操平仪的高度。然后将每一处测成的水平点与标准核准，计算出上借或下借的尺寸，标记在操平架线杆上。这样，整体的标准水平线就可以找出来。

6.5.2 不同地面形式施工工艺

6.5.2.1 三合土地面夯筑工序

三合土做法：各地做法均大同小异，三合土主要取材于熟石灰、砂、黄土。配比为熟石灰：砂：黄土为1：2：4至1：3：6，拌三合土时先把黄土倒进水里浸后搅拌，把黄土水提取，底有沉下部分不用，后把黄土膏掺入熟石灰中，在熟石灰中加桐油，人工用锄头反复翻面拍打，直到用手抱了会成结块为止，后把地面挖出8～10cm高度，用舂好的三合土将其搞平夯实，要看地面厚度铺二到三次，然后小硬木树仔下座用铁帽包住，人力五梅花搞筑。筑实后第二次上土直到水平。讲究的做法最好用盖好的糯米汁渗上水和白矾筑以后，泼洒在打好的灰土上，泼洒时应先泼一层清水，再泼糯米浆，最后泼少量清水，可促进糯米浆下行，使平浆和灰土之间起到润滑作用。最好能筑到出灰油为止。然后用小木头做的小拍子拍平，拍出油，再用鸡蛋清擦光为止。这样做使三合土地面不仅坚固耐久，不易风化，而且防潮、抗磨。

桐油灰：桐油属于干性油，煮炼后加入石灰调匀生成桐油酸钙，起固化作用。石灰是金属氧化物，能促进桐油的加速聚合而干结硬化，同时还起到填充剂的作用。桐油灰是一种良好的憎水性砌筑用胶泥。

糯米浆：熬制过程是以糯米1份加10倍水浸泡一天，再放入铁锅中煮沸成粥，为使粥成粘稠状，煮熬过程中需不断搅拌以免结块。糯米浆是作补充灰用于材料间的空隙及促进硬化，增加韧度。现代模拟实验表明，在潮湿条件下，糯米石灰的后期强度明显高于普通石灰。

糖浆：利用糖的结晶能力，糖与石灰混合后形成蔗糖钙与碳酸钙，从而增加粘结力与强度。

海带浆：其作用与糯米浆相似，具有缓和硬化速度、润滑与防水的功能。

古代粉刷用的壳灰胶泥，为了防止龟裂，多掺和纤维材料，最常用稻草秆、麻绒作为草泥灰打底。做面层则用细小麻绒或纸筋，叫麻筋灰或纸筋灰。

6.5.2.2 斗底砖及黏土砖地面

俗活叫斗底砖，用好黏土烧制而成，铺室内的斗底砖颜色为砖红色，除杉木板其次斗底砖地面为防湿，铺前用瓦片，砖碎垫层后再用灰土垫层夯实，按设计标高调匀铺平，按水平线在四面墙弹击墨线，砂浆是用白灰。后先量好砖和屋内尺寸，再进行铺砖。铺前把不平直的砖边磨直成90°后给大面积地面创造有利条件，铺形常见十字形、斜墁形等，铺法用白灰铺砌，先铺左右后拉十字线铺砌，如有不平的应用木制工具拍平，现在用橡皮锤最佳。

6.5.2.3 杉木板地面

杉木板在传统民居常铺在卧室与楼上房间内，或铺在厅堂中。板材取自自然界树木，对人体有益无害，具有干燥、减轻重量、耐久等作用。杉木板制作方法：先把已晒干的杉木用大形架锯砌片为3cm厚板材（图6-5-1、图6-5-2）。杉木板宽度、长度按木径来定。把木板左右两侧用墨斗线弹直，用斧头把墨斗线外多余地方劈去，再把板侧面用长刨刀刨直，刨直后用槽刨出浮凹槽，又叫做雄雌缝。铺板时头一块板要和地栿合拢，后锯一段树木还用绳捆棍子榨紧，用竹钉钉上。

竹钉传统用毛竹及黄竹制作，用竹刀削成长6cm，再用火在锅里加入砂炒出油后可取出钉子。竹钉优点可以与木板寿命并存，能耐磨，不霉烂，牢固，铺好后如有点不平还可以重刨。铺地面板时一定要处理好地下通气洞，有地下用石分离，或条石砌墙，最好中间用三合土粉成半圆式通洞，通向墙体达到通气作用，使地桁和板不会霉烂。

6.5.2.4 天井铺法和作用

天井没有被其他东西遮住能直接看到天空，所以古人称为天井（图6-5-3）。天井有很大作用，一能起采光作用，二能起通气、排水等作用，有的还在天井左右两旁用打好的长条石架设石层放花盆或假山栽花木作为观赏。天井条石铺法：把天井四周墙先弹墨斗线（称为水平线）后余下石厚寸度后填黏土，或底下铺一层碎石，或乱毛石后用灰土灌满，有的只用黏土垫层后筑实，土垫层对大面积条石，用木头易整平，最主要垫层土面软硬度要平均，不能一边硬一边软，以免石板受压不均匀产生断裂现象，铺前先处理好垫层面和石底形态相似才可以开始铺设。铺放后按石形状底面模型，前沿靠紧。

铺法：先铺左右两旁路牙（直石条）。水平面一定要超过外路面以免蓄水且有利于排水，后铺中心横石（甬路—天井石），方法有抱杆起重：用三根杉木用绳捆紧，在上面拴一个滑轮，最好头尾各一个，把一端吊在石上，另一端与纹磨相连。每边各三人，中间两人扶按石位置放下用铁锹整好。

6.5.2.5 廊石铺法

走廊大型条石宽度2尺3寸2分，一般铺设在厅中前沿（图6-5-4、图6-5-5）。

踏步是从低处走上高处的通道，因房屋地面都比天井和室外地面高，所以每家每户都需要踏步。踏步层数是按地面高低而定，常见尺度踏垛：厚度小式4寸、大式5寸，宽度小式1~1.1尺、大式1~1.3尺为宜。踏垛的每一层为一"跺"，有几层就有几跺。在一般情况下，踏跺的燕窝石的水平高度是与台基土衬石的高度相同的。当高度不能等分时，应适当调整每层厚度，但必须小于阶条石、上枋的厚度，直至得出的层数是整数为止。

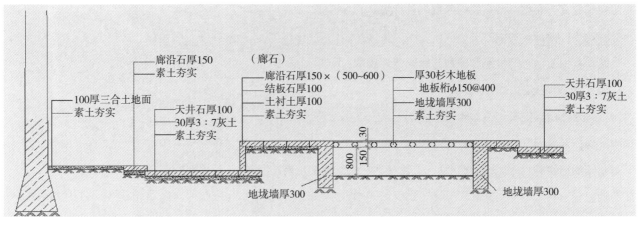

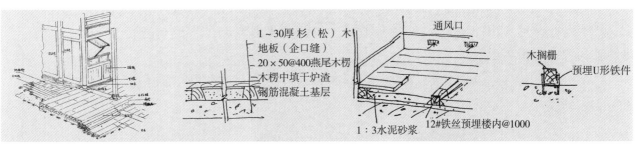

1		
2		
3	4	5

图6-5-1　福州传统民居地面形式及做法示意图

图6-5-2　**木地板在福州传统民居地面中的应用**

图6-5-3　天井铺装形式

图6-5-4　廊檐石铺法

图6-5-5　**踏跺铺法**

院内踏跺最宽不超过明间面宽，最小不小于两扇门宽。做法在没有机械帮助下，采用人力和物力，从台基阶条石拉一条斜线到燕窝石金边后砌好台基石，再砌中基石，然后再砌上基石。先量好每层所需的宽度，得出台基底下的位置，再量好每层踏跺高度，得出第一层台基的高度，砌好台基水平后，很可能是采用人力肩扛到预定台基石面上放好，后用铁揪和硬木棍协助整理到本层踏步位置。低的地方用铁揪揪起用犁头铁及小石片垫水平后用砂浆固定好。最好角度按斜线为准，才能成为完整的踏跺。

6.5.2.6　石板地面

石板地面是福州传统建筑地面的常见形式，通常为室外条石铺地，廊檐下为条石板铺地，室内用木地板铺地。条石铺地参考石作部分进行铺装，木地板铺地根据设计要求在条石垫起的基础上进行铺装。

6.5.2.7 鹅卵石地面

鹅卵石地面铺装的材料要求和铺墁方式、要求：

1）清理降挖地面；

2）整平夯实基层；

3）嵌埋60mm厚三七灰土基层；

4）嵌埋鹅卵石，铺法为侧立铺，小头朝下，大头朝上，露出基层7～8mm左右，顶面要平整。

5）所有补配的鹅卵石地面必须清理干净并夯实地面基层，鹅卵石粒径为50～90mm（小鹅卵石20～40mm），埋入深度不小于粒径的60%，采用砂浆坐浆铺设，鹅卵石紧贴密缝墁铺，并按原做法素土填缝。

6）按国家标准《建筑用卵石和碎石》（GB/T14685-2011）选用Ⅰ类鹅卵石，抗压强度大于600kg/cm²。

不同地面形式施工工艺说明表　　　　　　　表6-5-1

铺地名称	构造简图	做法说明	厚度（mm）	附注
三合土地面		1：3三合土夯实面层兼垫层素土夯实	100	配比体积比（壳灰：壳灰渣+黄土=2：3）
斗底砖面层		斗底砖面层	25	
		1：1桐油灰缝		
		砂结合层	20	
		3：7灰土压实垫层	100	
		素土夯实		
石板面层		花岗条板石（露明处100厚密缝两遍斫凿）	100	铺石就位前，坐浆前，下面预先垫好砖块等垫物，以便撤去后再用撬棍撬起到位。石料放好后，要按线找平，找正，垫稳。不水平时候用垫石或垫铁解决
		三七结合层（或石灰砂浆）素土夯实	30	

6.5.3 地面修缮工程

6.5.3.1 地面维修措施

1）铲除后浇筑的素混凝土地面、增抹水泥砂浆面层，揭露原素土面层、原三合土地面或原条砖墁地等。

2）清除地面青苔，夯实基层，按原规格、原工艺、原材质恢复原三合土地面或按原规格补配鹅卵石石堤地残缺部分等。

6.5.3.2　三合土地面维修技术

1. 平整面层

铲除凹凸不平的三合土地面，形成平整面层。

2. 修补地面

修补凹陷不平的三合土地面。

1）原材料

选购一级生石灰块，熟化后进行粗筛，黏土选用未扰动的生黏土。

2）配比

按生石灰：黏土为3：7的比例调和均匀，堆呕（发酵/沉伏）3个月。

3）铺夯

基面平整夯实，铺材平整，夯实先虚铺一定厚度（约150mm），夯至原地面标高，最后一遍拍打时间应在三合土凝固结实初期进行，务必用力拍打致实，直至出面浆为止，然后用泥抹子压平抹光。

6.6　灰塑工艺

灰塑在福州传统建筑中使用较普遍，它是将白灰或壳灰作为原料做成灰膏，然后加上色彩，继而在建筑物上描绘或塑造成型的一种装饰类别。从施工工艺上看，灰塑和陶瓷塑相差无几，灰塑为直接批型，边批边塑，最后染色涂料；而陶瓷塑则是将事先烧制好的陶瓷器碎片作为陶瓷锦砖粘贴完成。

灰塑（也与泥灰堆塑类似）也是一种堆叠的雕刻方法，在平面上堆纸筋灰，在堆灰塑前首先要做好骨架并把根部用铁钉连接做好，然后堆塑成所需要的图案。堆雕也具有与雕刻同样的效果，是泥工中工艺最复杂的装饰艺术。

泥灰堆塑要有相当的绘画基础，对传统建筑传统文化有一定的时间经验，什么地方堆塑什么图案，不可乱堆。建筑堆塑的地方很多，如屋脊、墙头的荷墀线、墙头堵框、门头匾额、戗脊、门垛头、混水门楼、漏窗、山墙山尖、亭子顶等，不同地方都有不同工艺要求和传统花式图案，充分展示传统绘画内涵。

灰塑的种类很多，主要分为彩描和灰批两类：

1. 彩描

灰塑的一种平面表现形式，着重用色彩来描和画，有意笔、工笔、水彩、粉彩、双勾、单线等画法。一般用于民居立面檐下的墙楣上，作为墙面和屋面的过渡部分。墙楣彩描呈条带状，一般高约30~60cm，装饰题材内容丰富，有历史人物、神话故事、花鸟鱼虫等。

2. 灰批

有凹凸主体感的灰塑做法，分为涂雕式和主雕式两种。

涂雕式，在壁画上按需要在凸出较大的部位预埋铜线或铁线，以灰膏画轮廓后用灰浆成浮雕，然后用色彩染配。涂雕式灰批用于墙面、门楣、窗楣或窗框上，花样繁多，色彩丰富，工艺精湛，具有很高的艺术价值。题材也很丰富，有的还塑有名诗书法。

主雕式，基本都用在屋脊、翼角处，其题材包括"厌胜"、"压火"，表现为喜鹊尾等，另外也有忠臣、孝子等一类题材。主雕式灰批有直接批在建筑上和做好灰批构件后粘上去两种做法。

福州的灰塑喜用开边瓦筒做躯干，再用铜线或铁线做骨架，外用砂草根灰塑形，把单体任务分别造好，再安装在屋脊或其他所需要的位置。

6.6.1 灰塑的材料配合比

底层可用白灰混合砂浆打底或塑胚。面层所用灰塑材料为石灰膏，即选用好的石灰（块状石灰），熟化时宜用不大于3mm的筛孔过滤，熟化时间一般不少于15天，经过用水调稀、漂洗、过滤、沉淀，最后得到质量较高的灰膏。此灰膏可加入所要的颜色及加强材料，如麻刀、纸筋、玻璃纤维，其中每100kg石灰膏掺麻刀1kg；每100kg石灰膏掺纸筋2.75kg，按比例掺入淋灰池；玻璃纤维每100kg掺入200~300g，另外还得加一些有机聚合物，如107胶、聚醋酸乙烯等代替传统的江米、红糖、蛋清之类聚合物，以提高灰的强度、柔韧性和黏结性。比例为107胶掺10%~20%，聚醋酸乙烯乳液是以44%的醋酸乙烯和4%左右的分散剂聚乙稀醇以及增韧剂、乳化剂、引发剂等聚合而成。

6.6.2 灰塑工艺流程

6.6.2.1 基本工艺流程

1. 扎骨架

用钢筋、铁丝或木材，按图样扭成人物或飞禽走兽造型骨架。主骨架需与屋脊或墙面结合牢固。

2. 刮草坯

用水泥纸筋堆塑出图案的初步造型，打草图用的水泥筋中的纸脚可粗一些，每堆一层（大约3cm）需绕一层麻丝或铁丝，以免豁裂、脱壳影响作品的寿命。

3. 细塑、压光

用铁皮条形溜子按图精心细塑，忌操之过急。也可用水泥纸筋，水泥纸筋中的纸脚可细一些，一定要捣到本身具有黏性和可塑性才可使用。压实是关键，用黄杨或牛骨制作的条形把人物或动物表面压实抹光，抹压到没有溜子印、发光为止。

4. 刷灰水

最后一道工序就是刷灰水，一般要刷三遍以上，以保证在日晒雨淋中不会松动、脱落。

6.6.2.2　不同灰塑类型制作工艺

1. 墨色灰塑制作工艺

1）画稿

灰塑施作前，应先绘画稿。画稿应根据房屋的等级、周围环境情况和设计要求进行绘制，也可在已有的画稿中进行选取，画稿应经建设方和有关单位审查认可后，才可依次施工。

2）基层处理

灰塑应在处理好的基层进行。基层处理应符合下列规定：

（1）在屋脊、屋面、墙面施工时，应预埋好锚固铁件和木砖。铁件应做好防锈处理，木砖做好防腐处理。

（2）将基层清理干净后，应洒水湿润，并用纯水泥浆刷满，再抹1∶3水泥砂浆结合层。

（3）在屋面上施工时，应在铺瓦之前进行基层处理，并应在屋面瓦铺好之后进行灰塑。

3）构思定位

应按照画稿以1∶1的比例在处理过的基层上构思定位。应将图样的外形轮廓和主要特征点标在基层上，作为骨架绑扎的依据。

4）绑扎骨架

骨架应根据构思定位的要求进行绑扎。骨架宜用$\Phi4 \sim \Phi6$的钢筋，并外包钢丝网或麻，也可采用木材、铁钉、麻丝。钢筋和钢丝网应进行防锈处理，木材应进行防腐处理。骨架的外形应符合灰塑图样的要求。

5）上灰

骨架上灰应分层进行，每层的做法应符合下列规定：

（1）底灰应采用1：0.3：3（水泥、白灰、砂）混合砂浆，并分层进行，每层的厚度宜在5~10mm，第一层灰应稍稠些，以下各层稠度适当即可，应待前一层凝结后才可抹下一层，直至抹到达到要求为止。

（2）面层灰应待底灰干到七八成后进行，面层灰采用混合砂浆，将图样主要外形特征线条都雕塑出来。

6）揩像

揩像灰应采用更细的水泥纸筋灰（纸筋应揭碎过筛），应将动物的面部神志，植物的花朵等细部形象全部雕塑出来，揩像厚度应为2~3mm。

7）刷灰水

待灰塑半干后，应刷灰水1~2道，灰塑表面颜色应均匀一致。灰水可按下列办法配制：将墨放入70℃的水中泡开，并加白灰搅拌均匀。将白色乳胶漆加黑色颜料，搅拌均匀。

2. 彩色灰塑制作工艺

1）基层处理同墨色灰塑。

2）应用白水泥配纸筋灰做灰塑面层。

3）应根据设计对颜色的要求，采用外用白色乳胶调制色浆，并刷2~3层色浆。当一件灰塑上有不同颜色时，应先上浅色，后上深色，上光一种颜色再上另一种颜色。

4）应对上色不均匀、界限不准确的部位进行修整，应达到与设计要求的图样一致的效果。

5）灰塑完成后，表面应刷1~2道无色有机硅憎水剂或其他保护材料进行保护。

6）对小型的灰塑件或相同件比较多时，应先制定模板，在加工车间进行预制，待强度达到要求后进入现场安装。

3. 不同位置的灰塑施工做法

1）小青瓦屋面屋脊

在小青瓦屋面屋脊上，砌塑屋脊应使屋面、屋脊的灰塑牢固地连接在一起，可以预埋防锈钢筋和小瓦片，以上等的乌烟灰进行筑脊、灰塑（图6-6-1）。

2）筒瓦屋面屋脊

在殿堂、庙宇房屋采用筒瓦屋面时，屋脊多采用龙吻脊、鱼龙吻脊等作脊头（图6-6-2）。屋脊较高大时，与其相配的灰塑体形也比较大。筒瓦屋面应在瓦屋面铺完后，再筑脊做灰塑。施工中，应采用防雨保护措施。

3）墙面灰塑

在墙面的灰塑施工中应在墙面施工同时预埋锚固于施工位置，待墙体施工

注

（1）纸筋灰，灰：纸筋=100：6（堆塑花活面层，厚度不超过1~2mm）。

（2）麻刀油灰，油灰：麻=100：3~5。

（3）油灰，白灰：面粉：烟子：桐油1：2~3：0.5，灰内可兑入少量白矾；

白灰：面粉：桐油1：1：1；

油灰：桐油0.7：1

（4）砖面灰，砖面：灰膏=3：7或7：3（根据砖色定）。

完后，再按前述的灰塑工艺施工（图6-6-3）。

6.6.2.3 填彩施工

1. 调色配制

施彩依所塑内容参照原施彩色泽施工，有单色填的，有混合施填的。颜料的种类繁多，选择天然材料时，单色施工不能满足工程的施工要求，因此需配调多种混合色。混合色调兑必须按传统工艺做法。如青配杏色、绿配紫色、黑与白对色之法。各种颜料彩色的配兑各不相同。有些粉料要过筛，有些要用

1	2
	3

图6-6-1　小青瓦屋面屋脊

图6-6-2　筒瓦屋面屋脊

图6-6-3　福州儒江石积尊娘庙

添水、开水或酒调制。有些制作工艺则需要长时间浸泡。因材料性能各异、配制工艺不同，施工时应采用传统工艺进行调色配制。调色配制完成后，装置于盆罐内，加入胶液拌匀。施工时填彩要根据需要用量调制。未用光的次日不得再用，因为隔日颜料可能由于天气等原因影响已腐坏失去胶力。胶液熬制应单独盛装，夏季每天均应加热煮沸，否则腐坏影响质量。

2. 填彩

施彩之前应先在灰塑的表面刷涂白水泥浆一遍作为结合层，白水泥浆能较好的和原灰塑结合，所以刷一道结合层是必要的。将颜料和胶水调配到适当的浓度、稠度，按不同的颜色分装于罐内，用毛笔、美术笔或毛刷蘸色于灰塑面填彩。填彩时注意填彩的厚度和涂刷的顺序方向，不可填漏。填彩前应检查灰塑是否干透，表面是否洁净，在填彩时按照片或记录的颜色填色施彩。第一遍填完成后，应于适当的距离观察整个画面颜色是否合理、均衡以及有没有漏填。中途休息需要用细部遮盖加以保护。

3. 混合色和叠景技法的施工

传统施工为提高灰塑画面的观赏效果，采用混合色施工描绘。即将两种颜料配制兑成，也有将两色配兑调解出浅一个色阶。灰塑填彩在混合色、两色配兑和叠景施工方面都需按传统技法施彩。

4. 封护

填彩施工完成，为保护灰塑颜色不被气候侵蚀和来自太阳光、热的辐射时产生破坏颜色，应在灰塑表面罩封，延长其寿命。封罩选择的胶材料一般为无色透明亚光的材料，可选择刷胶矾水加固封护或用高分子材料封护。

6.6.3 灰塑的修复材料

6.6.3.1 灰浆材料

修复的主材料灰浆采用贝壳灰膏（蚬灰），贝壳灰膏必须长期养水置于灰池，浸泡半个月以上，在其面层成形一层约10cm厚的灰油膏。灰油膏比下部的灰浆比重轻，故浮于上面，灰油膏比下部的灰浆含油质略多，其质量（胶结力）较好。所以传统灰塑用的灰浆均取灰油膏作材料。除主材料灰浆外，主材料施工时应加入适量的麻丝搅拌。麻丝的长度取2~4cm为宜，麻丝加入灰浆应搅拌均匀。

6.6.3.2 骨架材料

通常灰塑用骨料有铁钉（方钉）、钢线、木棒、钢筋、珠片。铁钉用于一般浮雕，如个体较小的花朵、小鸟等；铜线用于钉之间的捆扎；木棒、竹片、钢筋等多数用于高浮雕或圆雕的主骨架。

6.6.3.3 颜料材料

灰塑施工施彩的颜料均采用天然颜料，施工材料多采用矿物料。颜料的颜色有黑、白、青、绿、丹等。颜料为粉状，有些颜料颗粒粗，应过网筛或再次研磨方能使用。涉及特别的颜色时，匠师可根据需要取不同量的颜料调制，不同颜料的调制需要用凉水、开水或酒调制，颜料多数为国产，部分颜料亦有进口，如清末广东绿粉多数进口德国产的德国绿。部分颜料是毒性颜料，甚至是剧毒，施工时应有专人保管，进出仓库要有登记。

6.6.3.4 骨料材料

骨料材料有钢筋、钢线、方钉（锻钉）和麻丝。钢筋应选择直径适宜，经过除锈方能使用。方钉应有长、短、大、小供选择使用，方钉铁件为锻打材料，不易生锈。钢线直径粗细选择应根据灰塑个体大小确定。丝麻应切断为3~5cm长度和灰浆搅拌均匀方能使用。

6.6.3.5 胶材料

施彩用胶多数用动物胶，如鱼鳔、骨胶类颜料。动物胶料经过加热、蒸、煮，熬制成胶液和颜料粉，调配为色浆分装于盆罐施工。传统材料除动物胶外，植物胶如糯米浆汁也是一种较好的胶材料。

第7章
福州传统建筑石作

07

7.1 石作的用材特色

7.1.1 选材

7.1.1.1 石料产地与种类

石料是自然界的产物，使用石料建房屋有着悠久的历史。选用石料取决于石质和运距，适宜于就地取材。南方常用的建筑石料的种类主要是花岗岩石。花岗石种类很多，因产地和质感不同，有很多名称。花岗石质地坚硬，不易风化，适合做台基、阶条、护岸、地面等，但由于石纹粗糙、不易雕刻，因此不适用于石雕等较细小的制品。

在福建地区范围内石料种类分为花岗石664（称白石），产地惠安、连江、莆田；另一种福寿氏石，产地长乐，名称654；第三种是红梨花岗岩，产地罗源带红，名称663；第四种青石产地长乐、连江、永泰，还有一种福鼎黑等，但这几种石材优点是质地坚硬，质感细腻，不易风化，不怕水浸，耐高压耐腐蚀，不易磨损、变质等，所以从古到今人们把石料作为基础、台阶、门框石、柱子、压顶、出弓、浮雕、影雕等主要的材料。

福州地区的传统建筑石料，大都采自于福州市郊及附近县域，常见的有青石与白梨石。本地的石材开采之前是埋在土层中类似圆形的坯石（俗称"磄蛋"），大的有一座房子那样大。

青石是变质岩，色青带灰白。石纹细、质地较硬，适于雕刻磨光，且不易风化，是一种较好的石料。多用于制作柱顶石、石门框、柱础、栏板、望柱等。用以雕制石碑、石兽等尤为可贵。

白梨石为本地盛产，石质纹理粗，是大理石的一种，呈白色，质地较青石脆，易于加工，是一种比较普遍的石料。传统建筑多用它制作天井石、廊石、阶石、柱础、栏板、望柱、桥石、砌筑台基、驳岸，或铺装路面、垒砌墙垣等。还用以雕刻粗糙的石构件，是福州地区传统建筑中用途最多的一种石料。

7.1.1.2 石材的选料方法

1. 石材缺陷

石料的缺陷有裂缝、隐线、纹理不顺、污点、红白线、石瑕、石铁等[1]。

隐线指石料内部有裂痕，一般不选用带有裂缝和隐线的石料。同木材一样，石料也有纹理。纹理走向可分为顺柳、剪柳和横活（横纹理）。其走向以顺柳最好，剪柳较易折，横活最易折断。古剪柳和横活石料不宜用作中间悬空受力构件和悬挑构件，也不宜制作石雕制品。

[1] 刘大可. 中国古建筑瓦石营法［M］. 北京：中国建筑工业出版社. 2015：357.

石瑕是指石料中无裂缝和隐线，大致仔细观察可发现石面上有不大明显的干裂纹。带有石瑕的石料容易由石瑕处折断，因此一般不宜做重要构件，尤其不可用作悬挑构件。[1]

石铁是指石面上出现局部发黑（或为黑线）或局部发白（即白石铁），其石性极硬。带有石铁时，石料外观不佳，也不易磨光磨齐。

石料的挑选，开采前应根据所需石料的要求和每座山的具体情况，了解山上的石料性质和好坏以及石料在山上所处的位置。一般来说，坏石料常处在山根或山皮部位。开采时，应尽量开成顺柳石料，避免开成剪柳和横活。

2. 石材挑选

在挑选石材时应先将石材表面的污泥等清除干净，仔细观察有无上述缺陷，然后可用铁锤仔细敲打，如敲打之声"哨哨"作响，即为无裂缝之石，如作"叭啦"之声则表明石材有隐线。冬季不宜挑选石材，因为有时裂纹内会有结冰，这样就可能使有隐残的石材同样发出好石材的声音。冬季挑选石材时，应将石材表面的杂物清除干净，然后细心观察。石材的纹理如不太清楚时，可用磨头将石材的局部磨光。磨光的石材纹理比较清晰。石纹的走向应符合构成构件的受力要求，如阶条、踏垛、压面等，石纹应为水平走向；柱子、角柱等石纹应为垂直走向。[1]

老工匠推荐的石材选择表　　　　　　　表7-1-1

用途	材料
浮雕人物、花鸟	连江青
栏杆雕花鸟	连江青、长乐青、罗源带红663、连江白石664
影雕	山西黑、福鼎黑、蒙古黑
台阶	连江白石、惠安白石、莆田白石
柱子	长乐青654、连江白664、连江青、莆田天马山白石、永泰青石、安溪红、泉州白603、605等

7.1.2 石料的应用

现遗存的传统建筑中的石作，大多体现在桥梁、水榭栏杆、台基、天井、柱础、马头墙墀头、墙基等建筑承重部分和碑刻、碑座等。

在福州传统民居中较为常见的石构件有：

7.1.2.1 阶台、廊沿石、天井石及踏步石

阶台即露出地面的台基，统称"台明"，阶台构筑在基础上面，出地面处铺筑土衬石，在它的上面立放侧塘石，又称"台帮"。阶台口上叫"台面"，沿外周缘铺设台口石

[1] 刘大可. 中国古建筑瓦石营法 [M]. 北京：中国建筑工业出版社. 2015：358.

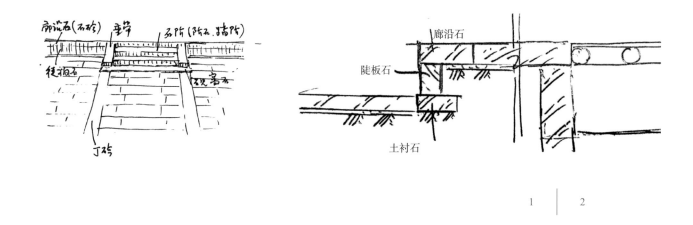

图7-1-1 踏阶结构示意图

图7-1-2 廊沿石做法

又称阶沿石（锁口石、廊沿石），下接"台帮"至阶沿。厅堂（主座）的阶台至少要高280mm，正面做阶沿踏步，以便上下联系，踏步一般要两个，高差三级（图7-1-1）。

廊沿石呈长方形，用毛石打成，无固定尺寸，上部平滑，下部为船底状。以安土衬石的方法按建筑的结构进行铺作（图7-1-2）。

天井石形制与廊沿石一样，相对面积较小，铺作方法类同。

踏步石，以铺好的天井石作为衬垫，直接横跨在天井石上连接上述各建筑。本地民居建筑的踏步石两边没有垂带，踏步石每一级为一踏，最多为两踏。

7.1.2.2 露台

阶台的前面所设置的平台称为"露台"。露台比阶台低110～140mm，铺上石板称为"地坪石"，或者以砖铺砌。露台较高时，四周或三周用石栏杆围绕，有的与阶台的石栏杆相连接。台面前、左、右，有的都设置阶沿踏步。台面前的阶沿比较宽，通常等于正间的宽度，有的在踏步的中央用"剔地起突"做高浮雕式龙凤等纹饰雕刻的石板代替踏步，称为"御路"。或者做成锯齿形状的石板，就称为"礓磋"。在阶沿石两旁的棱角石的上面，铺设斜置的石条，称为垂带石，上面安置斜栏杆和坤石（抱鼓石）。

7.1.2.3 石栏杆

福州的石栏杆一般出现在桥、水榭、塔等建筑上。由望柱、栏板、地栿、扶手等部分组成。

做地栿时，高出地坪台口，应于底面凿出过水沟，上口面为安装望柱和栏杆板需凿浅槽，称"落槽"，并在槽内凿出望柱管脚榫孔窝槽。地栿分段拼接时加铁扒锔槽或燕尾阳榫固定。栏板在扶手处两端及底面凿出石榫镶入安装在望柱和地栿预留的浅槽内，过去用油灰固定，现在用环氧胶泥挤浆装配组合。

旧法有卤盐铁屑、蜡矾法、沿液法等，但不能玷污石面。

望柱可分为柱头和柱身两部分。柱身的形状比较简单，一般只落两层"盘子"。柱头的形式种类较多，本地常见的做法有狮子头、南瓜头、素方头、叠落云子、水纹头等。栏板在望柱与望柱之间，栏板的式样可分为禅杖栏板和罗汉栏板两大类。禅杖栏板也称寻杖栏板，按其雕刻式样又可分为透瓶栏板和束莲栏板。栏板的两头和底面要凿出石榫，安装在柱子和地栿上的榫窝里。

7.1.2.4 坤石（抱鼓石）

石制品用在室外，作为构造及装饰用。有磉石、鼓磴及坤石等多种形式，而坤石除了用在牌坊、栏杆外，室内则用在大宅门主入口将军门的两旁，坤石前部多作圆鼓形，下部为长方形的石座基，称"须弥座"（坤座）。因上面式样的不同，而称坤石为换狮坤、纹头坤、书包坤、葵花坤等。而作为大宅门用的多为葵花坤，上面圆鼓形，俗称"盘陀石"。以圆鼓径为标准，圆径约550~666mm，厚大约160~200mm，全高约1100mm，基座约占全高的1/4。但其全部高低，需视门的高低而定。此门鼓石之须弥座后部作为门枕伸出门樘后又作门槛槽，又做大门臼（海棠槽），作为安装大门轴槽之用。

7.1.2.5 门框

根据墙体的宽度，底下施以槛垫石，左右两侧各竖方形条石，上承前后两块挑檐石。槛垫石部分在用于门头房与山墙上门洞时，基本与地面平行。在进与进之间隔墙上时，基本都略高于地面，必要时要施以阶石辅助。左右两侧竖的两块方形条石，基本上与墙体呈90°角，或呈45°角，"外八字"向外；或下半段用方形条石，上半段用青砖垒砌后直承挑檐石（图7-1-3、图7-1-4）。

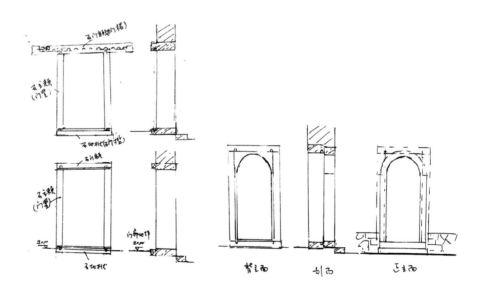

3 | 4

图7-1-3 门框石1

图7-1-4 门框石2

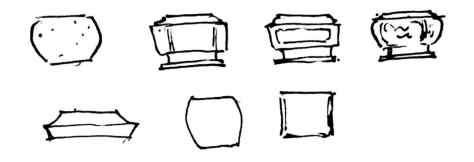

图7-1-5　柱础形式示意图

7.1.2.6　柱与柱础

福州的石柱在民居建筑中一般采用短柱，长约1m左右，在柱础上安装短柱，后直接承木构的金柱、檐柱。

柱础即柱子的基础，本地俗呼柱珠。柱础的形制大体上分为方形和圆形两种，在这两种的基础上又可分为好多类别（图7-1-5）。在用途上，金柱的柱础多为圆鼓形，在每座建筑内的金柱柱础都是统一的，规格一样。铺作过程中，在台基中部的土层上按一定方位设柱顶石，金柱柱础即直接铺设在柱顶石上，后才过渡到金柱；檐柱柱础多采用方形，上大下小，大多都饰以雕刻；环廊（回廊）插屏门、主厝插屏门下的柱础也均采用刻花柱础，少量采用圆形；环廊、游廊、披榭的柱础多为方形，大部分也有刻花。

7.1.2.7　墙裙、台基及驳岸

墙裙多应用于巷道两侧的建筑外墙，在墙基上用毛石、条石垒砌。墙裙的层面高度为1m左右。

台基采用条石砌成方形平台。硬山房屋只有两面出檐，台明总长为进深不超过出檐的位置，台明总宽为两山墙之间的距离；歇山房屋周围均有出檐，台明的四周交圈宽度一致。本地的台明（台基露出部分）的高度基本在30~50cm之间，台基的埋置深度为"埋深"，应按台明高的一半定分。

驳岸为毛石叠砌。

7.2　石作加工、砌筑、雕刻工艺

我国古代对石作加工的能力是逐渐增强的，对石料的利用也基本上是由软质向硬质发展的。石作加工技术与工艺，在西汉中期以后快速发展，约在南北

朝晚期至隋末唐初成熟，至宋代已基本定型，以后基本上变化不大。

福建传统做法有六道工序，即修边打荒、粗打、一遍錾凿、二遍錾凿、一遍剁斧、二遍剁斧。其中一至三道为粗加工，四至六道为细加工。之外，磨光又分为粗磨、细磨、抛光。《工程做法》石作用功中只列举了做粗、做细、占斧、扁光等四道工序。经过细加工工序的石料，可以使用在一般工程的露明部分。

有些加工部位的技术名称解释。如做糙，指糙面，不加工。做细，指细面，有一道光至四道光等。占斧，指用斧剁。扁光，指打磨。打瓦垄，指打条纹面。锯凿阴阳榫，指锯齿状榫卯。落槽，指刻凿各种榫卯的结构或铁锭的石槽。打枭混，指石上沿口线脚。倒楞，指倒边。做盒子，指石面雕刻封闭式方框线脚。这些专用名称南北不同，随时而异，不是一成不变的。

7.2.1　石料的开采工具

近代石料开采工具可分为凿眼工具和分割工具两大类。

7.2.1.1　凿眼工具

1. 钢钎

断面呈圆形或六角形，直径25～50mm，长度一般不小于600mm。尖端煅成斧状，刃部宽度大于直径，这样可以使头与孔底直接接触，而钢钎不与孔壁摩擦。钎头在锻制时，应使斧头的中部向内微凹，两边突出尖耳，形成月牙状。凿眼时先用短钢钎，随孔眼的深度增加，而逐渐选换适应的长钢钎。打击时要常加水，以降低钎头的温度，同时也便于出渣。

2. 大锤（也称晃锤）

按重量分为5kg、6kg、7kg、8kg四种。锤头矩形或八角形，锤柄用2～3片竹片或柳枝组成，长1m。这样的柄有柔性、弹性好，挥动时好使劲，又不易弹伤手。

7.2.1.2　分割工具

1. 锤子

头部用钢材煅成，长150mm，近似方形柱。中部有銎，装250～300mm长的手柄。

2. 钢錾

用工具钢打制，直径20～25mm、长150～200mm。分割石料的钢钎有两种，一种工作端为尖锥形，其尖锥部分较粗，俗称錾子，用于凿打钢楔孔的中上部；另一种其工作端为扁锥形，其锥口较为扁长，俗称"钎底"，用于凿打钢楔孔的底部和附近的孔壁。打楔孔时，先用尖锥形，后用扁锥形，两者不可混用。

3. 钢楔

长约80～120mm，有两种形式，一种是外形近似方锥形，尖端稍短钝，有两个相对称的斜面，用于劈面，涩面分隔。另一种的尖锥部分更短粗，两个对称而更宽大，锥口更扁钝，即跳楔，用于石材截面的分割。这两种锥錾在分割石材时均为几个、几十个地成排使用。

7.2.1.3 石作加工工具

主要制作及工具施工工具，如錾子、楔子、扁子、刀子、锤子、斧子剁斧、哈达、剁子、无齿锯、磨头等，其他用具包括墨、曲尺、平尺、竹画签、线坠、钢撬棍、木杠、麻绳、风箱、鹰嘴钳子、大鸭嘴钳子、小鸭嘴钳子、8磅锤、12磅锤、桩子棍、炉条、火勾、盖火、水桶、蘸錾盆、铁勺、铁簸箕、铁筛子等，这些工具经铁匠们加工后已达到相当高的技术水平，如长乐青溪乡及其他地方制造的打石小锤、大锤，皆具有耐磨损、不易裂等优点。安全用品有袜罩、围裙、套袖、手套和眼镜等。

1）大錾长150~250mm，直径25mm左右，用于打荒和粗加工。

2）小錾，尖端部分较尖细，直径6~8mm，长度以手可以直握为宜，用于细加工和雕刻。

3）扁子，形体与钢錾相似，其尖端扁长呈一字形。用它加工的表面较钢錾平整，用于大面积的找平和錾凿前加工表面四周的基准线加工。扁錾的加工一般用在剁斧之前，小的扁錾也用于石作的雕刻。

4）刻刀，尖端与扁子相似，体多呈扁条状，主要用于雕刻，也有断面弧状的称为圆头刻刀。

5）方头錾，用工具钢制成，长150~200mm，直径25mm左右。工作端呈方柱形，每边40~45mm。福建一带将相对应的两个边煅成锥口，两锥口中间为凹槽，用于修边加工。

6）剁斧，福建一带称为扁錾。操作时直接用单手或双手握柄在石材表面剁材，称为錾斧，用于大面积找平，并可在石材表面产生一种特殊的白色条纹纹理，是细加工工具。

7）方锤，使用时击打凿子对石表面进行加工。

8）花锤，又叫梅花锤，操作时手持木柄垂直石材表面进行敲打，用于石材表面找平或粗加工，有双面的，一面是手锤，另一面为花锤。南方石工常用之。

9）磨石，古代所用为硬质天然磨石，现代磨石为人造磨料和胶结料配合制造成的，也叫金刚石，分为1~6号，其中1~3号为粗磨石，4号、5号为细磨石，6号为抛光磨石。❶

7.2.1.4 石料传统运输办法

因福州地处沿海一带，水路交通由其在古代非常发达，造船技术历史悠久，所以石用船运输是最方便的，再加上很多产石地位于海边，自然条件对装卸有利。潮水退装石，潮水涨起时运石到目的地。

在陆地，小石两人肩杠，大的多人扛。多人扛法，用可承担石重量的绳，把杉木穿在绳中，石多长木多长，然后用短小杉木仔或毛竹，横在大杉木上，间距为前后脚不会踩

❶ 李浈. 中国传统建筑形制与工艺［M］. 上海：同济大学出版社. 2006：206-207.

到，横杠两端挂麻编小耳绳多人就可抬走。

第二种是摆滚子，比较省力，适用于较重石料，滚子又叫滚杠，多为圆硬木（榆木）或圆铁管，摆滚子方法先用撬棍将石料的一端撬离地面，并把滚杠放在石料下面，然后用撬棍撬动石料，当石料挪动时，趁机把另一根滚子也放石下面，如石重应多放几根，如地面较软，应在前先铺大板，让滚子顺大板滚动，如此循环，石料就能达到目的地了。

第三种点撬，全凭撬棍的点撬将石料挪走，既适用重石料也适用于较软路面上搬运，点撬搬运听起来十分简单但技术不熟拿不准劲，对石常是奈何不得。因古代福州天气非常寒冷，使地皮能结成较硬土层，为运输较重石材创造有利条件。也会产生拨水结冰现象，滚子放在冰那更加轻松滚到目的地，也是对大型石材的运输创造最好的条件。

7.2.2　石作的加工工艺

7.2.2.1　石作加工手法[1]

1. 片裂

也称劈，即用大锤和楔子将石料劈开。先用錾子在劈裂线上每隔约10cm的地方打一深约4～5cm的孔眼，在每个孔眼安一钢楔，然后用大锤轮回打击。第一次打击时要轻，以后逐渐加重，直至劈开。

2. 截断

将大料分段后打击不需要的部分叫截断。可用剁斧放于弹好的墨线上，然后用大锤狠击斧顶。如此沿墨线逐渐推进并反复进行，即可将石料截断。也可以先用錾子沿着墨线打出沟道，然后用方头錾和锤配合，沿着沟道一次用力敲击，直到将石料截断。

3. 錾凿

锤錾配合将石料表面凸出的部分打样称为錾凿。操作时凿子与加工表面成一定的倾斜角度。对荒料凿打时称"打荒"，对底部凿打称"打大底"，用于表面加工时，其工序按粗细称"打糙"或"见细"。

4. 打道

锤錾配合在基本凿平的石料表面上凿出深浅均匀且平直的沟道称打道。打道有打细道和打糙道之分，主要为了找平。打很宽的糙道叫打瓦垄，打细道也称刷道，为美观或进一步找平。

5. 扁光

即用锤子和扁子将石料表面打平剔光。它是较錾凿、打道更细一步的工序。

6. 刺点

是一种将凿子直接击打的手法，用于花岗岩等硬料加工，可形成一种特殊的斑点状纹理。

[1] 李浈. 中国传统建筑形制与工艺［M］. 上海：同济大学出版社. 2006：213-214.

7. 砸花锤

即在打糙或剌点的基础上，用花锤在石面上击打，使石材表面更加平整。可作为剁斧前的一道工序，也可以作为石面的最后一道工序。处理后的石料大多用于墁铺地面。需磨光的石料不必砸花锤。

8. 剁斧

即用斧子剁打石面，用于石料表面的找平，在砸花锤后进行。一般两遍斧交活为糙活，三通斧为细活。第一遍斧剁一次，主要目的是找平，第二遍剁斧剁两次，前次斜剁，第二次要直剁，因为都要比第一遍剁斧稍轻，加工表面的凹凸不超过3mm；第三遍斧剁三次，第一次向右上方斜剁，第二次向左上方斜剁，第三次直剁，剁处的斧印楞密、均匀、直顺，不得留有二遍斧的印迹，不留凹凸，不超过2mm，可作为最后一遍工序，也可为打细道或磨光作准备。石料表面以剁斧为最后工序的，最后一遍斧要轻细、直顺、匀密。

9. 锯解

即用锯或金刚砂将石料锯开。

10. 磨光

用磨石沾水将石面磨光，一般先用粗磨石，后用细磨石。

7.2.2.2　石作加工程序[1]

石作坯料按其再加工的粗细程度，主要包括以下几个步骤：修边打荒、粗打、錾凿、剁斧、磨光和特种加工等。

1. 修边打荒

把不方正的荒料的边、角、棱、面等进行粗略的修打，使其大体平整。加工前先对坯料按要求划线。一般要进行两次弹线修边。第一次弹线修边是将不加工面的四个周边沿着墨线修直。修边的宽度为3cm左右。操作时将荒料侧立（此时加工面即此正面），在顶上、底面以两侧面上靠正面的边弹出墨线，按线将四周边靠近正面的边沿凸出不平直的部分用手锤和方头錾打击，使正面的四边基本平直。

2. 弹线

主要有两种方法：（1）吊线法，即先在顶面弹一墨线，从墨线的两端点在侧面上吊弹垂直线，最后在底面上连接垂直线的端点，则所弹的四根线在一个平面上。（2）对角线法，将所要加工的面向上平放成顶面，先在两相邻的侧面顺序弹出两根直线，并在顶面上弹出对角线，这时已确定三点了。在对角线的交点上立一小杆，用墨斗上的两小杆立于端点可定的对角线上并拉紧，在交点的小杆上做出标志。保持交点的小杆不动，将墨线移到另一对角线上，一段抵住已知的一点，拉紧墨线使之通过标志，则可找出第四点的位置。连接所得的两根线，则所弹的四根直线在同一平面上。

[1] 参考整理：李浈. 中国传统建筑形制与工艺［M］. 上海：同济大学出版社. 2006：214–217.

3. 二次修边

第二次修边是将与加工面相邻的边、棱、角等进行修打，使之平直。操作时在加工面上已经修平的四周边上弹出墨线，用曲尺杆检验成方形。然后用手锤和方头錾修去墨线外不平直的部分，使正面靠近顶，地面和两侧的边沿基本达到平直。经过第一、二次弹线修边，石材块体的正面、顶面、底面和两侧面上的不平之处特别明显，将凸出部分凿掉，正面上除很大的瘤外一般不加打凿，暂保持粗糙的表面。

4. 粗打

粗打是石材加工的基本操作，是在修边打荒的基础上进行的，属于粗加工。粗打工具主要是手锤和钢錾。操作是，顶面、底面和两侧面凿打到基本平整即可，正面除对凸出的部分要基本凿平外，低凹的部分也要稍加凿打，石工称"去瘤留窟"。凿点的疏密要大体一致。用錾子粗打时，每凿打一次，就凿掉一小块石片，石材表面就出现一个亮色的凿点。粗打时要求凸出部分的锤击要重些，凹入部分要轻些，凿点距离在12～15mm左右，凸凹处相差不超过15mm，凿打的顺序要沿着修边的表面边沿进行。

5. 錾凿

錾凿是一种要求凿点的分布均匀、露明的边棱角面都已平正方直。一遍錾凿一般不呈现一个个凿点，而是呈现一道道凹槽或凿痕的做法，俗称"顺凿"。凿痕与表面两端线平行在100mm内有8～10道顺凿痕，均布在石材的表面上。二遍錾凿以上属于细加工。

二遍錾凿的工具是以钢錾为主，或用花锤配合钢錾操作。用花锤配合操作，是先用花锤把石材表面较凸出的部分敲打平整。敲击时要分别对待表面凹凸不同的情况，凸出较大的部分锤击要重，凸出较小的部分用捶要轻，凹下的部分不要锤击。每敲打一下，就移动一下花锤，避免在锤击处连续敲打，造成凿点混乱。经花锤击平以后，继续用钢錾从表面的一端渐次向另一端细致地錾凿一遍，要求较第一遍的凿点细密、均匀、平直、整齐。凿点的距离在6mm左右，即在100mm内有15～16个凿点，表面平坦度在300mm以下，低凹处不越过3mm，正面看不见凹窟。经过二遍錾凿的边、棱角面要平直方整，不能有掉棱缺角和扭曲。二遍錾凿也可以先用粗齿的花锤作第一遍打錾找平，再用细齿的花锤做第二遍錾凿，这样可以提高工效，但质量较差。二遍錾凿也有采用直线条凿痕的顺凿方式的，要求凿痕细致紧密均匀，在100mm内有14～15道凿痕，也有雅致美观的效果。

6. 剁斧

剁斧是在一遍或二遍錾凿的基础上进行的，是石材的细加工，使用的工具是剁斧（扁錾）。操作时双手或单手握斧柄，在加工面上顺序均匀地轻轻击打，这样在石材表面就会留下浅浅的白色斧痕，这种长条形的斧痕密布起来，使表面看起来平整。剁斧对石材表面的平整程度要求较高，不宜用弹线修边的方法加工，要用直尺或垂线法校准。直尺法式在加工表面的两端，先用剁斧各剁出一道宽30～40mm并相互平行的剁斧线，再用两根平直的长尺平放在两道剁斧线上，从一端的外侧，侧看两根尺是否吻合，如不吻合则重新将石材高起的剁平，重新侧看直到完全重合，此时两端的剁斧线在同一平面上。同样的方法在加工表面的另两个边上剁出基准线，并和经校准的基准线连接并找平校直，则这两道剁斧线也在同一平面上了。这四道剁斧连线则成为表面的基准线。垂线法是把加工的表面垂直侧立，用细垂线挂在两端剁斧线，挑出一定距离，校准两根垂线上部挑出的距离，使其相等，再用同样的方法校核两垂线的下端，直到两垂线的各点同基准线的距离都相等，则此时两道剁斧线在同一平面上。再同样剁出另外剁斧线，连接、找平、校直，这四道剁斧线为加工表面的剁斧基准线。

一遍剁斧操作，要沿着基准线顺序进行，单手或双手掌握剁斧，控制斧痕距离在每100mm内有40~50条斧痕，操作时用力要均衡，行列要整齐，疏密要均匀，粗线深浅要一致，表面平坦度在100mm，底凹部分不超过3mm，边棱必须方直，角面必须平正完整。

二遍剁斧是在一遍剁斧或二遍錾凿的基础上进行的，是石材的细加工。操作方法与一遍剁斧一样，加工要求更高，斧痕更均匀整齐精细。如在第一遍剁斧的基础上加工时，斧痕的方向应与第一遍剁斧方向相垂直，不能重叠，要求疏密距离在100mm内有70~80条斧痕，表面平坦度在100mm以下，低凹部分在2mm以下，棱角面较第一遍剁斧更为细致。

7.2.3　石材的砌筑工艺

所有石材砌筑前应挂通线，即按设计尺寸拉线后，按线安装砌筑。

石材就位前，可适当铺生灰浆。下面预先垫好砖块等垫物，以便撤去后再用撬棍撬起到位。石材放好后，要按线找平、找正、垫稳，不水平时使用垫石或垫铁解决。

石材的砌筑有干砌和浆砌两种。干砌则纯依靠石材之间的接触面。浆砌则由石灰砂浆、石灰砂浆加糯米汁、石灰烧黏土砂浆、石灰水泥混合砂浆以及水泥砂浆等。

石灰砂浆：以壳灰（或消石灰）和黄沙按一定的比例配合而成。石灰砂浆起填充胶结作用，有少量的老石拱券用桐油石灰，或石灰砂浆加猪血、明矾等，其作用估计是使其更坚固而有韧性。

石灰砂浆加糯米汁，是传统石工由来已久的做法，其作用也是使其更有韧性、坚固。

为了使石材更为牢固，还可以使用铁件加固、灌浆加固等方法。灌浆前先勾缝，如石材间的缝隙较大，就于接缝处勾抹麻刀灰。如缝较细，应勾抹油灰或石膏。灌浆时从浆口处进行。浆口是在石材合适位置的侧面预留下的一个缺口，灌浆完成后再把这个位置上的砖或石安好。灌浆一般至少分三次灌，第一次应较稀，以后逐渐加稠，每次相隔时间不宜太短。其石灰、水、黄沙的配合比为500：1000（1500）：15（40）。石灰烧黏土砂浆，石灰和黏土的比例为1：1和1：1.5，一般以1：3为好。石灰水泥混合砂浆，1：1：6的水泥、石灰膏和细砂。同时现代还用水泥砂浆。

7.2.4　石雕

石雕按宋《营造法式》石作制度，造作次序依其雕镌制度又四等：一曰，剔地起突（即高浮雕或半圆雕，凿底后流出凹凸面或花纹）；二曰，压地隐起（底面不起伏铲平，上口面略为隐起花纹，即浅浮雕）；三曰，减地平钑（上口面端平，打谱子刻线花纹、底背打毛留面）；四曰，素平（外表面端凿平整即可）。

石雕按其雕刻方法和最终成品外观效果不同，可分为阴雕、平雕、平浮雕、浅浮雕、高浮雕、镂雕、透雕、影雕、圆雕、素平十种，分述如下：

1. 阴雕

在平整版面上，用细阴线雕出凹形图案（亦称"线雕"）。

2. 平雕

将平板面打谱、稍刻底打毛，流出表面平整线刻图案花纹，相当于"减地平钑"、"线刻平花"等。

3. 平浮雕

在平整版面上雕刻出表面平整的凸起图案。

4. 浅浮雕

凸出底面小于5mm的浮雕图案花纹，有一定层次感，相当于"压地隐起"、"水磨沉花"（图7-2-1）。

5. 高浮雕

凸起地面大于5mm的浮雕图案有多个层次，有丰富立体感，相当于"剔地起突"、"剔地雕"、"高浮雕"、"半圆雕"。

6. 镂雕

在深浮雕基础上，加之部分图案脱离底版悬空圆雕而出，立体感很强。

7. 透雕

将镂雕更进一步加工，雕去非图案部分背景成镂空状，并有单面透雕（单面成像）和双面透雕（正反面皆成像），用于龙柱、螭虎窗、地漏等处。

8. 圆雕

雕刻成立体图像，如大门门口的石狮子、龙柱、抱鼓石、坤石之类，也称"四面雕"（图7-2-2）。

9. 影雕

在平整板面上用细小的针錾琢点构成图案，是一种新的雕刻工艺。

10. 素平

仅将表面抹平，錾凿平整即可，仅用于整体石料，除去雕刻花纹图案以外的边框、装饰处，如鼓磴（石柱础）、磉石（柱顶石）、束腰、枋面等，不作为雕刻工艺之列。

图7-2-1　浅浮雕

图7-2-2　圆雕

7.2.5　石作的应用举例

7.2.5.1　石基础工程

1. 福州石基础工程的用料

在"三坊七巷"常见的基础中，石料种类分为花岗石、福寿氏石、红梨花岗岩石、青石（即黑石）等，以上几种石料原产地大多在福州范围内，石料优点是质地坚硬，质感细腻，不易风化，不怕水浸，以及抗压、耐腐蚀，不易磨损、变质等，所以从古到今人们用石料制作基础。

因福州地处闽江下游经常有洪水灾害，每家每户基本都用石作为基础，但基础做法中分为大、小、高、低几种等级。富豪、官家、名人等故居因墙体较高较大，所以基础石材料都选择长度较长、较大、较厚的规格整齐的大块石。用作打石的工具包括錾子、楔子、扁子、剁斧、锤子、哈子、刀子、剁子等，其具有各自的功能作用。制成各类条石，长方形条石，块石等形状各异，大小不一的适合民居所需尺寸石料。

2. 石基础制作工艺

在安装基础之前先处理好基底的灰土垫层：普通民房基础灰土垫层厚度一般需铺21～25cm，夯实后为15cm（7寸）。普通民房的灰土配合比多为3∶7，大户房屋灰土配合比以4∶6居多。古人不仅把灰土压槽作为基础放脚，还可以作为砌体防潮的措施。基础放样时先预留好门位置，具体尺寸按门位大小而定。

基础一般分为两部分，地下基础为底基，地面基础叫面基。地下基础第一层最小宽度一般比地面基础的宽度大二倍，如果面基宽2.2尺，底基宽应为4.4尺，墙宽超过2尺以上均只要另外加宽2.4尺。地面基础大都经过錾子打荒，打大底，小面弹线，大面装线抄平、砍口、齐边、刺点、截头、砸花锤、剁斧、磨光等工序制作而成。

在基础中常见石材分为大小条石、长方块石、短方块石、乱毛石等。

1）大型条石砌法

预先砌好底层为头石，水平后砌大型条石，因其长、厚、高，一般只砌1～2层。首先应处理好座地，垂直后座地下用砂灰浆灌饱。古时常见的基础形式是前后对砌水平，中间空洞，左右用方块石堵住，稳定拉力前后石基础，后用基础宽条石压面，起到上下拉力作用。

2）长形块石砌法

用比较薄小的长形石条水平叠砌、侧砌，前后一样长，头尾拉丁恰好如同四指的形状，中间有空洞要填灰泥，砌法要稳定，不可重缝。

3）短方块石砌法

采用45°斜砌，第二块则采用反方向45°斜躺砌成的石墙砌法。以此类推形成人字形墙面。

4）长四方角石砌法

一横一丁上下对缝，丁头要按照墙基宽度确定。砌横块石时要内外同长度，为拉丁做好基础。

5）乱毛石砌法

以不规则石块所砌筑的墙，每块石底座按照其形状与角度嵌入，左右塞紧，可以达到牢固效果。

以上几种砌法有浆砌、干砌。浆砌优点是基础稳定、石垫层不易滑动、防水渗透、拉力连接等作用。干砌优点是基础稳定、外观统一、通风，在室内起防湿作用。

这些砌法一定要注意：砌法不可重缝，前后砌体要拉丁，里外不能分开，要注意整体稳定。石块在座地处不要打太斜，要尽量靠紧地面，尽量少垫小石片。对缝处的上下石形最好一致，能防止上部墙体受压时，小石粉碎、滑位后使基础变形或向里、外倾斜，浆砌时应注意砂浆饱满等做法。

传统基础勾缝材料是壳灰和砂混合搅拌而成，灰量与砂的配比为3∶1。传统勾缝工具有用排笔下削薄制成，规格按照缝的大小而定，长7～8mm。勾缝深处也可以勾到。后用软布把它与石块连成一体，色调与石料颜色一样，后再进行划线。勾缝底要浇湿砂浆饱满等技术措施。

3. 基础挖基槽

在以前凡建房及其他建筑时，动土开工头一天都要选择吉日动工，还要请相关人土用"罗经"制定建筑方位，及按鲁班尺的尺寸（财、义、官、本四字为吉祥字，一切尺寸都按照吉祥字确定）。方向定好后才开始搭龙门架，龙门架要在开挖基础后二尺左右。搭好后把定好的基础中心位置先用竹笔签蘸墨水划直，再用铁钉钉在中心位置，后由左右分清基础所需尺寸确定基槽宽度。首先在场地上用线拉直再用白灰在线上洒出白线，动用人工用锄头和土簸箕开挖。基础宽度一般按墙和面基两倍以上，挖基槽深度按地质硬软来决定，最好挖到原有地层硬地。

因福州地处闽江下游，离沿海地方较近，地势较低。河流纵横，多为块泥、沙积地，有的地方越挖越软，所以传统民居建筑基槽都挖的比较浅，大约1m左右深。基槽在左右挖平后基槽底夯实，开始铺底层基石，底层基石最好按基槽长、宽尺寸，厚度要厚。砌法底层最好要横砌，砌第二层就用直砌，宽度要比底层缩短一点成为梯形基础，后直到地面，放出门位，再砌面基，在墙基外面有的可采用退收分做法，里面保持垂直。

4. 基础与地面垫层的素土做法

福州地区素土夯实做法是明代以前建筑的基础常用做法，至清代仅遗存在极少数次要建筑、部分民居与临时性的构筑物的基础中。素土夯实主要用于地面垫层，采用素土夯实做法的土质分类要求虽不如灰土严格，黏性土或砂性土均可，但应比较纯净。土内不宜掺有落房渣土或煤灰炉渣等。

地面垫层素土做法：铺虚土，厚度可根据具体情况定；用大夯或雁别翅筑打两遍，每窝筑打3～4夯头，找平；撒磕子，大夯或雁别翅夯筑一遍，每窝筑打3～4夯头；打硪一遍，顶步素土可加揣硪一遍。

5. 基础下沉的维修

基础下沉的原因绝大多数是由于地基浸水松软所致。维修的方法是打桩加固。先拆除柱下的柱磉及残碎的磉墩灰土，然后在松软处打木桩加固，最后按原做法、尺寸重新补砌完整。

为使地基不再继续下沉，通常用灌浆加固地基的办法。常用的灌浆材料有以下两种。

1）水泥浆加固地基

用灌浆机在1～2个大气压力下将水泥浆或细砂水泥浆灌入松软的地基内，每个注孔形成一个直径约0.7m的土壤加固区。

2）硅化法加固地基

用水玻璃（硅酸钠）和氯化钙溶液，在一个大气压力下轮流注入松软的地基内，每个注孔分两次注入，形成一个60～80cm直径的土壤加固区，每次注入药液水玻璃与氯化钙溶液的体积比为2：1。每孔内第二次注入药量应比第一次减少1/3左右。

7.2.5.2　台基及基座类砌体

1. 台基

台基是全部建筑物的基础。台基通身高度分上、下两部分，露明地皮以上的称台明高，埋在地下那一部分为埋深。合称"台通"，即台基通高。

2. 台基的砌筑形式

台基的各种砌筑形式全部用砖砌成。砖料可用城砖或条砖。做法可为干摆、丝缝、糙砖墙等多种类型。砖缝的排列形式多为十字缝或三顺一丁。全部用砖砌成的台基多见于民居、地方建筑或室内佛座等基座类砌体。

1）主要用石材砌成。如陡板石、方正石或条石砌筑，台基的边沿最上面一层均安放廊檐石，最下一层为土衬石，廊檐石与土衬石之间立陡板石。

2）柱基一般在灰土上用毛条石分层铺砌呈下大上小、四周为阶梯形石柱基。

7.2.5.3　柱顶石、柱珠做法

柱顶石铺在柱和木墙中心位置，先把柱顶石底下基础土层夯实夯平后用，三合土垫层3～4寸，结合整实后铺横条石然后用0.4～0.6尺厚，宽为1.1～1.2尺以有柱顶石位置砌比其他地方底层厚2倍以上，但有干砌有浆砌，有砌好用灰土把左右粉为斜形使基础稳定牢固，如果上面铺杉木地板定留空洞以防产生地板潮湿。按石柱珠是能防磨损防潮湿和受压等作用。凡是所铺地条石密缝2～3遍，凿条板面层，平坦耐滑，在室内不管基础或地面都与外墙基础连接，所以说"墙倒屋不塌"的设计特点。

柱珠采用的石材叫青石，多为连江青及长乐青石材，选劈成正方形荒料，雕活选料与其他工序的选料标准相同，应特别注意有无"流沫子"（即质地软石料）。设计画谱时应注意不同的纹样（大小花纹）、不同的部位（高低或阴阳面），同时还照顾到光线及视线角度，力求使光线效果突出，花形明显。平浮雕操作时锤要轻，錾要细，斧要窄，要根据不同的操作部位使用适当工具。例如在扁光前找细的时候，可用锯齿形扁子进行加工（锯齿形扁子，就是原来的扁子过火，可用钢锯拉成锯齿形状）。凿錾时，锤落錾顶时要正，不要打偏，以免錾顶被锤击碎刺伤人身，錾顶刚性要柔，如过硬时，錾顶部分应回火。雕活时，要注意花筋、花梗、花叶特征，精心刻画一定会表现出画谱的原意。表面应重新磨

光两遍，使里面更加美观。一般石雕都有相同的地方雕法。

四角柱珠，做法先把曲尺放成所需求的正方形柱珠尺寸后，画好墨线，然后把墨线以外石用手锤和錾子打击形成粗坯，注意线条最好留住，后再按比例缩小，把下部打出荷墀座，成形后，先打粗后打细，像以上柱珠四面有雕花要留下能雕浮花厚度，根据画谱，工匠要注意分清阴阳面，阳面是指花形翘起部分，阴面指花形低洼部分。花朵、花叶要随形状作细，后"扁光"，就是用扁子将錾印削平整，最后用毛笔勾画一遍。

在以上前提下柱珠上再重一粒，按照柱径一样大柱珠打法上面已讲过，像之前重叠柱珠，一定在柱、珠中心对接位置，下座要打管脚，上座底中心位置要打插杆，使受压时增加柱子稳定性，不易移动。

7.2.5.4 门的制作

1. 砖砌门

压柱石，在传统建筑木墙结构中，安放在四周中心位置，作为整座房屋水平线，也作为主要基础，砌法常见在受力地方砌比较宽大，没柱地方砌比较窄，使受力平均，一般都用三合土浆砌，两旁用三合土填筑饱满，使其不会倾斜，在房屋隔间中都有使用压柱石。

地木，在门位地方叫门槛，也有底下用石，以防霉烂，地木作用非常重要，取材大棵杉木锯成片，能起顶力作用，使柱座不易向左右歪斜，也能起平均受力作用。使木墙结构起水平及稳定作用。

门槛是门框下方和地木连在一体的做法，能耐踢，不会移动，所以用木门扇底下，门臼钉在座钉上面，更不会移动、掉落。在门楣上钉上臼，把门安上非常稳定，不会摇摆。

半门竖（图7-2-3），有的用全石结构，如用半竖石，上砌半圆拱，是以单侧砖砌法，是因里面还有一半石门楣是下安门臼，用于安装门扇和门闩。砖圆拱砌法，先在门内安放好木制半圆形木模，洗干净的砖用砂灰浆砌，砂浆要饱满。

2. 石门

把基础留下来门的位置，先是按照鲁班尺的尺寸确定安上门座、门竖、上枋（图7-2-4）。安装方法，先安门座，垫两旁石垫，按照门座底层水平后，中间要掏空，以免两旁受压时断裂，门座后面要按照墙皮位置上已打好的4寸宽的槽位，槽比整块底座石面低1.2寸，用来安放门扇使用，使关时拼齐，限向外推，两旁边打门臼，要上臼深。下臼浅，用来安放门扇。门臼要上深下浅的理由是为适合把门扇向上推到下臼面上，可以把门安上后再推上就可以，拿的出来即可。安门座石时，要找水平也要带斜一点外地面，防止外面雨水流入室内。

下座安好后接着可安装门竖，门竖宽度是按照门座和墙的宽度来确定安装方法，其中介绍一种在没有机械情况下所采用的传统方法用于安装：首先用木头垫在与门座平距离的

3 | 4 | 5

图7-2-3　砖砌门形式

图7-2-4　石门形式

图7-2-5　圆月门形式

地方，按门竖长梢短30cm放置门竖用，左右都如此。后用人力抬杠，肩扛的工具是杉木仔或毛竹头长度1.1～1.2m，直径8cm，扛石绳是用麻绳打到三到四股，粗不得少于3.5cm，抬时石要侧抬，轻的4人抬，重的8人抬，注意中间要加一条杉木使受力平均，后在门座前垫好麻袋，免得扶起前断裂，后用人力把石门竖侧抬到指定位置——石肋头，底靠门座旁进2寸，在门中心位置搭好三脚架挂上滑轮助力把石提起站直后，凡有偏差的地方都用犁头铁垫平。加固好后安装上压石（上枋），上枋两旁中古人挂两条红带表示吉祥。传统方法是先把两根杉木柱安放在门框内左右垫平，必须离门竖10cm左右，免得对碰。后把上枋横放在门外这两根杉木上面，离门竖20～30cm，各条木都能承受石重量。后在门框里外各埋两根，四根杉木柱都要超过门竖1m以上，然后在四根柱上各挂上抬石，用粗麻绳一头捆挂在立柱上，另一头挂在放石枋的横柱上。四方角都如此，后用杠杆原理和滑轮助力，一角提一点后另一角再提一点，四角循环提到终点后移到门竖的中心位置，慢慢地安放在门竖上。

3. 圆月门

大多数建在花厅、庭院等建造的门形之一（图7-2-5），造型美观大方，施工办法：首先是制好门形模板，用料是使用松木板和2×4条子制成弧形木模型，后安在门中心位置，经垂直后，先量好左边砖砌层数和尺寸到中心，再把右边量好，后开始用砖拱圆、扁形。最好底层砌几层石能防止磨损，砌砖方法先由左边砌到中间，后由右边砌到中间，砌时应注意砂浆饱满，砌法要一直一横形成整体，直到中心填满，形成半圆拱门。

7.3 石作的修缮

7.3.1 石质文物风化原因与保护措施

7.3.1.1 石质文物的主要风化机理

石质文物病害，又称为风化、劣化，是指石质文物物理状态和化学成分改变而导致价值缺失或功能损伤。因此病害这个概念包含了自然老化过程。病害原因分为物理风化、化学风化及生物风化。物理风化对石质文物破坏主要有太阳紫外线的辐射对石材的伤害、温度的变化使石材表层中水与气体体积产生热变化、干湿交变使各种矿物质产生不同的涨缩，从而导致组成岩石的颗粒物质之间的联系遭到破坏，以至于成为松散、破碎状态。随着破碎程度的增加，岩石物理力学性质也相应发生变化，岩石的空隙度、表面积相应增加，密度、比重等相应减少。[1] 化学风化是岩石矿物元素产生化学成分变化、分解开始的，在风化过程中，起主要作用的是水，水参与促进了风化作用。化学风化主要有溶解、水化、水解、氧化和硫化等方式，水解作用主要表现在砂岩中的正长石、吸水形成高岭石及明矾土的分解过程。

文物风化的影响因素有光照、温度、水分、空气、盐和酸雨等多个方面，其相对应的风化类型也很多，如空鼓、剥块、龟裂、起翘、劈裂等。石材的保护可根据风化类型采取相应的措施。

7.3.1.2 石材风化保护材料

根据最小干预和不影响传统建筑原貌的原则（原则上不更换任何石构件），所选择的保护材料能在石材表面形成一层防水的、透明的加固保护膜。石质文物保护膜材料包括无机物，如氟硅化合物、碱性硅酸盐和碱土金属氢氧化物；有机聚合物，如丙烯酸聚合物及其共聚物、聚乙烯、环氧树脂、石蜡、油类等。有机聚合物具有黏附力大和机械强度强等特点，可以满足保护膜的部分要求，但在紫外线长期照射下不稳定。有机硅类材料如硅酸乙酯及低聚物、甲基三甲氧基硅烷、聚硅氧烷、硅树脂等，具有渗透性高、与石材相容且在紫外线照射下稳定的优点，[2] 特别是近几年来探索的有机氟聚合物、纳米材料及生物材料等新型材料，因具有特殊的优良性能，在石材保护中潜力很大。

常见的施工工艺主要有涂刷法、喷涂法、加压喷涂法、贴敷法、滴注法、浸泡法（以减压浸泡法）等。对于采取化学方法对石构件进行清洗、修补和加固处理时，必须首先进行局部试验，确认有效后，方可大面积使用。

[1] 毛志平. 石质文物病害及预防技术分析 [J]. 中国文物科学研究. 2009: 310.

[2] 韩涛, 唐英. 有机硅在石质文物保护中的研究进展 [J]. 涂料工业. 2010: 76–78.

7.3.1.3 石材料维护原则与措施分类

1. 石材料常见的劣化状态及原因

（1）起泡，起泡的现象通常是由于冰冻溶化后，潮湿被裹在石材内引起的。

（2）剥落，在石材的角隅处或砂浆接缝处，有小破片剥落的现象。

（3）凹蚀，由于雨水的侵蚀，使石材受盐分侵蚀，造成中空的现象。

（4）裂缝，指较长或较宽的裂痕，这种裂缝是由于承载荷重、地震力或其他外力引起的。

（5）分层，石材外表呈现分离现象，是由于风化或冰冻融化循环现象所造成的。

（6）白华，由于可溶性盐类积存在石材中，使石材表面呈现白色痕迹的现象。

（7）龟裂，此为较细及不规则的裂纹。

（8）青苔发霉，在湿气较重的地方，由于地下水径由于毛细管作用引起潮气上升进入石体内而呈现的现象。

（9）腐蚀，石材由于风化，表面呈现小颗粒状，或由于盐腐蚀而造成的现象。

（10）坑洞，在石材表面形成一个个小洞，主要是由于自然的风化或空洞多的石材腐蚀所造成的，其次是由于不适当的研磨方式所引起的。

（11）灰缝损蚀，灰缝长期受到风化及水的浸击，而遭到损坏及蚀空的现象。

2. 石材劣化的原因

其原因可以分两大类，第一类与构造及使用有关，即人为因素。第二类是由于被空气中的酸气体、冰冻作用以及盐结晶所侵蚀。其中盐结晶是最有损坏性和普遍性。

1）人为因素

（1）由于结构性移动，建筑物大面积的沉陷或构件互相连接不均匀沉陷，造成石材及接头的裂缝。

（2）由于不足够的墙顶保护所造成的污渍及腐蚀。

（3）水污渍及腐蚀有时与冰冻损坏有关，它是由于雨水流入或无法流出而造成的。

（4）由于砂浆太坚硬并且是非渗透性，造成砂浆周围产生裂缝及腐蚀。

（5）由于重填灰缝时不留意的切除，造成接头周围的剥落及其他损坏。

（6）由于不留意的空气磨损或机械研磨清洁，造成空坑及凹坑。

（7）污渍、白华及不专业或不合适的清洁。

（8）由于不适当的保护措施造成表面的褪色，鳞片状坑洞，由于选用不良石材造成腐蚀。

2）自然因素

（1）石灰石及石灰质的砂石由于经常被雨水冲刷及蚀刻，造成表面粗糙。

（2）方解石或白方石受雨水及冰冻凝结侵袭，造成软化或剥落。

（3）石灰石被酸蚀产生青苔。

（4）由于湿干周期循环、天然水泥组织移动以及大气污染造成砂石外层鳞片剥落。

（5）由于冰冻造成石材的剥落、劈裂及龟裂。

（6）由于可溶性盐结晶造成白华及石材的剥落。

（7）干湿循环造成石板的软化。

在以上因素中，所有的石材及砂浆发生问题的起因都是盐。由于潮气上升或酸雨冲洗，盐溶液传递至多孔的石墙上，当水蒸发后，留置盐在石材的表面或孔洞内形成白华。重复干湿循环，每一次导致盐重新溶化及重新结晶，造成对墙孔洞的压力，当该压力超过石材内部的强度时，将会造成片状或粉状的损坏。

这些有问题的盐其来源有许多种，必须对症下药，先诊断原因再处理，以决定采取何种补救措施及维护方式。

3）结构问题

（1）由于建筑物构件不均匀的沉降所造成的破裂。

（2）由于基础沉陷或失去牵制而呈现倾斜的现象。

（3）由于承受荷载过量而造成的破坏。

（4）由于失去承重而造成破裂。

7.3.2　石作修缮具体措施

7.3.2.1　修缮原则

传统建筑中，石材应用也很多。为保存传统建筑原来面貌，石作修缮时应尽量做到能加固的加固，能粘结的粘结，不要轻易更新。但当有些承重荷载的石构件，如柱顶石、石过量已被压碎或折断时，则需更换，有些石构件虽不承受荷载，如栏杆、望柱、垂带、踏跺等，如雕刻纹样已风化无存也可考虑更换。在进行传统建筑的石材施工时，施工人员首先应熟悉石材构件名称，构件的具体用途、用于什么位置、如何进行石材制作加工等，以便较好地选材加工。石构件修缮要一次完工，在加工中不但规格尺寸不得随意改变，雕刻纹样也要做到原物再现，刀法、风格和做法应力争与原构件一致，不仅要做到结构稳定，还要保证其美学和文化价值。

7.3.2.2　石材的修缮[1]

1. 打点勾缝

打点勾缝多用于石台明石材。当石台明灰缝酥碱脱落或其他原因造成头缝空虚时，石材很容易产生移位。打点勾缝是防止石材继续移位的有效措施。如果石材移位不严重，可直接进行勾缝。如果石材移位较严重，打点勾缝可在归安和灌浆加固后进行。打点勾缝前

[1] 刘大可. 中国古建筑瓦石营法 [M]. 北京：中国建筑工业出版社. 2015：477–479.

应将松动的灰皮铲净、浮土扫净，必要时可用水汕湿。勾缝时应将灰缝塞实塞严，不可造成内部空虚。灰缝一般应与石材勾平，最后要打水搓子并应扫净。一般白石、汉白玉石材多用"油灰勾抹"做法。

2. 石材归安

当石材构件发生位移或歪闪时可进行归安修缮，如归安阶条、归安陡板、踏跺归安等。石材可原地直接归安就位的应直接归安，不能直接归安的可拆下来，把后口清除干净后再归位。归位后应进行灌浆处理，最后打点勾缝。

3. 添配

石材构件残破严重或缺损时，可进行添配。添配还可以和改制、归安等修缮方法共同进行。比如，当阶条石棱角不太完整，同时存在位移现象时，就可以将阶条石全部拆下来，重新夹肋截头，表面剁斧见新，然后进行归安，阶条石经重新截头后，长度变小，累积空出一段就应重新添配。添配的石材应注意与原有石材的材质、规格、做法等保持一致。

4. 重新剁斧、刷道或磨光

大多用于阶条、踏跺等表面易磨损的石材。表面处理的手法应与石材的做法相同。如原有石材为剁斧做法，就应采用剁斧做法。重新剁斧（或刷道、磨光等），不但是一种使石材见新的方法，也是使石材表面找平的措施。因此表面比较平整的石材一般不必要重新剁斧。

5. 表面见新

这类做法适用于表面较平整，但要求干净的石材或带有雕刻的石材。

（1）刷洗见新，以清水和钢刷子对石材表面刷洗，这种方法既适用于雕刻面也适用于素面。

（2）挠洗见新，以铁挠子将表面挠净，并扫净或用水冲净，这种方法适用于雕刻面，如带雕刻的券脸等。

（3）其他方法刷洗，近年有采用高压喷砂方法对石材表面进行清洗的，效果不错。使用其他方法时应慎用酸碱类溶液刷洗石材，尤其是传统建筑，更应尽量避免，不得不用时，最后必须用清水洗净。

（4）刷浆见新，用生石灰水涂刷石材表面，可使石材表面变白，但这种方法只能为一种临时措施，且不适于雕刻面的见新。

（5）花活剔凿，石雕花纹风化模糊不清时，可重新落墨、剔凿、出细，恢复原样。

6. 改制

石材改制包括对原有构件和对旧料的改制加工，既可以作为整修措施，也可以作为利用旧料进行添配的方法。

1）截头

当石材的头缝磨损较多，或所利用的旧料规格较长时均可进行截头处理。

2）夹肋

当石材的两肋磨损较多，或所利用的旧料规格较宽时，均可进行夹肋处理。经夹肋和截头的石料，表面一般应进行剁斧见新。

3）打大底

打大底即"去薄厚"。当所利用的石料较厚时，可按建筑上的构件规格"去薄厚"，由于一般应在底面进行，因此叫"打大底"，如石料表面不太完好，往往需要将石料劈开，然后再进一步加工。

7.3.2.3 石构件的修缮

对石构件砌缝采用糖水灰进行勾缝保护，糖水灰配比为蛎壳：黄土：砂为1：0.5：2，加适量糯米浆和少量糖水。

1. 表面生物病害清理

具体方法是先用手术刀去除地底表面残角，再用侵入80g/L的碳酸铵加3%的R80杀生剂的纸浆进行糊敷。45分钟后揭取，用纯净水清洗干净，为彻底破坏地底生存环境，最好对表面进行防水处理。

2. 石材表面钙质结垢清理

具体方法是用便携式微型钻进行机械清除，再用手术刀轻轻剔除，最后用80g/L的碳酸铵加3%的EDTA络合溶液糊敷60分钟，对结垢比较牢固的局部可用160g/L的碳酸铵加5%的EDTA糊敷，最后用清水清洗干净。

3. 石材表面保护

使用纳米材料对新石材表面未风化的部分进行保护。

具体做法是使用纳米防水加固剂均匀涂刷石材表面，使石材充分吸收达到饱和，保护过程结束，使用吸水吸走石材表面残留的未渗透积液。待纳米防水加固剂保护稳定一天后，进行抗紫外表面保护，先将表面用纯净水清洗一下，表面干燥后，将紫外表面保护剂摇匀，用刷子将其均匀涂刷在石质文物上，让其渗透，将渗透较快的地方补涂。达到饱和后，表面未渗透的材料用吸水纸吸走。

7.3.2.4 具体修缮细则举例

石柱础、台级或拦板、石地面、石墙裙，这些石构常用油灰勾缝，年久油性减退，灰条脱落，易流雨水，造成墙缝生草或膪闪坍塌，有时由于选料不慎，或受力不均而出现构件断裂。

1. 灰缝脱落

将缝内积土或杂草清除干净，用油灰重新勾抿严实。材料重量比为白灰：生桐油：麻刀为25：5：2；虎皮石墙多用青白麻刀灰，材料重量比为白灰：青灰：麻刀为25：2：2；临水石墙（如水池等）勾缝用1：2白灰砂浆内掺江米汁。现代维修时常用1：1~3的水泥砂浆代替古代油灰。

2. 石构件表面风化酥碱

先将酥碱部分剔除干净，在古代用预先配好的"补石药"加热后进行粘补齐整，再用白布擦拭光亮。补石药用材料重量比为石粉：白腊：黄腊：芸香为100：5：1：1.7：1.7。

现代维修时可用乳胶三高分子材料掺合石粉、色料进行粘补。

3. 断裂粘接

古代用"焊药"粘接石料，将黄蜡、白蜡、芸香三者按重量比3：1：1掺合，加热熔化后涂在断裂石构件的两面，趁热粘合压紧（粘合剂预先清理干净）。此外还可用以下两种配方：黄腊：松香：白矾=1.5：1：1（重量比）；紫胶（刀土片）掺石粉加热后进行粘接。

民间俗语说"漆粘石头、鳔粘木"，说明生漆粘合料是一种简易的传统方法。所用材料重量比为生漆:土籽面为100：7。

粘接时，将断裂石料两面清理干净后，涂刷生漆对缝粘接。因大漆需要一定温度和湿度才能干燥（一般要求最低温度应在20～25℃，相对湿度不低于70%）。由于条件比较适合南方，补后表面留0.5cm空隙，再用乳胶式白水泥掺原色石粉，补抹齐整，与周围色泽协调一致。

4. 歪闪坍塌的维修

压面、台级臌闪位移时，用撬拨正，用碎石块式熟铁片垫牢灌浆，勾缝严实。

虎皮石墙臌闪、坍塌时利用原石料重新垒砌。先将臌闪处拆至完好墙身，基底清理干净挂线按原式样垒砌，石块应大小相同，错缝咬岔，互相紧压，表面基本找平。此种砌法，一般并不完全依靠灰浆的粘接而使它坚实牢固，主要看垒砌技术高低。

古代垒砌虎皮石墙多用白灰同掺江米，白矾灌注墙身，外用油灰麻刀勾缝（比例同前）。一般的居所砌石墙，墙身灌溉花浆（黄土加白灰），外用青白麻刀灰（比例同前）勾缝。砌墙用的灰浆内掺江米、白矾的重量比是白灰：江米：白矾为100：3.5：1。

第 8 章

福州传统建筑油漆作

8.1 油漆作概述与材料简介

福州传统油漆作包括了"油"和"漆"两个概念。传统意义上，油是指桐油、苏子油等油脂材料。漆则是生漆或以生漆为原料与桐油调制的广漆。生漆又称大漆、国漆，是从漆树树干的韧皮割取白色的黏性液体，经滤去杂质后即为生漆。根据使用材料的不同，油漆作实际上分为油作和漆作两类。油漆工的三个基本工序是清理底层、做地杖、刷油饰。

8.1.1 材料

8.1.1.1 传统油漆作特点

福州气候潮湿是生漆、广漆应用的有利区域，尤其是梅雨季节则是最佳时节，整个南方地区的油漆作多是桐油与生漆兼用。

生漆、广漆，其漆膜具有优良的物理机械性能，坚硬、耐磨、强度大、附着力强、耐热性高、耐久性好、防腐、耐酸、耐碱、耐溶解、防潮、防霉杀菌、耐土壤细菌腐蚀，具有较好的电绝缘性能和一定的防辐射性能，并且漆膜光泽度好、亮度典雅。当然大漆、广漆也有缺点，如漆膜耐紫外线较差、黏度高、不易施工、对干燥条件要求较高等，而且生漆还会使部分人体皮肤产生过敏现象。

8.1.1.2 桐油

桐油是一种天然干性植物油，是我国的特产之一。

生桐油必须经过熬炼变成熟桐油才能使用，这是因为生桐油涂在物面上干结缓慢、光泽差，且在阳光照射下会变成不透明的乳白色松软的涂膜，其性能不稳定、耐水性也差。

熟桐油是我国民间沿用很久的一种传统油漆材料，普遍用于涂饰木构件和木器具。桐油与石灰混合成腻子能变成坚硬的固体，再掺上麻筋可填嵌船缝以防漏水，是木船制造上不可缺少的材料。熟桐油与大漆按不同比例掺和能制成广漆、推光漆等，可增加大漆涂膜的光亮和提高干燥性能。

熟桐油颜色相对生桐油要深，一般呈现咖啡色，比生桐油黏稠、密度大、结膜光亮，熟桐油主要用作木材的防腐、防潮的材料，可替代清漆。

8.1.2 油漆配制

大漆、桐油虽都可直接涂饰于物件上，但实际上更多使用由大漆、桐油制备的油漆涂料，如广漆、推光漆和调和漆等。

广漆是由大漆和熟桐油经调和加工而成，如果加入颜料则可配成色漆，主要用于工艺品和木器家具的装饰。调配时桐油的加入量应根据生漆的质量和气候条件确定，如温度在26℃，相对湿度在80%时，常规配制比例为1:1，现在也可以用亚麻油及顺丁烯二酸酐树脂等与大漆进行调配。调好的广漆，一般要求上漆后10~20分钟还可以刷理，5~6小时后手触碰不粘，12~24小时后漆膜基本干燥，一星期内完全干燥。这样的广漆质量较好，广漆还可以调成色漆，传统方式是用生猪血经捣碎后捞去血筋，并加入适量轻质铁红和铁黑等过筛即可。现在则还可以在广漆内加入稀释剂即轻质铁红、轻质铁黄、铁黑等石性颜料过筛制作。

推光漆是由大漆经加热脱水或加入氢氧化铁等制成，分透明推光漆、半透明推光漆和黑色推光漆等，具有漆膜光亮、丰满、保光性和耐水性好、干燥快等优点，主要用于大门（将军门）、柱头、横匾、招牌以及特种工艺品和高级木器的涂饰。制备黑色推光漆，古人有两种方法，一是以墨烟加入大漆中，虽色黑但有渣滓；另一种品质更高，选用色深、色浓、干燥性能好的生漆做原料，用铁锈水调入漆中，也可加入3%~5%的氢氧化铁，搅拌均匀后即成。这样的黑色推光漆又称乌漆或玄漆。用于传统家具上，揩光的称为黑玉，退光的则叫乌木。

调和漆是使用最广泛的油漆品种，是一种调制得当的不透明漆，早期则由油漆工人自行调配而成。调和漆是用桐油加入颜料、溶剂、催干剂等调制而成，分为磁性调和漆和油性漆两种。调和漆中含有树脂的叫磁性调和漆，但树脂与油量之比要在1:2以下，不含树脂的就叫油性调和漆。油性调和漆附着力好，漆膜弹性和耐气候性较高，但干燥慢、光泽较差，适合于室内外建筑物门窗以及室外铁、木器材之用。磁性调和漆比油性调和漆干燥快、光泽好、硬度高，但容易退光、开裂和粉化，只适用于涂装室内木器及构件。

8.1.3 传统建筑室外木构件可选用的油漆

8.1.3.1 天然树脂漆

是以加工的植物油与天然树脂经熬炼后制成的漆料，加以颜料、催干剂、溶剂等调制而成。其可分为清漆、磁漆、底漆、腻子等，主要成膜物质为干性油与天然树脂。其中，干性油腻子赋予漆膜柔韧性，树脂则赋予漆脂以硬度、光泽、快干性及附着力等。因此，天然树脂漆的漆膜性能优于油脂漆（油性漆）。

醇酸树脂漆（醇酸清漆、各色醇酸调和漆、各色醇酸磁漆）是以醇酸树脂为主要成分物质的一种合成树脂，具有光泽持久不褪色及优良的耐磨、耐油、耐气候、含矿物油等性能，缺点是干结成膜较快、耐水性差，它适用于较高级建筑的金属、木装修等面层涂饰。

湿固化型聚氨酯漆是聚氨酯漆的一种，该漆对潮湿敏感，漆膜能在潮湿环境下固化。它可用作抹灰面漆中有潮湿部分的隔层涂料（在未施工前先将该漆涂在潮湿的部位，再在该漆面上做油漆施工）。

蜡油俗称"凡立水"，又名罩光漆。虫胶清漆称"泡立水"。硝基清漆俗称"蜡光"。

8.1.3.2　常用天然树脂漆

生漆是以漆树液汁用细布或丝绵过滤，除去杂质加工而成。其具有漆膜坚固耐用、光亮如镜、不沾不裂、耐酸、耐腐蚀、装饰性强等特点。缺点是干燥慢、有毒、施工繁杂等。它的品质有揩漆、揩光漆等，具体如下：

1. 揩漆

表干大于6小时，实干大于24小时。其漆膜坚硬、附着力强、耐热性、耐水性、耐土壤腐蚀性均良好。主要适用于木器、家具、漆器等作填底漆料以及金属表面耐腐涂覆之用。用揩漆与石膏粉按一定比例混合调拌均匀后，即可称为填底漆料。

2. 熟漆

又名推光漆，品种有透明推光漆、黑色推光漆。

透明推光漆：企标T09-5；黑色推光漆：企标T09-8。其中透明推光漆适用于高档家具、试验台面及传统建筑的油漆彩面，必要时可调入油漆颜料，制成彩色推光漆。黑色推光漆适用于试验台面及传统建筑中的油漆彩面和装饰性油漆中。

3. 广漆（赛霞漆T09-1）

广漆是在生漆中掺入坯油加工而成，也是熟漆的一种，品种有（1）赛霞漆，生漆与聚合植物油加工而成。其漆膜呈粟壳红色，表干大于12小时，实干大于168小时，漆膜具有良好的耐热、耐水性、附着力强、色泽光亮、透明度较好，能显示基层着色及木纹。（2）朱合漆，等生漆经脱水聚合后与植物油精制而成，表干大于8小时，实干大于72小时，其他同赛霞漆。两者均可用于木器及传统建筑装修油漆彩面。

注

在100g油中所能吸收碘的克数称为"碘值"。碘值在130以上的油称为干性油，此类油干燥快，干燥成膜后不软化，也不溶化，几乎不溶于有机溶剂，如桐油、亚麻油等；碘值在100以下者为不干性油，此类油不会自干成膜，如棉籽油、蓖麻油等；介于上述二者之间的油，称为平干性油，如豆油、向日葵油等。

4. 漆酚树脂漆/漆酚清漆（T09-11）

漆酚树脂漆，是用化学方法对大漆（生漆）改性而成。它比生漆毒性小、干燥快、黏度低、施工方便，可用于食品容器。

5. 漆酚环氧树脂漆（T09-17）

6. 漆酚树脂系列产品（T09-18Ⅰ、T09-18Ⅱ）

8.1.4　福州传统建筑对油漆的应用和选择

福州除传统民居的木构架基本上不施任何油漆，以体现木材本身素雅的纹理，只在一些重点部位施大漆做法，如在灯杠、灯杠托、插拔、软轩、匾额、入口回廊屏门、主座厅屏、家具等处，且在大漆表面还往往有贴金的做法。

福州的传统建筑中的祠堂、孔庙、寺庙、宫观等，其木作部分均有油漆和彩绘做法，其常用的建筑油漆有以下几种：

1）油性漆，如清油、各色调合漆。

2）天然树脂漆，如大漆（生漆/国漆）、熟漆（又名推光漆，品种有透明推光漆、黑色推光漆等）、广漆、漆酚清漆（改性大漆）等。

3）酚醛树脂漆，如酚醛清漆、各色酚醛调和漆、各色酚醛磁漆（有光、平光、无光）、各色酚醛底漆。

酚醛树脂漆是以甲酚类和缩醛类缩合而成的酚醛树脂，加入有机溶剂及催干剂等加工而成，其具有良好的耐水、耐热、耐化学及绝缘性能，且酚醛树脂成本较其他树脂低，故该油漆在油漆中的使用占很大的比重，适用于室内金属表面及木材、砖墙表面等处。近代水溶性酚醛树脂的出现，更使该种漆展现出广阔的前途。

4）醇酸树脂漆，如醇酸清漆、各色醇酸调和漆、各色醇酸磁漆。

8.1.5　安全防护

油漆作的安全防护很重要。由于油漆和绝大部分稀料都是可挥发的易燃物质，加上施工过程中产生的粉尘，这些物质与空气混合并积聚到一定的浓度时，极易与火源产生反应，引起火灾甚至是爆炸，一定要注意防火防爆。此外，擦油用过的麻头、盖油用过的牛皮纸等也极易引起火灾，所以用过以后须立即销毁。

油漆和稀料都是危害人体的有害物质，会对人体皮肤、中枢神经、造血器官、呼吸系统等造成侵袭、刺激和破坏，因此必须经常排气、换气，降低空气中有害物质的蒸气浓度，以保证操作者的身体健康。

8.2 木基层处理

木构传统建筑，为了保护木质不受风吹、日晒、雨淋，以及便于在木件上油饰彩绘，通常做一层地杖，厚度在1～3mm之间不等，将表面找平。地杖，是彩绘的基础，在传统建筑油漆彩绘中，地杖制作得合格与否，关系着油漆彩绘的寿命。地杖灰的种类较多，一般分为麻（布）灰地杖和单披灰地杖两类，使用时要根据建筑的部位和工程需要进行选用。下面先简单叙述地杖工艺使用的工具和材料，再介绍地杖施工的方法、规程和操作工艺。

8.2.1 地杖工艺使用的工具和材料

8.2.1.1 工具

传统地杖工艺使用的工具有铁板、皮子、板子、大木桶、小把桶、麻压子、粗碗、轧子、砂轮石、布瓦片、挠子、铲刀、斜凿、扁铲、麻鞍板、剪子、长尺棍、短尺棍、细竹杆、细萝、小石磨、大缸盆、小缸盆、堂布、大铁锅、大油勺、油棒、调灰耙、小斧子、糊刷等。这些工具大部分由油漆师傅自己加工制作。

8.2.1.2 地杖材料

元代以前多不施地杖，只在木构件上施底粉和直接绘画，从明代开始才出现较薄的油灰地杖，到清代地杖逐渐加厚。

清代地杖有两种不同的配料方法，一种掺入血料，另一种则不掺入血料。掺入血料的做法常见，被广泛采用，不掺入血料的做法不常见。

不掺入血料的做法不必斩砍木件，而是直接在新木件上做灰即可。但采用该方法必须干透，由于用油满调成的油灰不易于干透，因此技术难度大、工程造价高。其材料主要是50g石灰加500g水形成的石灰水，以及500g灰油和250g精面粉拌成的油满。其操作工序是：钻生桐油一道—捉缝灰—扫荡灰—使麻—亚麻灰—钻生油—满上一道细灰浆—上细腻子。其中捉缝灰、扫荡灰等各道油灰都是加入油满拌成，地杖油灰从里向外加水量逐道增加，油灰强度则逐道降低，而披麻浆则直接用油满而不掺入其他材料。有时为提高油灰强度，也有在其中掺入米浆的做法。

常见掺入血料的地杖做法，其使用材料包括血料（猪血）、大籽灰、中籽灰、小籽灰、中灰、细灰、桐油、苏油、煤油、面粉、生石灰、线麻、夏布等。其中，各种灰是用旧城砖、瓦块碾碎磨细支撑。根据粗细等级不同形成大小不等的颗粒状或粉状。而血料、桐油都要在现场先初加工制成熟料后再使用。

8.2.1.3 地杖材料调配

地杖材料调配有一套完整、严谨的工艺技术流程，只有严格按照这样的要求操作，才能保证传统建筑不管是外观色彩还是内在材料都能够经久耐用、效果满意。

地杖内层油灰的强度是高于外层油灰强度的，如果做成外层油灰强度高于内层，则会出现把里层灰皮揪起或者拉开的状况，使地杖出现空鼓和裂缝。在制作油灰时，掺入油满越多，骨料级配粒径越大，油灰的强度就越高，反之则油灰的强度就越低，如油灰强度还需更低，则需掺入纯净水来替代油满以达到目的。

油浆和稀底子油都是直接用于木基层上，在木构件和地杖之间起到结合层的作用，只有两者调配的原材料不同。油浆是油漆和净水按1：20的比例混合搅拌而成，其用水量也可以根据木基层质地情况做适当增减。稀底子油则在生桐油中掺入30%～40%的煤油或稀料拌和而成。

捉缝灰是用堵塞木件缝隙、填补低洼凹面的油灰。按中灰3份、大籽灰2份的重量配比拌和均匀，按血料和油满1：1的体积比拌和成浆料，再将拌匀的灰和浆料按重量1：1混合拌匀，即得捉缝灰。

扫荡灰需在木件上漆上一道，因此也称通灰，是地杖中强度最高的油灰。其所用材料、配制比例及拌料方法与捉缝灰完全相同。

披麻油浆是用来粘结线麻的，按血料和油满1.2：1的体积比相合，并搅拌均匀。披麻油浆制作完成后需用牛皮纸封盖严实，以避免风干。

亚麻灰是用在线麻层上面的油灰，强度要略低于扫荡灰。制作时按重量比1份中籽灰、1份小籽灰、2份中灰混合拌匀，按体积比2份血料、1份油满混合搅匀形成油浆，再按1.5份砖灰加1份油浆混合拌匀，即得亚麻灰。

中灰（中油灰）是强度略低于亚麻灰的一种油灰，按重量比8份中灰中掺入2份中籽灰拌和，并按体积1份油满加3份血料搅匀称油浆，再按砖灰1.5份与油浆1份混合搅拌均匀，即成中灰。

细灰（纳油灰）质地最细，是五道灰中强度最低的一道。先按重量血料1份加熟桐油0.005份，加水0.3份配制成浆料，再按1份浆料加2.5份细灰拌匀而成。

细腻子分为头道腻子，其中头道腻子按重量血料1份加熟桐油0.005份，加水0.15份拌匀而成。二道腻子则是先按重量血料1份，加熟桐油0.005份，加水0.2份拌匀而成浆料，再按体积1份浆料，加1.5份土粉子拌匀而成。

8.2.1.4 地杖灰的调配

地杖灰是以油满、血料和砖灰配制而成。调配地杖灰需事先调配灰油、油满、血料等胶粘材料，然后再按配比调配成捉缝灰、通灰、披麻灰、亚麻灰、中灰、细灰等。

1. 灰油的配比和熬制方法

灰油是在做地杖时打油满的。

灰油的熬制配比与工艺　　　　　　　　　　　　表8-2-1

用料重量比				熬制方法
材料	春秋	夏	冬	①将土子灰与樟丹按左栏比例混合，放入锅内翻炒，直至如砂土开锅状为止，充分除去水分
生桐油	100	100	100	②倒入生桐油，加入熬炼，不断地用油勺搅拌，不使土子灰与樟丹沉淀
土子灰	7	6	8	③油开锅时（最高温度不超过180℃），用油勺轻扬放烟，待油开始由白变黄，表面成黑褐色，即可试油。方法是将油滴入冷水，如油不散，
樟丹	4	5	3	凝结成珠即表示油已炼成，出锅冷却待用

2. 打油满

油满即乳化桐油，其配比按重量计为面粉：石灰水：灰油是1：1.3：3或1：1.3：1.95，也有用1：1.3：1.3的。此比例与面粉的细度有关，应根据经验和试验确定。

配制方法：将面粉按比例称好倒入桶内或搅拌机内，徐徐加入稀薄的石灰水，按同一方向搅拌成糊状，不得有面疙瘩出现，然后加入灰油调匀，即为油满。

配制过程中，应坚持同方向搅拌，不得乱搅和反向搅，以免搅"泄"，达不到乳化的目的。

3. 地杖灰的配制

地杖灰包括捉缝灰、通灰、亚麻灰、中灰、细灰。配制时应逐遍增加血料和砖瓦灰，撤其力量，以防上层劲大而将下层牵起，其配比（重量比）如下表所示：

地杖灰的配比　　　　　　　　　　　　表8-2-2

灰类 ＼ 材料名	油满	血料	砖瓦灰	备注
捉缝灰、通灰	1	1	1.5	
披麻灰	1	1.2		又叫头浆
亚麻灰	1	1.5	2.3	
中灰	1	1.8	3.2	
细灰	1	10	39	加光油2、水6

调制地杖灰是将油满、血料及砖瓦灰3种材料按上表比例调和而成。其中砖瓦灰主要是用作填充材料（北方用砖灰，南方用瓦灰），分籽灰、中灰、细灰3种，因此在调地杖前，先要对砖瓦灰进行级配。一般级配是捉缝灰要在籽灰中加入15%的中灰和15%的油灰，通灰要在籽灰中加入30%的中灰和20%的细灰，亚麻灰要在籽灰中加入30%的中灰和

20%的细灰，即便是调中灰，也要在其中加入30%的细灰。

4. 做地杖的基本工序

做地杖有斩砍见木、撕缝、下竹钉、捉灰缝、扫荡灰、披麻、磨麻、披中灰、披细灰、钻生等工序。❶

从整个基层处理的清理方法分砍、挠、铲、撕、剔、磨以及嵌缝、下竹钉等。

新构的建筑不需要斩砍见木的工序，但须在木料完全干透以后才能彩绘，否则会因木材收缩而出现裂纹，造成油漆彩绘裂纹和剥落。

"斩砍见木"是把旧建筑上的油漆彩绘痕迹铲除干净，这样才可以使腻子与木材紧密结合在一体。因此，涉及文物保护的油漆彩绘，不适宜用此做法。

第二道工序是把传统建筑构件上的裂缝扩大到容易把油灰填入的程度，叫"撕缝"。1cm宽度的裂缝可使用本法，超过1cm宽度较大的裂缝，可用木条粘胶填补。撕缝要与下竹钉同时进行。下竹钉是为了使嵌缝中的腻子更加牢固，竹钉起拉拽腻子的作用。做法是根据木材的缝隙深浅宽窄钉入竹钉，间距约10～15cm。钉好竹钉以后把裂缝用油漆腻子填实，再用乳化桐油满刮一遍，这叫"捉灰缝"。乳化桐油干透以后遍磨一遍，扫净浮沉，用桐油砖灰腻子遍抹一层，称"扫荡灰"，是为了填平木料凹部。"披麻"是在扫荡灰以后的一道工序，也叫"亚麻灰"或"插灰"，是在刮桐油砖灰腻子的同时，用麻布铺贴到腻子上。披麻要注意与桐油砖灰腻子粘实粘牢，要求披的麻布在木构件上粘牢绷紧，这样披麻才能产生作用。披麻完成以后，用相同的办法再上一层桐油砖灰腻子，同时披一层麻布。麻布的布纹要有足够的空隙，让贴上的麻布就像筛子一样紧紧嵌入到油腻子内，使上下油腻子和麻布集成一体，真正起到封闭和拉拽的作用。披麻干固以后的清理工序叫"磨麻"。磨麻是先修整再打磨，之后再上一道灰，这叫"通灰"。通灰既是掩盖上层披麻的腻子，又是再次披麻的底灰。第二次披麻上好，"披中灰"用橡胶做的腻板子，将油料、血料和青砖灰面调成的"油灰"刮在磨麻后的面层上，刮时要讲究密实，做到均匀、挺直、平。油灰干固后，用人造磨石，满面摩擦到表面麻绒浮起，这是第二次"磨麻"。将灰彩扫掉掸净，表面再上一道面灰，把麻绒彻底封闭，形成光滑的表面，这叫"披细灰"。面灰上油是在地杖的最后一道工艺。用没有加工过的稀料即熟桐油满刷一遍，行话叫"钻生"，让油汁尽量渗透到所披的油灰层内，达到加固的目的。

8.2.2 木基层缺陷修补

❶ 罗哲文. 中国古建筑油漆彩画［M］. 北京：中国建材工业出版社. 2013：18-20.

不论是新的木料还是旧的修补，木料表面多少会存在缺陷，所以在地杖前，需对木基层进行修补，以保证地杖的质量。木基层主要的缺陷有钉眼、裂缝、拼缝、结疤等。

旧木件上的油灰、麻皮要全部砍净，残留在木件上的油灰、污迹用挠子挠净，称为"砍净挠白"。工艺质量要求砍净见木、木伤不骨，不损坏棱角线路，称为满砍披麻旧地杖。

还有一种是局部斩砍旧地杖，是将木件上一部分为地杖空膨以至于脱落下来的部分，另一部分是仍保留质地坚硬的那一部分，这种情况可以砍掉空臓不实的那一部分，保留质地坚硬的那部分。

8.2.2.1 满砍单披灰

只在木件上做油灰地杖，不披麻的做法叫单披灰，是在木构件上只刮一道血料腻子的做法。

8.2.2.2 满砍新做木件

新做木构件表面光滑、平整，不利于木件与地杖油灰的粘接，同样要用小斧子将其光面砍麻，软砍新木件时，斧刃常撑在30°左右，砍入木件1mm左右深，木件表面的雨渍、杂物木屑等用挠子挠净。然后修整木基层表面的毛刺、掀岔等缺陷，用砂皮磨光，保持整洁。

8.2.2.3 铲除

木装修表面的油皮不能拿斧子砍，只能用铲刀铲掉，大木件的地杖不需要砍掉，表面的油皮也要铲除，就要施用铲除工艺。

8.2.2.4 撕缝

木件风干后，裂开的缝过窄，油灰颗粒大往往不能将缝填满，用工具把缝铲得稍大一些叫撕缝。撕缝时，用铲刀把木件裂缝铲成V字形，缝内侧见到新木荏，一遍油灰粘牢，门框、窗框线的线口要直顺。

局部找补的旧地杖，经过斩砍以后，用砍刀把保留的旧地杖边铲成30°的坡面，在麻口上刷一道生桐油，作为新旧地杖之间的结合层。

8.2.2.5 楦缝

木件的缝撕清净以后，较宽的缝要用木条填齐钉牢，要求做到楦实、楦牢、楦平，这种做法称作楦缝。木件裂缝宽度凡大于5mm的都要楦缝，所用木条为红松和白松木料，将木条按照裂缝宽度刨好嵌入，再用1～3寸的小钉钉牢，并将木条刨至和木构件表面平齐即可。

8.2.2.6 下竹钉

为了防止木件受外界温度、湿度影响膨胀收缩，引起裂缝宽度变化，造成地杖的开裂，用木缝中钉入竹钉的方法可以约束木材的变形，保证地杖不至于开花。竹钉通常为50～80mm长、10mm见方的竹条，一头出尖即成，具体应根据缝隙宽窄深浅确定钉的长短粗细。由于木构件的裂缝都是中间宽两头窄，因此中间下扁头钉，两头下尖头钉。下钉时，先下下端，后下中间，轻轻敲入一定的深度后，再按顺序钉牢。为使受力均匀不易脱落，同一条缝内的竹钉应同时均匀打入。竹钉的间距在10～15cm之间。

8.2.3　地杖灰的操作工艺

地杖灰的种类较多，一般分为麻（布）灰地杖和单披灰地杖两类。常用的麻（布）灰地杖有一麻五灰、一麻四灰、一麻一布六灰、两麻六灰、两麻一布七灰等，常用的单披灰地杖有两道灰、二道半灰、三道灰、四道灰等。

传统建筑里常用的油漆做法有四种：可用于一般建筑的柱、梁、枋、椽等处，为"满披而漆，一铺广漆"；"满披面漆，两铺广漆"，可用于门窗和内外装修等处；"满披而漆，一铺黑广漆"，常用于厅堂的柱子及大门等处；清官式的"披麻捉灰"做法，比前三种都更为考究，也是重要木构件的常用油漆做法，既能保护木基层少受外界温湿度的影响，避免木结构因此引起较大的胀缩变形，同时也能使木基层的变形反映到彩色表面时起到缓冲作用，避免对彩画等表面装饰造成较大影响。

地杖披麻捉灰的传统工艺根据使用功能的需要也分多种，如使用在门窗装修上的单披灰，用在楹联匾额上的一麻一布六灰，而最常用的是在传统建筑柱、檩、枋、垫、抱框、板堵等处的一麻五灰地杖，因其要抹五道油灰、披一层线麻而得名。

8.2.3.1　麻（布）灰地杖的操作工艺

1.　一麻五灰地杖[1]

所谓"二麻"是指在施工过程中要粘一次梳麻，"一布"是指在施工过程中要粘一次麻布（即夏布），"五灰"是指：捉缝灰、粘麻灰、中灰、细灰等，它是地杖的基本抹灰，其他四灰、六灰、七灰等都是在此基础上进行增减。以一麻五灰为例，它们的工艺程序分为刷汁浆—捉缝灰—通灰—粘麻—粘麻灰—中灰—细灰—磨细钻生等。

一麻五灰地杖的第一步是要满砍木构件表面，不管是新木构件还是旧木构件修缮，都需要做这一工序。先要清理干净木构件表面，然后使用小斧子将其表面砍麻，因为光滑、平整的木构件表面不利于木构件与地杖的粘结。斧痕砍如深度约为1mm，至见木茬为度，间距在4～7mm左右，然后再用铁挠子将表面清理干净。

第二步则是对木基层缺陷进行修补。

第三步时加固基层表面的刷浆处理，可用油浆或稀底子油再砍光挠净的木构件上满刷一道，起到木构件与地杖的结合层作用。

第四步是捉缝灰，即用油灰塞填木构件表面裂缝。油灰刮缝，一定要做到横线、横挤、挤满、挤光、挤严，使缝内油灰饱满，切忌有空隙，然后顺着裂缝刮净除灰。木构件凡有低洼不平或缺棱短角之处，需用铁板皮子补好，做到补平、补直、补齐，低洼不平处

[1] 罗哲文. 中国古建筑油漆彩画［M］. 北京：中国建材工业出版社. 2013：20-27.

衬平籍圆，缺棱短角处长高嵌平。油灰应自然风干、干透后，用砂轮石或石刀磨掉干油灰的飞翅，修齐边角，并用湿布掸去浮沉，打扫干净。需要注意的是，嵌缝的油灰是否干透不是从表面上看出，可以用铁钉扎，扎不动的即为干透。

第五步为披麻，又称使麻，是将麻纤维贴在扫荡灰上，在地杖中起到拉结的作用，可以使地杖的油灰层不易开裂。其操作步骤包括开头浆、粘麻、轧干压、潲生、水压、磨麻、修理活等七道工序。开头浆即刷头道粘结浆，是将批麻油浆刷在通灰层表面，并根据麻的厚度确定开头浆的厚度，一般以经过压实后能够浸透麻为度，约3mm，不宜过度。开头浆后立即开始粘麻，麻丝走向应与木纹方向或木料拼接缝方向垂直，可以起到加强抗拉的作用。麻丝的厚度要均匀一致，并将麻丝随铺随压实、压平。粘完麻后就要轧干压，也就是压麻，先从阴角（也称鞍角）、边线压起，后压大面两侧，压到表面没有麻绒为止。压麻需两个人，一人先将头浆砸匀，将麻砸倒，一人紧跟着干轧，务必做到层层轧实。接着就是潲生，也称洒生，即刷第二遍粘结浆，就是在麻面上刷一道四成油满中掺入六成净水的浆料，刷至不露红为止，需注意不可厚。紧接着趁潮湿将麻丝翻虚，查看有无干麻、虚麻或存浆，务必将内部余浆挤出，把干麻浸透。然后再依次轧压，此次轧压需保持麻丝湿润，故称为"水压"。水压顺序同干压一致，也从鞍角开始、压匀、压平，且做到无干麻、不窝浆。油浆和麻丝压实干燥后，就要进行磨麻，直至麻绒浮起，磨麻要全部磨到，不得遗漏，然后将浮麻清涂干净。至此，披麻工序完成，这是地杖的主要工序，务必做到位，以免直接影响地杖质量。

第六步是压麻灰，是在披麻之后的步骤。在清扫干净的麻层上披上压麻灰，先薄刮一遍并反复抹压，即干捋操，使油灰与麻层紧密粘牢，然后再上面再满批一道油灰，务必密实。然后过板，达到平、直、圆为度，油灰厚约2mm。要求较高的还需用薄钢板找补一遍，做到均匀挺直。然后待油灰干后再扎线，达到三停三平的要求。最后等油灰干透后用石片磨去疙瘩、浮粒等，并清扫擦净，掸净浮灰。至此木构件应达到大面平整、曲面浑圆、直顺，并且无脱层空鼓的要求。

第七步为披中灰，即用皮子在木构件的压麻灰上往返溜抹一道拌好的中灰，而后在上面覆灰一道，再用铁板满刮靠骨灰一道，中灰不可过厚，约1～1.5mm，要刮平、刮直，干透后用瓦片把板痕、接头磨平。轧线则使用细灰，最后用湿布掸净浮灰。

第八步为披细灰，也叫找细灰，是一麻五灰地杖的最后一道灰，油灰一定要细。先用薄金属板将棱角、鞍线、边框、顶根、围脖、线口等部位全部刮贴一道细灰，找齐贴好，再满刮一道掺灰。待干透后再满上细灰一道，宽度在20cm以内的小面积区域用铁板刮，宽度在20cm以上的大面积区域用皮子或板子刮，灰厚在2mm左右，要求鞍角线路齐整、顺直，圆面圆浑堆成，接头整齐且不留在明显处，且无脱层、空膨、裂缝，待干透后用细砖打磨，直至表面整齐、平顺，不限接头，并清扫干净。还需提醒的是，上细灰时应避开太阳暴晒和有风天气。

第九步为磨细钻生，待细灰干透后，用停泥砖上、下打磨，直至棱角线路整齐直顺，平面平顺齐整，圆面浑圆一致，表面全面断斑即可。每磨完一件构件需马上钻上生桐油，做到随磨随钻刷，这可以起到加固"油灰"层的作用。用丝头或油刷钻刷生桐油，要把地杖钻到、钻透，钻至地杖表面浮油不再渗透为止。如果时间太急，也可以在生桐油中加入少量灰油或苏油或稀料，来替代纯生桐油。等4~5小时后，用废干麻擦净表面吃不进去的浮油，以防挂甲。进行磨去四钻生工序时也和批细灰一样，需避开太阳暴晒和有风天气。等生桐油完全干透后，再用细砂纸整体磨光，最后用湿布蘸水满擦一遍，至此一麻五灰地杖成活完工。

2. 其他地杖

除了一麻五灰地杖外，根据功能需要，经济考虑等因素，还有一些更复杂或更简化的地杖做法，如一麻一布六灰、二麻七灰一布，以及一布四灰等。

一麻一布六灰多用在重要建筑或建筑的重要部位。除在压麻压上增加一道中灰，在中灰上用油浆加糊一层夏布外，其余材料、工序、做法均与一麻五灰地杖相同。

二麻七灰一布出现于晚清时期，多用于插榫包镶制作的柱子，以及木构件裂缝过多的情况。其是在亚麻灰上加做一道麻一道灰，上面再加糊一道夏布做一道灰，其余材料、工序、做法均与一麻五灰地杖相同。

一麻四灰是用夏布代替批麻的简易做法，四道灰分别是"捉缝灰、扫荡灰、亚麻灰和细灰"，但不做"下竹钉"和"中灰"等工序，其余均与一麻五灰相同。

8.2.3.2 单披灰地杖的操作工艺

单披灰是地杖中不披麻和糊布的做法的统称，即是只抹灰不沾麻（布）。根据抹灰的层数分为若干道，共有四道灰、三道灰、二道灰、道半灰和靠骨灰五种，其基层处理只做撕缝及汁浆，主要差别在于汁浆和磨细钻生工序之间的油灰工序的不同。其工序分别为：四道灰是捉缝灰、扫荡、中灰、细灰，三道灰是捉缝灰、中灰、细灰；二道灰是中灰、细灰；道半灰是捉中灰、找细灰；靠骨灰是只做一道细灰。

其中二道灰一般是用于修缮补旧的构件上，它是在油饰面损坏不等，进行砍挠清理后所做的地杖灰，其工艺程序为：刮中灰—找细灰—磨细钻生。具体操作用麻（布）灰，现代仿传统建筑中，钢筋混凝土构件的油饰多采用二道灰地杖。

三道灰多用于不受风吹雨淋的部位，如室内梁枋、室外挑檐桁、椽望、斗栱等，其工艺程序为：捉缝灰—刮中灰—满找细灰—磨细钻生，具体操作用麻灰。

四道灰多用于一般性建筑物的柱子、连檐、瓦口、博风、挂檐等处，其工艺程序为：捉缝灰—通灰—中灰—磨细钻生，具体操作用麻（布）灰。

8.3　刷饰

地杖做好后，需对表面进行油漆处理，主要分为两大类：大漆刷饰和桐油刷饰。

8.3.1　大漆刷饰

大漆刷饰主要有如下几种。

8.3.1.1　生漆饰面

在地杖上施头道漆，然后入窨干透，漆面不打不磨，干透后重复上第二道生漆，入窨干透后再上第三道生漆，干透交活。

8.3.1.2　退光漆

退光漆饰面也有称紫罩漆的，其工艺步骤如下。首先要在做成的地杖上刮一层生漆和淀粉配制的细腻子，然后入窨干透，再用零号砂纸磨光。接着上头道退光漆，上号后入窨6小时左右，注意不能过窨，即在窨中放得时间不宜过长，否则会在漆面上出现一块块像烤煳的颜色。另外，还需控制窨棚的密闭性以及湿度和温度，窨棚内不能见风，湿度要大些，但不能滴水，温度要保持在15℃以上，还要注意棚内清洁，避免灰尘影响质量。上漆时最好是把上漆的木构件立着放，与地面垂直，用漆栓用力顺匀并轻轻顺栓，使表面不显栓垄。入窨6小时后出窨，接着用羊肝石水磨，直至断斑，继续回窨3~4小时，并用白布擦干净，手掌心把漆面振净。然后就上第二道退光漆，待入窨干透后，如果光亮饱满、光度一致，就成活了。如果漆糊了，则需重上一遍退光漆，直至光亮饱满才能成活。

退光漆要求至少上三遍漆，且每上一遍均要退磨，每一遍都要用羊肝石磨断斑。最后一次磨退，需先用羊肝石磨断斑后，再用头发沾着细灰在水中澄出的细浆来用力擦，直到退出光泽。然后用水泥浆冲净，再拿干头发擦，直至光亮饱满、细腻一致，接着还需用软布沾上少量香油再反复地擦，最后把香油擦净，漆面黑亮光丽即成活。

8.3.1.3　大漆银硃紫

大漆银硃紫是在大漆中掺入银硃，按大漆1份、银硃0.8份匹配，其余制作工艺与退光漆相同，成活以后呈紫红色。

8.3.1.4　罩漆油饰

罩漆又称紫罩，现为广漆，大多用在家具、佛像、落地罩等处。罩漆是在退光漆中加入40%熟桐油混合拌匀，在烈日下暴晒而成。罩漆是先用刷子在木胎上满刷一道露木纹的松木色，然后再进行罩漆。如果是金活就需先准备好大漆金胶，其是用3份退光漆加7份罩漆混合搅拌均匀后放在烈日下暴晒支撑的。接着用丝头在贴金部位，搓线搓到肥瘦适当，均匀一致，且无栓垄，无接头，光亮饱满，然后就可入窖，10小时后出窖，带干透后再上罩漆。上罩漆前先净油，就是上一道熟桐油，放4～5天等其干透后，再上一道罩漆，放在烈日下暴晒十几天，待黑色稍退变成紫色时即成。

8.3.1.5 揩漆

揩漆也称擦漆，是大漆刷漆工艺中一种传统的操作方法。揩漆的成活质量比刷漆的高，不过工序较多，工时较长，且操作也更为复杂。揩漆形成的漆膜薄而均匀，光滑细腻，木纹清晰，光泽柔和，成品具有古朴、典雅、雅致的特点。因此，揩漆工艺常用于红木、紫檀木、花梨木、鸡翅木等名贵家具的表面上漆，现在也常被用来揩仿紫檀木色、仿红木色、仿花梨木色、仿柚木色等家具的表面。揩漆工序一般须两人操作，一人在前面擦漆，一个在后面揩漆。擦漆要手法平稳，揩漆要薄而均匀。擦漆一般至少要擦3～4遍，多者要擦6遍以上。开始时擦漆者用丝团在已上过漆的物面上滚漆，然后拿蚕丝团作横向、竖向、斜向揩擦，接着由揩漆者顺木纹方向或从上到下揩擦至匀、平、顺，这样揩出来的漆层薄而均匀，光滑细腻。每揩一遍擦漆的色素黑垢褪掉一些，保证漆膜底色有较好的透明度。每遍生漆的厚薄都要求均匀适度，防止过厚或过薄。揩漆完后应将物件置于窖房内自干，窖房应阴暗潮湿，最好保持25℃左右的室内温度，以促使漆面快干。

8.3.2 桐油刷饰

桐油刷饰也即传统油漆作的油饰，所使用的工具有五分捻子、油桐、丝头、缸盆等。其所用原材料有石青、石绿、银硃、樟丹、铅粉、黑烟子、广红（红土子）、佛青等，油料有熟桐油、苏油（现在用煤油或稀料）。

8.3.2.1 配油

配油多指配制色油，就是在工地用颜料和熟桐油现场配制、随用随配，主要有绿油、樟丹油、银硃油、二硃油、黑油、黄油、光油等。

绿油主要是由石绿和熟桐油配制而成，并加入适量的煤油等稀释，成品呈现深绿色。其材料按其重量比1份石绿掺入0.8份熟桐油，加入0.25份煤油稀释。

樟丹油是用樟丹粉与熟桐油进行配制所得，配制前应先去除樟丹中的硝，然后再配制，其方法及材料配比与绿油完全相同。

银硃油是由银硃与桐油配制而成，按材料的重量比1份银硃、0.2份樟丹、1份桐油配制而成。

二硃油则是按体积在4成银硃中加入6成樟丹，然后按前述过程配制。

广红油也称土硃油，是按体积1份红土子（高广红）加1份熟桐油掺好拌匀，然后放在太阳下面晒1～2天，沉在下面的油作为垫光油或上架椽望油饰用，上面的漂油则留作最后一道光油使用。

白铅油是由1份铅粉里掺1份熟桐油配制而成。

黑油是由黑烟子与熟桐油配制而成。黑烟子需先过罗按实，在黑烟子上掏一个窝，把预先温热至将要沸腾的白酒倒在窝里，每500g烟子倒二三酒，在倒酒的地方倒入开水淹没烟子，水随倒随搅，直至稠状为止。待黑烟子沉淀下来，用拌和出水的工艺制成油坨。然后加入熟桐油砸开内坨，熟桐油分三次倒入，且随倒随拌，按重量1份黑烟子加入1.5份熟桐油。

蓝粉油是先由佛青和熟桐油按重量1∶1搅拌配制成蓝油，然后再由蓝油和白铅油混合浇化成蓝粉油，其颜色深浅由白铅油和蓝油调兑比例控制。

黄油是按重量比1份石黄加1份熟桐油配制而成，其方法和绿油相同。

光油即熟桐油中不掺不兑其他物质，直接用作罩光油。

8.3.2.2 桐油刷饰

1. 上细腻子

在做好磨细钻生的地杖上进行油饰之前，首先要做一道细腻子，主要是修补细灰的小缝、砂眼、细龟裂纹等，同时也作为油饰的基础。需要用铁板在做成的地杖上满刮一道细腻子，并反复刮实，至接头处不显为止，所有的小缝、砂眼、细龟裂纹等都要修补掉，特别是边角、棱线、柱头、柱根、柱鞅等不易操作处，都要用腻子找齐、找顺，圆面则要用皮子捋匀顺、一致。待腻子干透后，用砂纸磨平、磨光、磨圆，不显接头，完工后再清理干净。如果地杖做过浆灰只上一道细腻子，没有做过浆灰的则找两道细腻子。

2. 刷漆

刷油以前要做好准备工作，包括把建筑物内外打扫干净，保持合适的湿度和温度，并把需刷油的构件清理干净。传统上油的方式不好油刷刷油，而用丝头搓油，这样做出的效果比油刷的好，还可以节约用油。

所刷头道油叫垫光油，如果是银硃油就用樟丹油垫光，如果是其他颜色用本色油垫光。垫光油要搓到、搓匀、搓齐，油的用量要适当，不能过多过薄，做到不流、不挂、不皱、不漏、不露痕。待油干后再炝一道清粉，并用零号或一号砂纸进行打磨，直至断斑为止，最后用干布掸擦干净。

头道油完成后上二道油饰，即上光油，其上油的方法与垫光油相同。如果发现头道油之后有裂纹、砂眼等，则需要先用油腻子找平、找齐，然后再上二道油饰。

二道油饰完成后再上二道油饰，即罩清油或熟桐油。上油前先用干布把构件掸擦干净，用油栓沾上清油或熟桐油一遍成活，不能间断，要保证栓垄横平竖直、均匀一致。

油饰完工后，要使构件表面不流、不坠，颜色一致，光亮饱满，颜色交接线平整明晰，无接头、无栓垄，利薄细腻。

3. 贴金

1）贴金材料

贴金用的浓光油名为金胶油，浓度的光油，视其稠度大小，酌情加入"糊粉"（淀粉经炒后名为糊粉），求其黏度适当。

注意事项：

（1）洋绿是有毒性的颜料，在磨制和串油时，应戴手套口罩，饭前必须洗手，以防中毒。

（2）金胶油以隔夜金胶为佳，头一天下午打上后，第二天早晨还有黏度者，则贴上的金光亮足、金色鲜。如贴不上金者名为"脱滑"，必须重打。

2）贴金工艺

如果是金活，需要在贴金部位用清粉或滑石粉炝粉，完成后用布擦干净，接着用五分捻子或者圆捻子打金胶，金胶油要抹匀、抹齐、光亮饱满，用量要适当，不留、不抽、不坠。金胶油最好打两道，因为头道油灰被油皮地吸干一部分，使得金箔贴不严实，而打两道则在可以使贴成的金箔光亮饱满。金箔贴上后，如果用含金98%的库金，在手摸不到的地方可以不罩清油，但如果用含金量较低的赤金和田赤金，则必须在其上罩两道熟桐油，以延年保色。❶

8.4 传统建筑彩画保护技术

8.4.1 彩画保护所用材料

8.4.1.1 药品配比

胶矾水的浓度为2%～5%，胶矾配比为1：1.5～2（重量比），制作时，胶矾应分别用水溶化后再混合在一起，不要将矾直接入胶水内溶化。

聚乙烯醇，用2%～5%的聚乙烯醇水溶液在彩画上喷涂2～3遍，比例逐渐加浓，干后无色、透明。

8.4.1.2 彩画表面保护技术

彩画的色彩由于天气的温湿变化、空气污染、日晒、雨淋等多种因素的影响，鲜艳的

❶ 罗哲文. 中国古建筑油漆彩画［M］. 北京：中国建材工业出版社. 2013：39–42.

色彩常常发生褪色、变色等现象。防止此类弊病发生的办法最理想的是用一种无色、透明、无光泽的物质加以表面封护。

桐油封护俗称罩油。

在旧彩画或新绘制的彩画上涂刷光油一道。旧彩画在刷桐油前，为防止颜色年久脱胶，应先刷矾水1～2道加固。此种做法对于加固碎裂地仗，防止颜色脱落、褪色有明显的效果。在有些建筑上使用20年以上，彩画仍基本光整。但最大的缺点是罩油后，整个彩画颜色变暗，且有光泽。在新绘彩画时，事先在青绿等深色内加适量白粉，使颜色变淡，罩油后即为所需颜色的深度，但光泽仍不易去除（青粉擦可以退光，但透明较差，效果不好）。

高分子材料封护：用高分子材料喷涂在彩画表面，目前观察效果很好，等待多年后才能得出结论。

聚乙烯醇：用2%～5%的聚乙烯醇水溶液，在彩画上喷涂2～3遍，比例逐渐加浓，干后无色、透明。

聚乙烯醇和聚醋酸乙烯乳液混合剂：喷涂2～3遍，材料配比为1.5%～2.5%，聚乙烯醇：聚醋酸乙烯乳液为4∶1。

丙烯酸乳液：使用时加两倍的清水，在彩画表面喷涂2～3道。

用高分子材料进行维护时，彩画表面应清理干净，颜色有脱胶现象时，应先刷胶矾水1～2道加固，再进行维护。

8.4.2 传统建筑彩画制作原料

关于传统建筑的彩画的制作原料，主要是氧化钴，颜色有兰、绿、黑、黄、铁红。原料配方主要有太白粉、锌白粉，与牛皮胶、骨胶、胍胶等碾粉按配合比例进行配制，其具有耐高温与阳光照射永不褪色的特点。瓷器皿上的黑、兰、绿、铁黄、铁红、朱砂、大红、深红、紫、群青、赫石、土黄、橙桔、淡黄、柠檬黄、蛇黄胆颜色、桃红、普兰、一绿、二绿、三绿，其配方原料主要以"三花粉"、锌白粉与牛皮胶按配合比例制作色彩。[1]

这样按配合比例制作出来的色彩，不仅在阳光60℃～100℃照射下颜色不变，而且在一年365天都下雨的情况下也永不褪色。

[1] 罗哲文. 中国古建筑油漆彩画［M］. 北京：中国建材工业出版社. 2013：65–73.

第 9 章

传统建筑名词图解

9.1 传统建筑专业术语

9.1.1 建筑形式

9.1.1.1 近代建筑

1. 近代民国建筑（中国近代建筑）

民国时期的建筑始于鸦片战争，持续到新中国成立之前，由于西方文化思想的激烈影响，使这一时期的建筑形成独立的风格。国民政府相继出台了《首都计划》，要求在南京政府工程的建造和公共设施都必须是中国模式，之后出现了一批融合了中西方文化的新型建筑体系，统称近代民国建筑体系。将这一时期的建筑进行梳理，可分为四大类：中国传统的民族式建筑、新民族形式建筑、西方古典式建筑和西方现代主义建筑。

2. 近代中西合璧式建筑

"中"可理解为中国传统建筑的建筑式样、结构、造型和装饰；"西"即为当时西方流行的古典主义、哥特式、巴洛克式、文艺复兴式、折衷主义等建筑式样及建筑方式。而近代中西合璧式建筑则是将中西两种不同文化体系下的建筑样式、结构、造型、装饰、建筑材料和建筑技术结合在一起的建筑类型，是兼有中西两种建筑形态特征的形式复合体（图9-1-1~图9-1-3）。

9.1.1.2 官式与民间建筑

1. 官式建筑

主要指以官方颁布的建筑规范为蓝本，营造的宫殿、寺庙等建筑形式，施工中按照规范要求进行，体现古代工官制度（图9-1-4）。

2. 地方手法

在长期的建筑施工过程中，地方工匠依据自己在实践中总结的经验，或者根据民间书著进行建造，其构件制作尺度、操作程序、建筑风格，与官式建筑具有不同的特点，这些特点称之为"地方手法"，有时对表现上述特点的建筑又称为"地方建筑"。形成"地方手法"的主要原因为民族习惯和地方文化的不同，如出于美观考虑，南方建筑的翼角普遍翘起，而且高于北方建筑；地域性的差异也是造成建筑式样不同的重要原因，如南方的干阑式建筑，在官式建筑中就不存在；气候因素导致建筑构架和材料使用表现出不同的形式，如北方建筑屋顶上有泥背，南方则不施泥背；经济条件落后致使构件省略，也是产生"地方手法"的直接导因。历史上各朝代的建筑，有许多不以官方典籍为蓝本，其建筑特

1

2

3 | 4

图9-1-1 闽清会馆侧面、正面

图9-1-2 陈氏五楼赐书楼正面

图9-1-3 陈绍宽故居廊屋、外立面

图9-1-4 闽王寺

点属"地方手法"。

3. 民间建筑

相对于官式建筑的建筑称谓，除在用材和形式上不限于官式建筑规范外，其结构和营造手法与官式建筑也有着显著区别，如三角形构架的运用、西部地区的平屋顶、明清时期闽西地区的柱头喜用斜劈做法等。对于民间建筑的判断，需做综合因素的考察。产生民间建筑的原因很多，如民族习惯、地区经济差别、自然条件、历史背景、社会文化、风水观念等。

9.1.2 建筑类型

9.1.2.1 柴栏厝（店屋、街屋）

一种狭长的市街店屋住宅，福州称作"柴栏厝"，其特色是左右两户共壁，形成连排的店屋，每间面宽3～5m，深度约为宽度的2～3倍。其临街道的前厅为做生意之用，后边为住家，为了增加使用空间，常将楼房或夹层半楼为储物室或卧室使用。

9.1.2.2 排楼厝

民国风格的店屋，因近代受洋楼的影响，街屋正面多以青砖筑成的西洋式的门面，墙顶多设女儿墙，或华丽的山墙装饰如牙子砌、马鼻砌、交丁砌（即在墙的转角处，两向砖石以交丁方式砌成）、拱形、圆形门窗等，颇像中国的牌楼，屋顶多为四坡顶小青瓦屋面（图9-1-5、图9-1-6）。

9.1.3 营造术语

9.1.3.1 营造工具

1. 营造

古代对房屋建造以及土木工程的统称。古代建筑的规范制度、操作技术、尺度权衡、用工用料等内容，均属"营造"一语的概念范畴。古代工匠表达"建"意义，

5

6

图9-1-5　南屿水西林尾衕

图9-1-6　儒江石积尊娘庙

必以"营造"述之，如宋时的《营造法式》和清时的《营造则例》、《营造法原》等。

2. 篙尺

刻有房屋各部分如面阔、进深、柱高及构件等尺寸的木杆，作为施工时放样的依据。从设计图（包括"地盘图"、"侧样图"、"透视图"）转换到实际制作的过程，大木匠师会制作一种叫做"篙尺"的工具，拿一根细长的杆子，将复杂木构件的各种实际尺寸标注在尺上，作为施工依据。因为一栋建筑有许多相同尺寸的构件，以篙尺为制作基准，非常精确，有些规模较大的殿堂，要同时用好几根篙尺。这些篙尺在建筑落成之后，有时候会安放在梁上，以备日后整修参考用。在以往，有能力制作篙尺的才能称为合格的大木匠师，可以说是一项非常重要的专业技术。

9.1.3.2 营造做法

1. 通长

福州民居中在用材上，有些部位讲究用通长（透长）的木构件，如檩木，一般比较讲究的民居，其屋面前后挑檐檩（桁）即脊檩用三间透长的檩条；木地板，一般民居都讲究主座前厅的木地板至厅屏必须是通长（透长）的；子孙椽，明间中轴线两侧的子孙椽必须是通长的。

2. 交圈

传统建筑施工中的"行话"与要求，是指传统建筑构件与构件之间，经过榫卯结构或经砌筑，能按尺寸汇合交接。"交圈"的含义一般包括上下层"交圈"和平行构件间的"交圈"，有明确的方向性。"交圈"既可适用于木构件，也适用于砖石砌体。

3. 退水

主座带左右披榭的住宅，其披榭前檐柱隔扇不能与主座檐柱对齐，通常退数尺，不能出现其檐口滴水超过主座明间檐柱的情况。其实也就是不使披榭或柱廊的檐口滴水不能从正座明间滴下，反之，民间则认为厅堂"哭泣"不吉利。

4. 侧角

凡立柱，并令柱首微向内收，柱脚微向外出，谓之侧脚。

5. 收（收分）

逐步缩小的意思，如福州民居中的夯土墙是下厚上薄呈收分形态，木柱基本也是呈下大上小的收分状态。

6. 犯

抵触的意思，如榫卯结构就经常会遇到榫头相犯。

7. 斜长

《营造法式》条文中"斜长"均指正身长乘以1.414（1/sin45°）；斜批相搭，指构件接长时，接头处各斫成斜面，以便互相吻合地重叠在一起。

8. 取正

找出建造基地的正南正北方向的工作称为取正。

9. 生起

逐渐增加某一类构件高度的做法，称为生起。

9.1.3.3 建筑构件

1. 广

《营造法式》中习惯把构件较宽一面的宽度，称为广，把较窄一面的宽度称为原。

2. 上皮

指大木作构件本身固有位置的称谓，"上皮"作为习惯用语，在实践中广为流传。实际是指构件在上的一个面。在传统建筑测量中，往往是尺度表述的"基线"，如"由此构件上皮至彼构件上皮多少、多少尺寸"等。

3. 下皮

也是指木构件本身固有位置的称谓。据《清式营造则例》关于"下皮"的叙述，使用"下皮"的概念时，通常是表示此构件与彼构件的位置关系和空间高度。

4. 里皮

也是指建筑构件及部位称谓。里，即向屋内方向，如坐斗里皮、山墙里皮、檐墙里皮等。"里皮"的含义，通常为构件本身的面，但有时也指一定的距离，如传统建筑测绘时，为了确定墙体的厚度，一般先测量屋内"里皮"至"里皮"的尺寸，再以外皮总尺寸，减去"里皮"尺寸，即得墙厚的尺寸。

5. 外皮

也是指建筑构件及部位称谓。外，即处于与屋内相反方向的一个面，如大斗的外面、山墙外墙墙面等。"外皮"概念的使用一般与"里皮"相同，大多在传统建筑测量时，叙述"距离"或表达现状时使用。

9.1.4　平面术语

9.1.4.1　平面基本单位

1. 间

有三方面解释：抽象概念泛指房屋的数量；四柱概念，"凡在四柱之中的面积，都称为间"；间椽概念，以面阔几间进深几间表述"间"的概念。

2. 开间

传统建筑平面的基本单位，指四根柱所围成的矩形空间（间），通常以开间数来描述建筑物的正面宽度。

3. 面阔

传统建筑单体建筑开间的称谓，《清式营造则例》称"间之宽称为面阔"，即两檐柱中心之间的距离。

4. 进深

一般指房屋稍间横向扇架的件数或柱子的根数，如进深四间五柱、进深六间七柱。

5. 通面阔

一座建筑的"通面阔"，一般以"通面阔"几间或长度单位表述。

6. 通进深

一座建筑的"通进深"，由若干开间进深组成，称之为"通进深几间"、"通进深几椽"或"通进深××厘米"。

7. 进

在福州民居合院式布局中，沿纵深方向与正身平行的横列房屋为进。一般在带轴线的纵向组合中，其正座（指压轴的正房，其中包括门头房）有几座一般就称有几进。各正座之间一般以天井相隔，有的以门墙加天井相隔，排在最后的正座（正房）有的设后天井，有的则没有。如三坊七巷中的宫巷沈葆桢故居，其主落为正房五开间，前后共五进：一进门头房，二进扛梁厅，三进过厅，四进寝厅，五进阁楼。

8. 落（路）

一座住宅主轴线上连续的几进院，并列的若干件形成一座房屋为落，分置于主轴线上的一落称"正落"，在主落两侧呈纵向进深的几进院，称为侧落，如东侧落、西侧落等（在闽南称左一路、右一路）。福州传统民居中呈纵向多进式布局，以山墙为界，由若干进组合成狭长式的一组建筑称为落。大户人家的住宅，一般除主落外，还会有若干侧落（测院）布置在主落的一侧或者左右两侧，形成横向多落并排的一组群住宅。其中主落布局一般较为工整沿中轴多进式布局，而其余侧落布局就活泼些，且多为花厅、书斋、园林等。

9.1.4.2 建筑构成

1. 埕（门口埕、内埕）

埕是指房屋门墙前面的空地。门口埕指第一道门墙前的空地，内埕指第一道门墙与第二道门墙之间的空地。

2. 厅

1）门厅（门头、头门、轿厅）

通常指多进院落的第一进入口（图9-1-7）。

2）正厅（神明厅、祖厅、公妈厅）

一般多为三开间或五开间，住宅中用正厅奉祀神明的空间，两侧厢房作为辈分较高者的卧室，或为奉祀神明的空间。

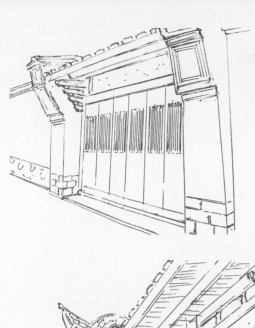

黄巷黄楼门头房双坡硬山顶，两封火山墙凸出门墙以高高翘起的灰塑牌堵夹岭门头房，门头房面阔一间六扇，中厚板门，每扇以门欹隔开，下用通长下槛。门头房后部为插屏门，平时从屏门两侧通道进入。

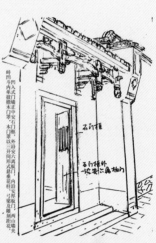

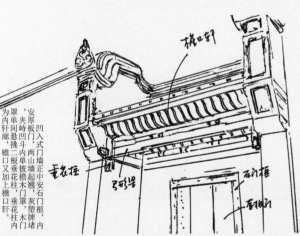

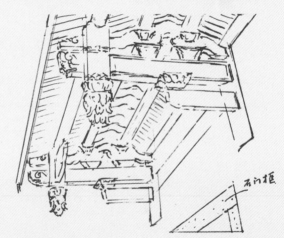

① 两山墙夹岭悬山坡屋面单开间六扇直棂板门门面做法
② 双坡硬山顶门罩
③ 凹入式多开间门罩做法
④ 带门罩石门面做法
⑤ 六离板门（严复故居）
⑥ 单开间门罩做法1
⑦ 单开间门罩做法2
⑧ 二梅书屋门厅
⑨ 闽清某民居入口门厅
⑩ 闽山巷
⑪ 入口门厅细部1
⑫ 入口门厅细部2
⑬ 南屿水西林林应亮故居门楼

图9-1-7　门厅图案例

3）敞厅

正面未置墙体或门窗的厅堂，其内部一览无遗地成为可与中庭连成一起的半户外空间，使天井的空间显得较为开朗。

3. 正屋（主座）

建筑群中的主要建筑物，一般布置在中轴主要院落正中。

4. 正座（正身）

通常指建筑中央的主体部分。

5. 倒座（倒朝厅）

传统建筑院落中，坐落于主座或正房相反方向的建筑。倒座有以下几个特点，规模小于正面建筑、高度低于正面建筑、建于围合的四合院布局之中。

6. 明间（当心间）

在建筑单体平面中，位于各开间的正中位置（一般是压在中轴线上）的空间（又称当心间），其面阔一般大于其他开间。

7. 次间

在传统建筑单体建筑平面中，位于明间的两侧的房间，谓之次间。

8. 尽间（稍间）

尽端的意思，如"尽间"即建筑物两端最后一开间。尽间在清式建筑中称作"稍间"（图9-1-8）。

9. 厢房

福州民居中的厢房一般是指主座明间厅堂两侧次、稍间的房间（图9-1-9）。

10. 余屋

建筑群中的次要建筑物。

11. 夹屋

主屋两侧紧贴主屋山墙修建的附属建筑。

12. 披榭

住宅中位于正座左右，与正座垂直的房屋，常常左右各一、互相对称，多用为家庭附属用房。福州民居中披榭一般是指主座前、后天井左右两侧的房屋，有前披榭和后披榭（图9-1-10）。

13. 檐廊（步口廊）

檐柱以外，屋檐下的走廊，福州民居常以斗栱出挑、插栱出挑、垂花柱出挑的廊道和只有一步之宽的软硬檐式的檐廊（图9-1-11）。

14. 回廊

庭院式园林中具有视觉引导作用的有顶盖通道。在福州民居中有两种形式，即主体建筑周

围环境的从属部分，在结构上与主体建筑相连，此种结构的回廊受《营造法式》规定副阶制度的影响，其目的是扩大主体建筑周围的空间；福州民居中通常的回廊是指正座前面的檐廊与正座前天井三周柱廊或檐廊所形成四面环绕的走廊（图9-1-12）。

15. 走马廊

独立式大殿或大厅四周可绕行一周的回廊。宋《营造法式》中称为"副阶周匝"。

16. 付阶

个体建筑周围环绕的廊子，称为付阶。

17. 廊轩

福州民居一般指前柱廊上设的卷棚轩顶（图9-1-13）。

18. 水榭

庭院中盖于水池中或紧靠水池，且多面临水的建筑，称水榭。借以建筑与水的关系，不仅可观赏倒影，亦有夜赏水中月之风雅，如福州三坊七巷衣锦坊水榭戏台。

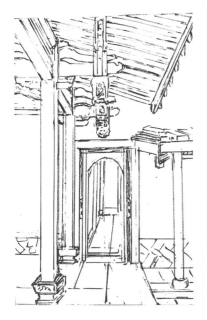

罗锅椽
卷棚椽（轩椽）
卷棚望板（轩望）
卷棚桁
挑檐桁
额
枋
挑梁头
封檐杆
封檐挑
挑梁
轩架
扛梁
明间前门柱
次间前门柱
次间前檐柱

<table>
<tr><td>①</td><td>②</td></tr>
<tr><td>③</td><td>④</td></tr>
<tr><td>⑤</td><td>⑥</td></tr>
</table>

① 安民巷15#16#侧落檐廊

② 檐部结构分析

③ 檐部细部构造1

④ 檐部细部构造2

⑤ 檐部细部构造3

⑥ 檐部细部构造4

图9-1-11　檐廊实例

<table>
<tr><td>①</td><td>②</td></tr>
</table>

① 安民巷15#16#主落一进前天井披榭式回廊厅井

② 刘家大院回廊（明三暗五柱廊）

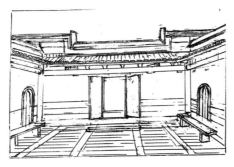

图9-1-12　回廊图例

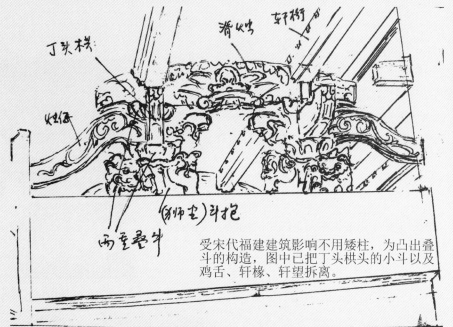

丁头栱

蒲风

轩桁

替木

拱帽

（狮生）斗抱

雨至叠斗

受宋代福建建筑影响不用矮柱，为凸出叠斗的构造，图中已把丁头栱头的小斗以及鸡舌、轩椽、轩望拆离。

①		②
③	④	⑤
⑥	⑨	⑩
⑦	⑧	⑪

① 叠斗式轩架局部构架　② 雅道巷49号丁家一进前轩

③ 廊轩细部1　④ 廊轩细部2

⑤ 廊轩细部3　⑥ 廊轩构造1

⑦ 廊轩构造2　⑧ 廊轩构造3

⑨ 廊轩形式1　⑩ 廊轩形式2

⑪ 廊轩形式3

图9-1-13　廊轩图例

19. 覆龟亭（廊厅、过水亭）

民居正厅与正厅之间往往以厅井相隔，为使狭长的天井隔为两部分。福州民居往往在前后两正厅的明间前后设覆龟厅，一方面方便雨天能遮雨，从复龟亭（廊厅）通过；另一方面廊厅也可作为家庭中的男女成员在此休息、喝茶的场所，其功能既是廊也是厅。

20. 溪水楼（房棚）

指房间内为防止发洪水时，放在房间地面上物品和人暂时搬到溪水楼躲避洪水，而在房间内以横梁及木板搭成房棚，平时可把不常用的物品放在上面作为储物夹层（图9-1-14）。

图9-1-14 旧闽县谢家溪水楼

21. 抱厦

传统建筑中建筑主体的附属部分，向外突出，但在结构上与主体建筑相连接，平面呈"凸"字形，民间称"龟头屋"。

22. 厅井

在福州民居中，由天井和正座（正房）敞厅所组合的没有任何隔断、完全通敞的大空间称为厅井。由于大厅与天井之间没有任何隔断，完全通畅，天井周围有时敞廊或较大的出檐，所以整个空间给人的视觉感受是一个统一的整体，因此取名"厅井"。"厅井"作为全宅的核心，它既是交通的枢纽，又是全宅公共活动的中心。大厅是这个空间的主体，大厅与后庭之间设有可以打开的活动屏门，是婚丧喜庆和祭祀先祖的场所。在中小型住宅中，它又是亲友集聚和日常生活起居的厅堂。

23. 天井

其在福州传统民居的内部空间中是最丰富多彩的部分，这种以小天井为中心的空间，不同于北方用正房、厢房和倒座所围成的院落，其为主的是室外空间。福州民居为主的是室内空间，天井被开敞的室内空间所环绕，不仅具有采光、通风的作用，更为重要的是，它使整个居住空间活泼而富有情趣（图9-1-15）。

24. 楼井

在街屋或店屋内部的楼板中留设一个方形洞，四面周围的栏杆为装饰的重点，形如楼中之井，故称为楼井。在楼井上方的屋顶上，有的做开拉式气窗，有的为撑开式气窗，这样楼井与气窗一起，起到引风、采光、换气的作用，也有在二层楼板上设置"搁栅"代替楼井的。旁设楼梯可上二楼或三楼，店家也可将货物自楼井吊上阁楼。这种楼井做法在福州三坊七巷的南后街及上、下杭街屋经常见到（图9-1-16）。

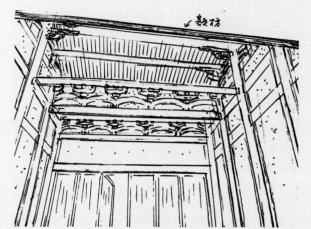

❶ 刘齐衔故居西侧落一进主座三开间厅堂明间为全厅屏

❷ 明间凸字形厅屏后厅梁架

❸ 明间一字形加二根厅屏柱隔成三开间厅屏门做法

❹ 一字形六扇通面宽厅屏做法

❺ 尤氏民居主落三进厅屏背面

图9-1-15 厅井图例

25. 避弄

是指宅院内正屋旁边专门供女眷仆婢行走的小巷，以避男宾和主人。

26. 防火巷（封火巷）

传统街屋栋栋相连，为达到防火功能，在数十座店屋之间设置防止火势延烧的纵向巷弄。

9.2 大木作

9.2.1 构架系统

9.2.1.1 一般性概念

1. 大木作

指以木材作建筑材料，建构屋架的木构件以及用此类构件构架的梁架，称之为"大木"，关于大木的施工制度则称"大木作"。

2. 扁作

福州民居中梁、枋（包括烛仔）等大木构件的断面为矩形，"扁作"大量采用独木、实叠、虚拼三种方法制作。福州木构架属南方穿斗式体系中的扁作体系。

3. 加荒

传统建筑大木作在原材料选购时，根据构件制作尺寸要求，在其基础上增大尺寸，作为加工余量。

9.2.1.2 构架类型

1. 穿斗式木构架

穿斗式木构架又称"立帖架"，是柱承桁且柱网排列成线的一种构架类型（图9-2-1）。每根桁木下均以柱子承托，柱与柱间则用穿过柱身的穿枋相连系，组成单元缝架，缝架再以桁木及梁枋相连。按柱落与否、不落地短柱所立的位置以及穿过柱的数目与层数的变化，"穿斗式"有着多样丰富的形式：（1）全用落地长柱，柱间用通长穿枋相连（属早期穿斗式，福州地区少见）；（2）落地长柱与瓜柱相间使用，仍用通长穿枋连系（属早期穿斗式，现福州地区少

❶

❷

❶ 利发巷65号楼井

❷ 上杭路165号八角美人靠楼井

图9-1-16　楼井图例

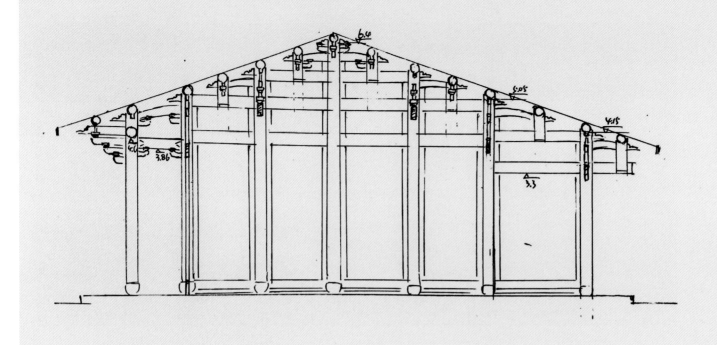

见）；（3）长柱、穿枋同第二种，瓜柱只穿过一枋，插立于下一枋之上（福州地区现少见）；（4）长柱、瓜柱同第三种，穿枋仅于每两柱间用短枋（福州地区较为多见）；（5）长柱、瓜柱同第三种，穿枋、穿枋可在两柱间或三柱间穿过（福州地区较为多见）；（6）柱上用人字斜梁、檩条置于斜梁上，其缝架形式如第四、五种，减少了立柱。

2. 抬梁式木构架

抬梁式木构架又称"梁柱式"、"柱梁式"、"叠梁式"，是以架承桁，以柱或铺作承梁的构架形式。其屋架做法是建筑进深方向叠架数层梁，梁逐层缩短，层架间架短柱或垫木块，脊桁立于最上层梁中央的蜀柱上，其余桁木架在各层梁两端，最下层的梁置于柱顶或柱网上的水平铺作层。依照柱网、叠梁层数以及层梁间架短柱或垫木块的做法不同，抬梁式也有着多样变化的形式。

3. 插梁式木构架

插梁式构架的特点是承重梁的两端插入柱身（图9-2-2），而不像抬梁式木构架中承重梁压在柱头上，也不像穿斗式木构架中柱间无承重梁，仅有穿枋拉接。具体地讲，即组成屋面的每根檩条下皆以柱承接，每一矮柱搁在下面的梁上，梁端则插入下层两端矮柱柱身，依次类推，最下端的两矮柱搁在最下面的大梁上，而不是简单的将梁搭放在柱顶，其稳定性更好，对木架的稳定性也更有利。相比穿斗式木结构，由于矮柱不落地，形成较为开阔的室内空间，更利于房间内部使用。由此可见，插梁式是结合了抬梁与穿斗两种构件的构造优点形成的一种新型的木构架形式。在孙大章《中国民居研究》中，将这类木构架总结为插梁式木构架，以区别于抬梁式与穿斗式，同时在文112页中提出"福州民居构架为插

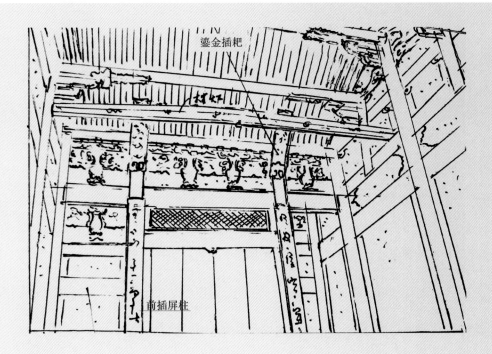

鎏金插耙

前插屏柱

1 | 2

图9-2-1　高士其故居二进次间剖面
图9-2-2　凸字形厅屏前厅插梁

梁架"。

4. 搁檩式木构架

直接将桁置于山墙上的做法，上墙上椽留设凹洞，桁木可插入墙体一半以上，或直接伸出屋檐，形成悬山式屋顶。福州民居在清咸丰（1851年）以后，民居建筑进入转化期就出现了不少搁檩式的结构做法。

1）搁檩造

直接将檩置于分隔及山墙上的做法。墙上留设凹洞，檩可插入墙体一半以上，或直接伸出墙外，形成悬山式屋顶（山区民宅多用此法）。

2）硬山搁檩

即住宅的山墙为夯土承重墙，只在次间的柱上用梁架，其稍间的檩木，一头搁在分间的缝架上，另一头则搁在硬山的山墙上，称为硬山搁檩造。

9.2.2　梁架主要构件

9.2.2.1　梁

1. 扁作梁

扁面为矩形，高宽比为1∶5～1∶2左右。《营造法式》中讲，扁作梁用料分为杜牧、实叠、虚拼三种。实际营造中，由于独木做法浪费木料，一般仅用于小型梁架。扁作梁上部受压，下部受拉受弯。因此，无论实叠或是虚拼，下部主料不得小于2/3梁高。实叠做法以主料、小料木材相叠成所需尺寸，用硬木榫、竹钉将上下连成一体。虚拼做法则是先定下主料，在主料两侧拼侧板，侧板厚度1~1.5寸，外侧与主料侧面平齐。两侧板上部每隔一段距离用毛竹、硬木搭（或虾、蟆搭）连接固定。

2. 挑梁

步口挑梁的一端插入充柱，另一端穿过门柱（檐柱）成为出挑的梁头，且故意向上斜其一点角度称为挑梁，支撑挑檐桁，其下亦可作斗拱辅助（图9-2-3）。

3. 雕花大梁

可以直接在梁上雕刻，也可采用拼花板拼合，可加快施工进度，如福州朱紫坊芙蓉园（图9-2-4）。

4. 草架

天花板或藻井上不外露的梁架，其梁枋不加以修饰，直接使用粗加工的木材，称为草架。

5. 拼合梁

《营造法式》对待大料缺乏的总原则是"缴贴令大"。拼合梁做法主要有四种：

1）实叠型

顾名思义，即是枋木垒叠，由若干段枋木叠压拼合出高大梁枋，枋木之间密实，一般来说相叠的各段枋木的截面形态没有必然的规律，全靠当时用料的情况，实叠是一种简单原始的构建思维，通用各种梁枋体系，可用于加强结构作用，也可用于装饰性的作用。

2）虚拼型

于梁背两面安板，板之间虚空。梁枋虚拼不仅能就小料拼大料，还能节省木料，减轻梁枋自重，非常适合江南地区建筑中视觉高度远大于结构所需的高度的梁枋体系，实现梁枋的装饰效果，其作用比实叠形做法更简单。

3）混合型

综合实叠与虚拼两种手法，于垒叠的枋木背面的两面安板（该板可以由圆木锯开为两片带弧面板加银锭榫锚合），实叠部分以补强结构性能，虚拼部分则满足装饰需求，拼合度大。

4）包镶型

从高度和宽度两向加大梁枋断面，适合于断面较大的梁枋。以上四种拼合梁的拼合连接构造，对于实叠型而言，上、下枋木常通过木楔连接，用栓或插销串联是常用做法，其板通过银锭榫安于梁背，也可加铁箍、铁卯进行加强。

6. 密肋梁板

一种以紧密排列的木梁来承受楼板重量的构造，其楼板铺三合地面或铺水泥地面（其中有细钢筋、水泥掺入砂和石子）。

9.2.2.2 柱

1. 马面柱

马面柱也称"门廊柱"、"门面柱"、"外廊柱"、"檐柱"等，柱断面有正方角圆线、正方抹斜角、正八角、柿花、梅花线等（图9-2-5）。

2. 垂表柱（福州称悬充）

一般安装在前后挑檐桁位置，形似矮柱，下部雕刻花篮、垂莲花等，上端

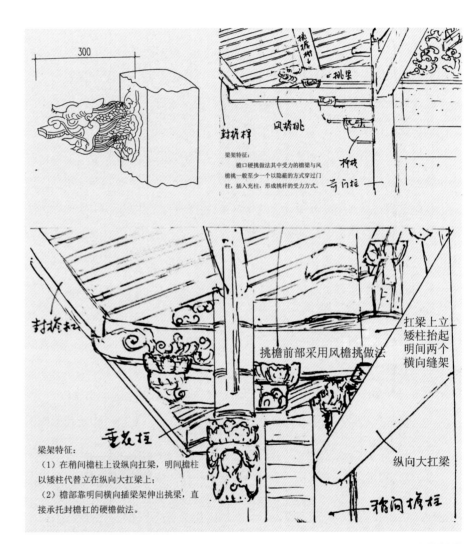

❶ 挑梁头细部大样图示

❷ 挑梁形式1

❸ 挑梁形式2

图9-2-3 **挑梁图例**

图9-2-4 **雕花大梁拼合形式示意图**
图9-2-5 **马面柱断面线脚形式示意图**

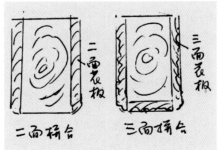

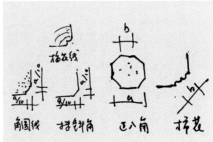

刻桁碗托，靠穿过檐柱与内柱挑梁穿过垂花柱身挑托挑檐桁，同时也对檐部起很好的装饰效果（图9-2-6）。

3. 水柱（挑廊柱）

一般安装在阁楼的前挑廊上，且悬于门柱子外，形成较长的悬充柱，靠穿过檐柱与内柱的挑梁及楼梁穿过水柱上身和下身，传力挑托阁楼屋面的挑廊桁，其水柱称为阁楼走廊的檐柱，也便于安装木栏杆或美人靠起到了挑托和装饰的效果。

4. 望柱

立于每段栏杆两端的柱子称为望柱。

5. 瓜楞柱

将断面由圆形加工成瓜楞状的柱。

6. 矮柱（侏儒柱、蜀柱、瓜柱）

搁在或骑在梁上，作为上层梁或桁的支柱。

7. 驼峰

这是宋式建筑中的大木作梁架的构件，其作用是支垫坐斗以上的梁栿，因其形状似驼峰，故名驼峰。福州民居中谓之"驼峰"的构件往往是因其承担同样功能且处于同一位置，但其形状多已不是驼峰的形状，常用在叠斗式的梁架中。至明、清后期多演变为矮柱或柁墩，外贴花板装饰为花座形式。

8. 拼合柱

传统建筑木制柱子的一种做法。为了弥补柱子直径不够的缺陷，采用几块小直径的木头制成扇形的几块拼合成直径较大的圆柱，拼缝采用银锭榫加胶拼接并加铁箍紧固。

9. 包镶柱

也是缘于解决材料不足之故。包镶柱的中心是一根完整的柱子，称"心柱"，心柱外周，随心柱外表尺寸，由多块木块将心柱包围，加铁钉并胶合，用铁箍紧固。

9.2.2.3 檩

1. 楹（桁木、檩木）

指屋顶的桁木，每一个开间指楹的长度，故三楹即指三开间，五楹即指五开间，五间排、七间排，即面阔开间之意。

2. 桁（檩、楹）

即屋顶下的梁，上称椽木、望板（或望砖）、屋瓦。福州地区称檩条为桁、楹，闽南称檩条圆、圆仔、楹木、楹丁、桁木。

3. 中桁（中楹、脊桁、栋桁）

屋架中央最高最大之桁木，即处于正脊之下的桁木。

4. 挑檐桁

屋架最外端，且悬在屋檐下的桁木，承挑屋檐之重量。

5. 曲廊桁条的制作

曲廊桁条，转角接点做法常见有三种：（1）转角敲交作，为上下各去1/2，上下交合；（2）转角硬合角做法，转角桁条端锯出大合角相合，两侧再用铁件加固；（3）转角硬合角并加转角锭榫做法。在转角角度大于100°时，可在转角桁端各做雌榫，再用硬木锭打入以固定角相连。

6. 架于挑梁上的挑檐桁的搭接

两开间的桁条，左间为雄榫，右间做雌榫。三开间的桁条，正间两头雄榫，两边间做雌榫。五开间的桁条可为正间两头雄榫，次间靠正间为雌榫，靠边间端做雄榫。两边间则以雌榫与次间接。选划榫头亦可按桁条直径的1/4为榫大头，大不得超过1/4，榫长可按桁直径的1/2长，但再端不得小于2寸。雌榫眼要放长二分，为桁条扎榫起着拉紧作用，故头端有空隙有利于于榫的安装和拉紧开间尺寸（图9-2-7）。

图9-2-6　垂花柱

图9-2-7　两桁搭接做法示意图

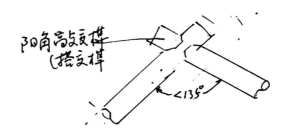

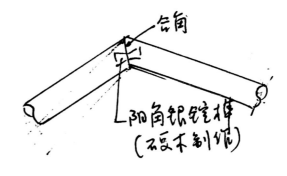

9.2.2.4 枋

1. 额枋

福州民居中的硬山木构件作为前檐柱之间纵向联系的枋木，一般成为前檐柱通长三大件，桁木、桁引、额枋（额枋与桁引之间用木锯花若干朵）等的通长做法。

2. 桁机（连机）

福州传统大木作构件，即附属于桁、檩之下的枋木，其通长与桁檩相同。

9.2.2.5 椽

处在梁架中的檩与望板之间，架于上檩或桁之上（闽南称椽为桷、桷仔、桷枝），福州地区称椽，其断面高宽比例一般为1∶3左右，厚度一般为30～40mm之间。

9.2.2.6 连接构件

1. 贴栿（柱栿、立颊、抱框）

紧贴在木柱旁边的竖向扁木，其作用是由于木柱立起后，总是柱头在下，柱尾在上，形成下大、上小，这样不利于安装门扇和隔扇（包括灰板壁、木板壁），加上贴栿后就能使门窗（灰板壁、木板壁）还有上、中、下槛安装贴栿的垂直边上形成方正的边框，便于安装门窗板壁等构件。小木作中，凡是贴靠在主要立柱或垂直构件两侧的辅助性木件（或小柱子）统称为立颊。门额（清式称上槛）和门限（清式称下槛或门槛）间两侧的门框是最常见的立颊（清式称抱框），福州民居中均称为柱栿。

2. 鱼尾叉

扛梁的断面一般呈圆形或蛋圆形，上、下面稍有刨平，其梁侧面两端入柱处有卷杀，以便过渡成矩形榫头插入柱身，并且顺势在侧面刻出呈侧卧状的"人"字或"八"字形的曲线，工匠称这种曲线为"鱼尾叉"。鱼尾叉线内的三角形块面又向内凹入（图9-2-8）。

3. 短机（圭舌）

福州称桁（檩）两端于矮筒、柱子承托相交处的一个构件，称为"圭舌"的替木，承托桁条，其下一般有一、二跳丁头栱承托，"圭舌"作舌尖状，并有反钩，底面中间雕出一条凸棱。

4. 桁引（檩引、桁圭、连圭）

当檩下设置有"看架"、"排架"、门扇、板壁时均在檩下（桁下）增设通长枋木，福州地区称其为桁圭。即附着在桁木之下呈方形断面枋材，其作用是稳定桁。短者称鸡舌木，为柱头插栱或叠斗与桁相接之过渡材。

5. 鸡舌（替木）

在斗栱的最上层与桁木相接之间、紧贴于桁下的长形构件，为一种较短的替木，尾端做成鸡舌状，故名"鸡舌"（闽南叫法），其长度约为一开间宽的五分之一。福州民居建筑中多见于檐檩之下的"斗上横木"，按《营造法式》其长相当令栱上的"替木"。福州

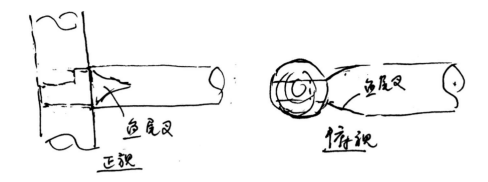

图9-2-8 鱼尾叉做法示意图

民居是上层插栱上的"替木",在福州民居中一般多见于明代民居,可以说是宋代留下的传承所致。该位置到后期逐渐演变为雀替形式,多见于清代民居的插栱上部檐檩之下。

6. 地栿

传统建筑构件,是与地面相接,为最下面的部分。于两柱间与地面相接用以垫托下槛断面呈荷叶状的通长的木构件(木地栿)或石构件(石地栿),明清时期演变为下槛,民居中多为木制。此外,用于石栏杆(宋称钩阑)连接栏杆,两望柱间与地面相接石构件称石地栿。

7. 衬头木

在翼角处为使翼角椽翘起与仔角梁(牮担)背取平,垫在檐檩(桁)上的三角木。

9.2.2.7 横纵向梁架联系体系

1. 纵架和横架

传统木构架区分方式,纵架为开间方向木构架,横架为进深方向木构架。

2. 架

在扇架上部桁木(檩木)一根称为一架,桁木的数目决定扇架的大小,小者为三架或五架,大者可达十五架、十七架或十九架。

3. 步架

步架是梁架上檩与檩之间的水平距离。

4. 缝

构件或成组构件的中线,例如柱中线称柱缝、槫(桁、檩)中线称槫缝,乃至一朵铺作的中线转角铺作的45°线等均称为缝。同时也是传统建筑梁架与砖作称谓。梁架称谓与《营造法式》中槽的概念相似,"缝"反映了进深方向的梁架组合,如明间缝架、次间缝架,缝架在福州民居也叫扇架,如四扇三、六扇五。砖作当中主要指砖砌体和墁地砖缝,如十字缝、柳叶缝、工字缝等。

5. 缝架

压在缝（中线）上的木屋架称为缝架。

6. 扇架

指穿斗式或插梁式的横向缝架。

1）四扇三

在福州民居中以四个横向扇架所组成三开间的房屋称为四扇三屋。

2）六扇五

在福州民居中以六个横向扇架所组成五开间的房屋称为六扇五屋。

7. 排楼面（牌楼面、看架）

建筑楣、枋以上的整榀木构造，从字面上看，有一排一排架上去的意味，排楼面视建筑物高低而有不同的处理方式，通常有一斗三升、连栱、弯枋、楣、桁引、木锯花等构件组成的纵向缝架，也称牌楼面。

8. 架内排楼（纵向看架、襻间/屋内额）

在各缝桁下附加的纵向联系构件，往往插在木柱上把相邻的两片横向缝架拉在一起，目的是为了加强屋顶结构的整体刚性，襻间的断面为一块方木，断面不够时可加两层木枋。处在"襻间"之中的位于各横向缝架（扇架）与缝架之间的纵向联系的枋木，按福州民居建筑构件的叫法一般称为楣（枋），自下而上为大楣、二楣等，如从下而上叠起的包括大楣、三弯枋（五弯枋）、一斗三升、二楣、木锯花、最上承接桁引及桁木；从下而上只有大楣、一斗三升、二楣、桁引及桁木；从下而上用大楣、一斗三升、二楣、一斗三升、三楣桁引及桁木；从下而上叠大楣、灰板壁、二楣、木锯花、桁引及桁木；从下而上叠大楣、木锯花、桁引及桁木（图9-2-9）。

❶ 林枝春故居

❷ 天后宫一进厅屏（有插屏柱的一字屏加屏柱做法）

❸ 安民巷15#16#主落一进厅屏单间一字形

图9-2-9　楣（枋）图例

9.2.3 屋顶

9.2.3.1 屋檐形式

1. 软檐

福州民居屋外檐的一种形式，即在挑檐桁以外的瓦屋面完全靠椽板的悬挑作用承托挑檐檩以外的屋面重量，其封檐板的厚度一般为30mm左右。

2. 硬檐

福州民居外檐的一种形式，即在挑檐桁以外的瓦屋面重量主要是靠穿过檐柱与内柱的挑梁直接承托封檐杠（指厚度在60mm左右的封檐板）承托（图9-2-10）。

3. 轩

通常作卷棚或弯椽构造的屋顶，如古时的马车顶称"轩"，有廊轩（轩廊）、亭轩（轩亭）之称。以轩顶形式的柱廊也称"轩廊"，以轩顶形式的檐廊称檐口轩。其形式有船篷轩、鹤顶轩、棱角轩、海棠轩、一支香轩等。福州民居的轩按轩椽与轩望板的做法可分为两种形式：以与屋面椽板一样的扁椽界面以及同规格望板制作的轩为硬轩；以近方形的小截面弯椽与宽曲面望板最左的轩称为软轩，软轩一般在清代以后出现，有的制作比硬轩精细、繁缛。

4. 盝顶

四周由坡屋檐围起来的平屋面。

5. 断檐升箭口

是传统建筑屋面搭接的一种形式，所谓"箭口"即"檐口"之意。断檐式即将三开间的中间升起，或五开间的中央之间升起，形成错开高低的檐口线。其理由是要丰富造型，其中的差距也可视为屋顶形式之尊卑或主从次序的再强化（图9-2-11）。

10 　 11

图9-2-10　**硬檐做法**
图9-2-11　**断檐升箭口**

6. 勾连搭

两栋或多栋房屋的屋顶沿进深方向前后相连，屋面相交连接处做成接近水平的天沟，沟两端排水的屋面做法：为保证排水顺畅需要找坡，使中间较两边略高，这种做法可以取消内墙，扩大室内空间。

9.2.3.2　屋檐构件

1. 檐口

指在檐柱之外，屋檐悬挑的部分。

2. 风（封）檐挑

伸出柱外承接屋檐的长形栱，有时也是步口通梁伸出的梁头，造型多如长形栱头，具有略向上翘的斜度。

3. 封檐板（檐板）

屋檐下的扁长形木板，它钉在椽头，面稍凸出于椽板上皮，起搁置头瓦作用，以使其不至于滑落，同时可保护屋瓦下的椽头。

4. 博风板（封桁板）

在歇山顶或悬山顶的出际部分，沿斜坡在桁头钉的人字形大板，以保护桁头。

5. 排山脊（截水脊）

将硬山、悬山和歇山的垂脊叫排山脊。

6. 排山瓦

在排山脊外侧，博风的上层用板瓦砌披水的瓦檐称排山瓦。

7. 睁眼

盖瓦翘与底瓦之间的间隙称为睁眼。

8. 生头木

建筑物两山山面挑出部分，或屋檐转角处使屋顶两顶端翘起的附加木件，或使檐椽背（上皮）与角梁背取平的三角形木件，都叫做生头木，相当于清代的枕头木。

9. 悬鱼

悬山顶的山尖因屋檐悬挑在外，为了加强前后坡的封檐板的交接部分，增加了"悬鱼"雕花木板，有如同一尾吊着的鱼，它至少在汉代即已出现。说是起源于佛家八宝，民居屋顶悬鱼就是取其佛说金鱼能解脱坏劫之意。也有的地方用磬形代替悬鱼，磬为中国古代石类乐器，形状有十字形、挑形、垂带形、双鱼形、蝙蝠形或动物图案，磬与庆同音，取其吉庆之意。

9.2.4 榫卯构件

9.2.4.1 榫卯演化与选择

1. 榫卯

特指中国古代木结构的节点构造形式，是榫头和卯口的合称。榫，构件上突出部分，又称"公榫"。卯，为凿刻去除的部分，形成卯眼，又称"母榫"。榫插入卯中，结成一体，使木结构趋于稳定。明清木构建筑常见的"榫卯"主要有二十多种，如管脚榫、馒头榫、燕尾榫、龙凤榫、透榫、半榫、穿销榫、桁椀、银锭榫等，即便是今天建造房屋，开榫凿卯仍然是工匠使用的主要技艺。

2. 榫卯的演化与选择

直榫，其榫头平直，断面为长方形，可直接插入构件卯口内，根据直榫的长度，可分为透出榫头的"透榫直榫"（图9-2-12）和不出榫头的"半榫直榫"（图9-2-13）两种做法，这种榫卯形式，在大木作和小木作中广泛应用。

半榫（大进小出榫）：大梁插入柱时所用的燕尾榫，而柱子的卯口做成上大下小，插入时提高进大口，落下后由小口咬住后，再用木块填上大口。

直榫是较早就出现的榫卯，早在7000年前的河姆渡遗址中，直榫就已经出现，只是这时的直榫似乎尚未定型，呈现出多样的高宽比。同时，直榫又很容易和其他榫卯的做法联系起来，榫卯早期就出现过榫肩、四周榫肩和结合销钉等多种做法，但直榫本身有个极大的缺陷就是没有抗拔构造，而一旦受弯也比较容易从卯口脱落，故在其基础上，针对不同的节点特征，演化出不同的榫卯类型。

从榫卯的发展历史来看，虽然后来出现了多种多样的榫卯，但都与直榫有着某种联系，可以视为直榫的衍生。例如燕尾榫就可以看作榫头宽度有变化的直榫；半榫（大拼小出榫）可以看作是榫头有高度变化的直榫；十字箍头榫是

12 | 13

图9-2-12　**透榫直榫示意图**
图9-2-13　**大进小出榫**

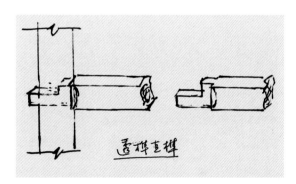
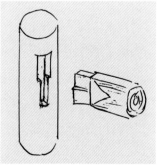

双向直榫的交错；馒头榫等可以视为榫肩特别大的直榫等。出现在直榫中的各类尺寸变化在其他各类榫卯中也有体现，例如双榫现象、垂直分榫现象，其长度、高度、宽度均有变化等。

直榫的演化过程，主要有如下几个方面：尺寸逐渐定型化；榫肩逐渐常态化；分榫出现，分榫是榫卯的一种演化方向，即将一个较大的榫卯分为若干个较小的榫卯。由于榫卯的交接位置容易出现受力集中现象，将榫卯适应分散是一种解决办法。分榫有水平方向和垂直方向两类，但分榫较少见于实际建筑建造中，而木墩、家具上都经常出现。

3. 榫卯类型选择

传统木构榫卯看似繁杂，但可以归纳为檩、梁、枋、柱的几种构件组合。榫卯的类型与这些构件的相互联系有关。大致有三种原因会改变节点使用的榫卯。第一种是由于构件组合方式不同，如檩条和檩条交接为水平构件间的交接，而梁柱交接则是水平和垂直构件交接，这两类榫卯就不一致；第二种是不同构架导致的节点差异，如同为梁柱交接，抬梁式构架由于梁在柱顶上，或柱搁置在梁上，故榫卯多为馒头榫，而穿斗构架由于梁柱交接节点，可以是燕尾榫、半榫、透榫等；第三种就是由于在同一位置相交构件太多而不得不做出改变，其中有能够相对简单归类的，例如角部的十字箍头榫，也有难以归类的各种做法变化，如两个或三个水平构件在几乎接近的高度与柱相交。

4. 五种榫卯应用特点

1）燕尾榫

燕尾榫是古建中常见的榫卯类型，由于其榫头收溜，故有一定的抗拔力，主要应用在槛枋之间的连接（可拆卸）、梁柱之间的连接，以及水平构件之间的连接或各榀构架之间的水平拉接构件与柱的连接。

2）馒头榫（管脚榫）

馒头榫是北方抬梁体系中最重要的一种榫卯，一般馒头榫位于柱顶，连接搁置在柱顶的梁，还有柱底部与其搁置的石柱础的连接，此外，各类斗栱底部的榫卯也看作馒头榫的变体。

3）半榫

当梁柱交接不是位于构架尽端而是位于构架中部时，由于无法在柱顶开垂直卯口，故常见柱梁交接榫卯为半榫。即在柱中开洞，两侧各插入一个宽度缩减了的梁。

4）十字箍头榫（十字搭交榫）

这类木构架都要求在同一高度位置解决两个水平构件与一个垂直构件的交接。

5）下落式燕尾榫

下落式技法是一种在南方多见的技术。如柱列中间的柱由于和水平构件交接不在柱顶位置，所以就不能用燕尾榫等，而只能用半榫，但是半榫不能产生抗拔力。一种解决办法

注

按马炳坚收集整理的清宫做法，燕尾榫的长度为柱的四分之一，宽度为柱径的1/4，按1：10收溜。而在南方如《营造法原》一类文献中，燕尾榫最长可达柱径的1/3，宽度为柱径的1/4～1/5，同样按1：10收溜（图9-2-14）。

就是在柱中开一个搭扣，达到可以垂直放下想要的榫卯类型，如燕尾榫，后再以木块填上大口的作法。

9.2.4.2 梁柱交接常见的榫卯类型

1. 管脚榫（柱根榫）

通常用于地面柱与梁架柱的柱脚、不同柱子，其柱下榫头形式也不同，如地面柱柱脚榫多为圆形，而梁架内的童柱（矮柱）等柱脚，更多的则为方形或矩形等（图9-2-15）。

2. 银锭榫（银锭扣）

其形状酷似银锭而得名，这种榫卯两头宽，中间窄，与银锭卯扣结合，十分牢固，多用于板柱和柱子的拼接（图9-2-16）。

3. 搭扣榫（十字交榫）

其具体形式有箍头榫、十字刻半榫、十字卡腰榫等，刻有"搭扣榫"的木构件，上、下咬合，易于安装，便于拆卸。使用范围包括桁木搭交、梁架搭交、斗栱中的木构件搭交等（图9-2-17）。

4. 交斗榫

该榫一头缺上部，另一头缺下部，互相搭在一起，且榫头作燕尾榫，强化拉结。福州地区挑檐桁很大一部分是为三开间通长，但也有一部分不采用通长时，直接搁置在插栱上部，上部挑梁上搁置面很小，常用该榫搭接（图9-2-18）。

5. 螳螂头榫

该榫适用范围主要是桁檩间的结合，因其头大身小，极似螳螂头故名之（图9-2-19）。

6. 勾榫

横竖两构件相交，横向构件之榫的地面做成一个斜面，使横向构件受力后榫卯不易脱开（图9-2-20）。

7. 深半榫

为保持榫的足够长度，不在做卯构件的另一面露出榫头的做法。

8. 柱与梁枋用榫（水平构件与垂直构件相交）

1）透榫

又称大进小出榫，突出净长为柱径或构件自身高的一半，宽度为枋厚的1/3或略小于柱径的1/4，用于需拉接但又无法用于上起下落法安装的部位。

2）半榫

用于双枋（梁）对插入柱处要做出等掌和压掌，对插入柱后塞头柱卯。一端榫上，下半部分分别长1/3和2/3，另一端榫上、下半部分分别长2/3，对接后合严。

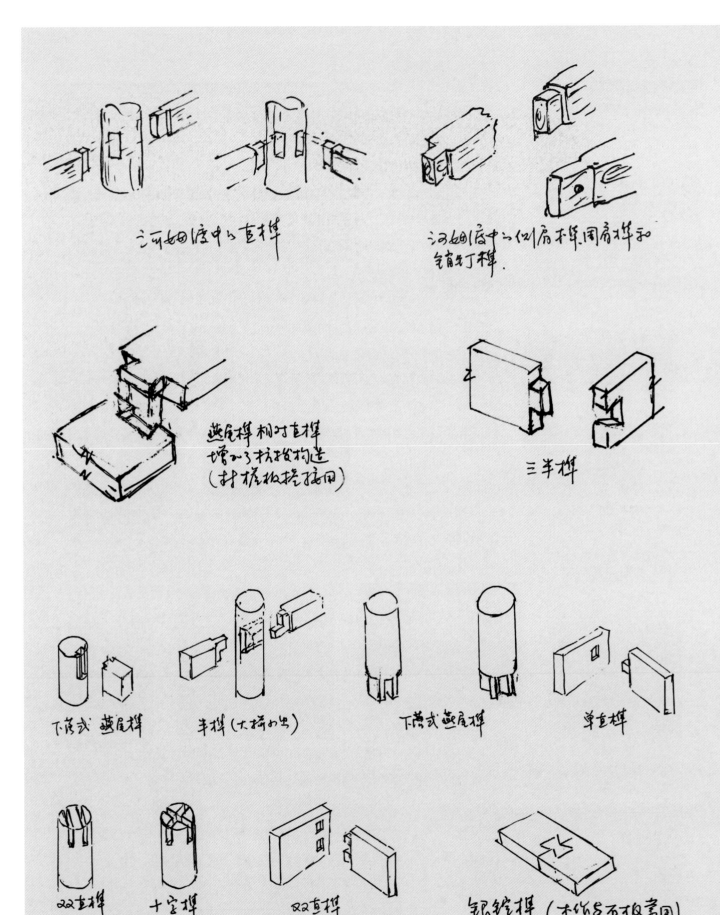

河蝴唇中心直榫

河蝴唇中心似屑榫、固肩榫和铜钉丁榫.

燕尾榫 相对直榫
增加了抗拔构造
（封檐板搭接用）

三羊榫

下落式 燕尾榫

半榫（大榫的半）

下落式 燕尾榫

单直榫

双直榫

十字榫

双直榫
（门扇）

银锭榫（木作与石作皆可用）

图9-2-14 榫卯示意图

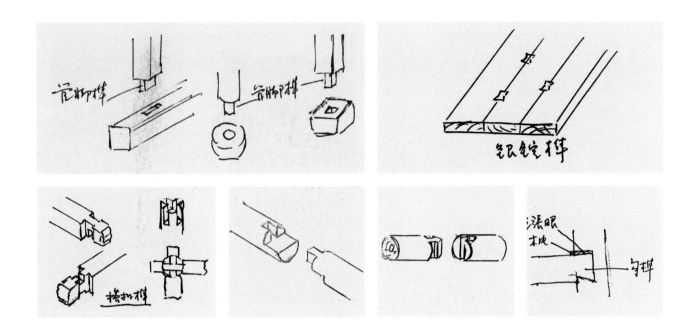

	15		16	
17	18		19	20

图9-2-15 **管脚榫**

图9-2-16 **银锭榫**

图9-2-17 **搭扣榫**

图9-2-18 **交斗榫做法示意图**

图9-2-19 **螳螂头榫**

图9-2-20 **勾榫**

3）箍头榫

箍头长同柱径，宽为枋正身宽4/5，箍头为4/5枋高，用于枋与柱顶在转角处的搭交。

4）十字搭交榫

将其宽窄面均分四份，沿高低面分两等份，按所需角度刻去两边各一份，按"山压檐"原则，各刻去上或下面一半，然后搭扣相交。用于圆形或带有线条构件的十字相交，如檩、枋，非十字时用于多边形建筑（图9-2-21）。

9. 交接处理

1）两桁的端头相接

在同一高度时，必须做燕尾榫连接，榫最大处的宽度宜为桁条直径的1/5，榫的大小头宽度之比宜为1∶0.8。榫长应为桁条直径的2/5～3/5，且不宜小于80mm。

2）两桁呈丁字相接

在同一水平高度上时，应做扁榫（火通榫）连接。榫宽应为桁直径的1/2～2/3，榫厚应为该桁条直径的1/5～1/4，榫长应为该桁条直径的1/3～1/2（图9-2-22）。

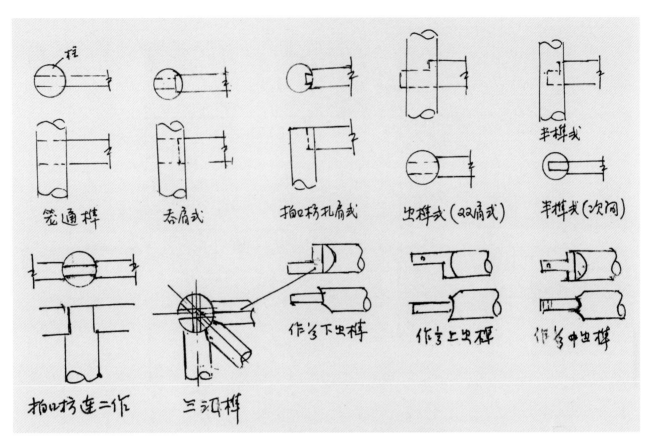

笼通榫　　吞肩式　　拍口榫孔肩式　　虫榫式(22肩式)　　半榫式

半榫式(次间)　　作多下虫榫　　作多上虫榫　　作多中虫榫

拍口榫连二作　　三汊榫

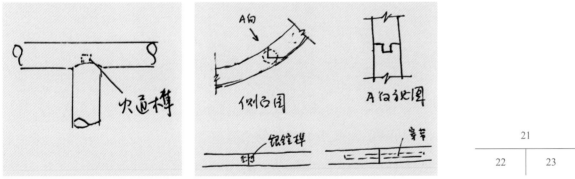

火通榫　　例凸图　　A向视图　　银锭榫　　穿带

3）博风板、封檐板拼接

其板净厚宜为18～25mm。拼接不宜多于2块，拼缝应做高低缝或凹凸缝，并采用竹钉连接，竹钉间距不应大于板厚的25倍，板的背面应做银锭榫或穿带连接，加固板缝。做银锭榫时，其连接位置应选在不易下垂处，其厚度宜为板厚的1/2～1/3，穿带时，其深度宜为板厚的1/3，间距宜为1～1.5m。当封檐板长度方向拼接时，应采用榫卯连接，接缝应垂直于地坪。博风板应按举架延续对接，接缝应设置在桁条中线位置上，接榫应做龙凤榫，下口做托舌，托舌应大于檩径（图9-2-23）。

图9-2-21　柱子与其他构件搭接做法示意图

图9-2-22　扁榫

图9-2-23　博风板、封檐板做法示意图

4）椽条交接处理

如图9-2-24所示做法。

9.2.4.2 榫卯结合处理

1. 榫肩

福州圆作梁与柱进行榫卯结合时常用的几种肩法，包括木鱼肩、鱼尾肩、单尾肩、吞肩（抱肩）这四种形式（图9-2-25）。

2. 抱肩

多用在柱子与梁、枋之间的连接。肩，即榫头两侧部分，当榫头做好之后，在两肩部按照柱子的圆面，向内刻出弧线，以增加梁、枋与柱子接触面，尖锐部分抹角倒圆，称"抱肩"。

3. 回肩

额枋榫头做好后，两肩部分向反方向抹角倒圆，与"抱肩"不同的是"回肩"的肩不与柱接触。

图9-2-24 **椽条搭接与固定**

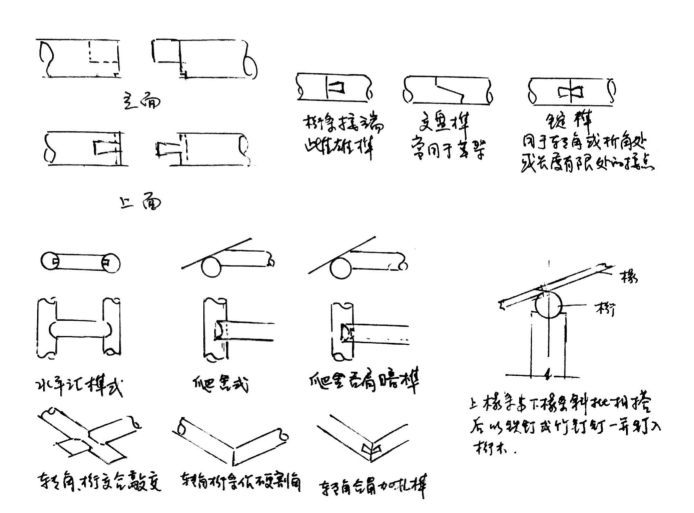

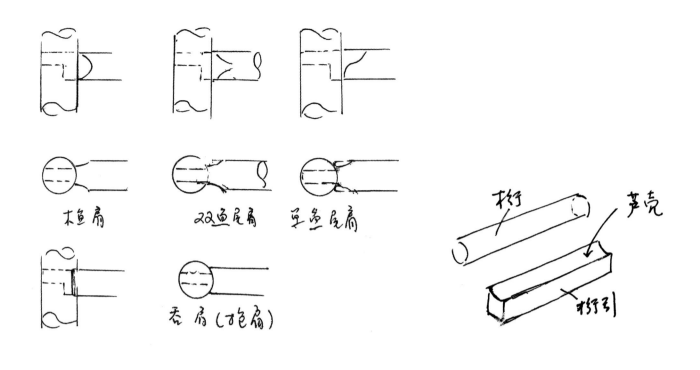

木白肩　双鱼尾肩　平鱼尾肩

吞肩（抱肩）

桁　芦壳

桁引

4. 涨眼

在榫卯制作时，为安装方便，把卯的高度做大些，待安装结束后再用木片填实空隙部位，使榫卯不易脱开。

5. 芦壳

方木与圆形构件相贴时，在方木的贴面处挖出的凹弧槽（桁与桁引之间的结合）（图9-2-26）。

图9-2-25　**榫肩做法示意图**

图9-2-26　**芦壳做法示意图**

9.2.5　大木作修缮做法

9.2.5.1　偷梁换柱

是传统建筑修缮技术中，在不触动整体结构的情况下，更换大梁或柱子的一种施工方法。（1）用华杆支顶，与柱子有连接的各种构件，以卸掉柱子的荷载，再将柱子周围挖取出柱础石，然后再将新柱子安上；（2）不移动柱础石，具体做法是，用华杆将柱子及梁枋有连接的各种构件支顶起来，以卸掉柱子与残损梁枋的荷载，将新的梁枋安入柱子的卯孔，更换新梁枋。

9.2.5.2　打华拨正

打华拨正是在古建修缮技术中屋梁架修缮的方法之一。长期的自然损坏，导致传统建筑梁架出现走闪脱榫，影响建筑整体的稳定性。为了不拆不卸，其维修方法常采用"打牮拨正"技术。这一方法实际是两个步骤，即打牮与拨正，打牮就是用木柱将构件抬升，以卸掉荷载，拨正即将倾斜、脱榫的梁枋构件重新安装归位。

9.2.5.3 落架

传统建筑维修的一种做法，即对所维修的传统建筑进行拆卸的全过程。"落架"一般分全落架和局部落架两种做法，由于"落架"会造成构件的进一步损毁和文物信息的丢失，因此一般情况下不提倡全落架或大部分落架。

9.2.5.4 挖补

传统建筑构件维修技术之一，即柱子或其他构件表面挖去糟朽的部分，补入新木材，使之保持木构件的完整性与原有建筑风格。通常情况下，构件损坏不太严重、构件尚存足够应力，为了尽量不更换原有构件，以保证传统建筑的文物价值、历史价值和科学价值，而采取此种技术。

9.3 小木作

9.3.1 门窗线脚及榫卯连接

9.3.1.1 线脚

花格门、窗的边梃、抹头看面的线脚，可作"亚面"、"浑面"、"平木角"、"平面"、"文武面"、"亚木角"、"合挑面"等多种。所谓文武面，即为浑面与亚面之组合，而合挑面，即是几种大小浑面之组合。

1. 浑面

浑面为弧栱形的线脚，较简单，常见于各种外框和芯子中，"指甲辨浑，或琴面"。

2. 亚面

亚面与浑面正好相反，成凹圆面，其中有分不同深度和线面宽度的情况，常见各种外框芯子及束腰处。

3. 浑木角面

在浑面线的基础上左右加木角线而成，常用于外框。

4. 亚木角面

在亚面的基础上左右加木角线而成，常见于外框及栏杆芯子中。

5. 双浑面

两条浑线并立，常见于外框。

6. 双亚面

两条亚线并立，常见于外框。

7. 文武面

为一浑一亚相结合的线面，一般将浑面放在外框边。

8. 圆二四线

方板二四线，该两种线条用于框的里面角。圆二四线为二分小平板与四分圆线相交而成，方形二四线以分小平板与四分斜板面相交而成。

9. 木角线/平木角线

木角线以转角用二个小圆角相连平面，平木角线为左右二个木角线中为平面者。

10. 钝面

钝面是一种平面带左右二小圆角的一种线面形式，也用于芯子上。

11. 合挑线

合挑线是有中间凸出的小平板或小圆线，左右二面对称圆线而成，常用于外框。

9.3.1.2 花格门窗各部分之间的榫卯连接做法

1. 边梃与抹头之相合做法

做双头夹榫连接，于抹头上做榫，而边梃上做卯。边梃应按门、窗扇长度、上下各放出一定长度，所放长度约为一寸，称走头。

当边梃与上下抹头相合时，做45°掀皮合角；当边梃与中间抹头相合时，需根据所用线脚的不同而采取不同的做法；当线脚为平面与亚面时，做上下成45°相交之实叉；而线脚为混面时，则须做上下45°相交之虚叉者仅表面盖搭，不在边梃上开剖做卯。

作梃面起线，须绕横头料兜通，用文武面，其混面则绕门窗扇四周，而其亚面则绕抹头料兜通即可。绦环板、裙板与边梃抹头之连接，其四周均须按落槽做法，槽之深度为板厚。

2. 门窗起面线脚

边梃、横头料、正面均起线，以增美观。起面线脚有多种，除有平面、混面、亚面之分外。又有平面木角、亚面木角、文武、合挑等多种。所谓文武面者，即为混面与亚面之组合，而合挑面即是几种大小混面之组合，常见有以下几种线脚形式："亚面"、"浑面"、"平木角"、"平面"、"文武面"、"亚木角"、"合挑面"。

1）长窗各部之间的榫卯连接

边梃与横头料的相合做法：长窗边梃与横头料相合，应作双夹榫连接，于横头料上做榫，而在边梃上卯。长窗边梃应按窗扇长度，上、下各放出一定长度，所放长度需为一寸，成走头。

2）内棂条（心仔条）之相合做法

门窗内棂条四周需仔边，仔边之断面一般同棂条（心仔条）一致，仔边四周相合均用合角；两根棂条（心仔条）直角相交时，应作双羊脚榫连接，且正反两面均接合角；两根棂条（心仔条）十字相交时，混面者应用合巴嘴（敲交）做法，深度为该棂条（心仔条）后的1/2，中间留胆宜为棂条（心仔条）宽的1/3。平面者可用平肩做法，两根棂条丁字相交时，用深半榫连接、半榫宽为棂条宽的1/4～1/3，榫眼深宜为棂条厚的3/4，且不得损坏棂条的另一面。棂条为平面或亚面时，相交处的实叉又为混面时，则应作虚叉。

9.3.1.3 门窗拼板工艺

木工拼板对缝的基本形式有平缝、串条缝、企口缝、高低缝、银锭扣、抄手带、燕尾等（图9-3-1）。

1. 平缝

采用较为广泛，工具多用细长刨。对缝的刨比较精细，缝口不大于0.5mm，刨身长度不小于450mm，底平面中间可略高一点（约为0.5mm），但不能中间凹。切削角成50°～55°，可以不带刨盖。操作时用粗长刨基本找平，然后用细长精刨。刨完后把相邻两块板对在一起，试其是否翘曲，或迎着光处观察，以不透亮为准。刨削时两手用力均匀平稳，用细刨削出的刨花要薄面不断。

图9-3-1 拼版工艺示意图

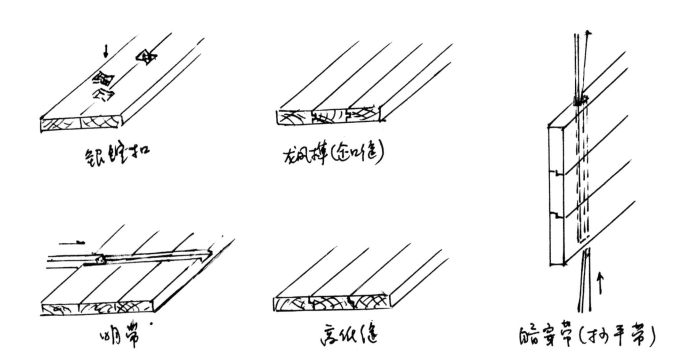

银锭扣　　　龙凤榫（企口缝）

明带　　　高低缝　　　暗穿带（抄手带）

对好缝即可涂胶拼合整体（有时也伴用竹钉）。操作时缝两面的木料涂上胶，然后将板子立放，第一块在下，第二块在上，用手紧紧按住山面的板，沿板长方向来回拖动，使胶液均布在施胶板上，并将多余的胶液挤出，用眼看，以不透亮为准。切忌厚胶，既不美观，又有损质量。

整块拼好后，要静置8小时以上才能进行进一步的锯割和刨削加工。此法操作简单，板缝严密而美观，可以拼接各种厚度的板。^[注1]

2. 高低缝

又称搭边缝或裁口缝，其优点是放缩构件后也能较好地密缝。一般先用裁口刨在两块板的拼接部位，刨出相互吻合的子口，然后同上法用涂胶结合。为防止受潮变形，可不用胶，把两个子口对齐划线并钻孔，再打入竹钉或铁钉拼合，也可胶钉用，以增加强度^[注2]。

3. 穿条缝（分为明穿带、暗穿带）

除密封性好外，还可以控制木材翘曲。中间镶入称为"穿带的木条"，最好用硬木。操作时对明穿带先用槽刨将槽打出，使胶时连通串条一次粘合。槽与穿带断面一般作燕尾式紧嵌入槽中。对于暗带（也叫抄手带）必须先在厚木板的中部打通孔，两头分别楔入破一为二的半个穿带条。

4. 企口缝（公母缝）

又称公母缝，所用的榫卯也称龙凤榫。用槽刨将槽做出，后用裁口刨将凸棱刨出，并试装合适为可。当板缝需要特别紧合时，可将其做成燕尾式拼接。先将板的结合处做成内宽外窄的凹槽，根据凹槽的形状在另一块板的结合处制成纵长燕尾，然后套入。不用胶水和钉子，越敲越紧，到完全入槽为止。

9.3.1.4 门窗构件相交处理

1. 掀皮合角

两木构件相交时采用的结合方式，构件表面做成45°角，两构件合并成90°角（图9-3-2）。

2. 包头合角

两根构件相交，正面、反面、侧面都成合角的做法。做卯构件的端部，隐蔽在做榫构件的"包头"内（图9-3-3）。

3. 虚叉

两突面或圆弧面构件丁形相交时，不刻意挖表面的做法。

4. 泼水

装修构件安装时，上端有意向外地倾斜。

注1

对于只要求拼缝严密板面平整的木地板的铺钉就不必涂胶

注2

对铺钉楼地板可不用胶

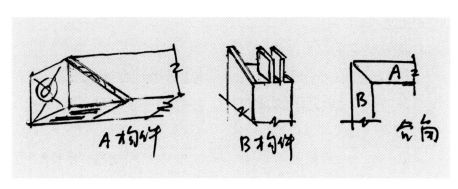

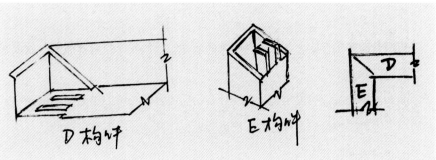

图9-3-2　掀皮合角示意图

图9-3-3　包头合角榫

5. 起面

构件看面做成圆弧、凹凸等形状的总称。

6. 混

构件断面成圆弧形处理的形式。

7. 混棱造

将构件的棱角抹圆的做法。

9.3.2　门窗

9.3.2.1　门

1. 实塌门

实塌门指用厚度相同的木板拼合的木门，也称实拼门。

2. 随墙门

随墙门即依附于墙体的门，如院墙、围墙等，"随墙门"一般指主要建筑的侧门或小门。

3. 夹鼓门

正反两面都封板的门，形似实拼门，但其中间是空的，常用于房屋建筑的内门。

9.3.2.2 窗

1. 牖窗

中国古代把墙上开的窗称之为"牖"。民居外墙特别是侧墙上，只开十分窄小的窗洞，既利于防盗，又起到通气和采光作用，这种窗户应单独列为一类，称之为"牖窗"。

2. 盲窗

又称哑窗，是一种装饰性的假窗，其做法与普通漏窗无异，有木制、砖雕、石雕等形式。

3. 砖制漏窗

是用普通砖块叠砌出各种镂空花格的形式，或灰砖、红砖或清水，或混水。

4. 瓦砌漏窗

利用小青瓦或红板瓦的弧度，两片对扣形成花瓣，可以组合成多种图案。这种瓦十分松脆，盗贼越墙踩踏时瓦片即破碎垮塌并发出声响，起防盗报警作用。

5. 琉璃漏窗

常以白石或白灰作窗框的琉璃花格砖或琉璃竹节砌筑的漏窗。

6. 灰塑漏窗

以铁丝或木骨为骨架，外灰塑成各种花格图案和竹节窗形式的灰塑漏窗。

9.3.2.3 门窗构件

1. 抱柱木枕（门窗枕）

门窗扇外的外框称木枕，如其柱靠紧并抱合于柱，即统称"抱柱"。不与柱相连的称框或木枕。在栏杆、挂落等外边的与柱相合的多为抱柱。抱柱和枕是起到外框与柱及墙体结合整齐与上下槛成外框（图9-3-4）。

2. 木槛

是长短窗和门的上下外框，在上面的称上槛，在下面的称下槛，有横风窗的中间的一根称中槛，槛支于开间或进深之间。上下槛一般均作铲口，深度五分。

3. 马鼻

门窗棂条断面形式之一，呈尖嘴形，犹如马鼻，因每根棂木两侧做成斜角，使光线容易射入室内（图9-3-5）。

4. 上槛

位于门窗的顶部，固定门窗上部的横向木构件，其两端与木柱连接。

5. 下槛

与上槛平行，位于门、窗的底部，固定门窗底部的横向木构件。

6. 拍横头

在直拼门的上、下两端各加一横向木构件，用来增加门的刚度。

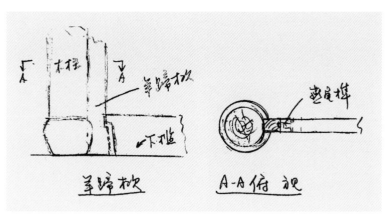

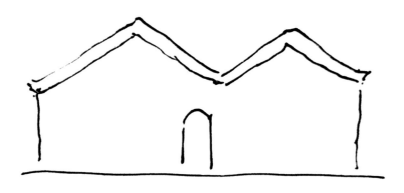

图9-3-4　羊蹄枕示意图

图9-3-5　马鼻

图9-3-6　摇梗示意图

7. 楣子

位于上、下槛，固定门窗轴，带凹圆坑（门窗臼）的木构件。

8. 连楣

俗称上门臼，紧贴于门楣后侧的木构件，长度约与门楣相同，两端为凹槽，以容纳门轴。

9. 摇梗（门窗轴）

门窗开关的转轴，可以是木质的，也可以是金属的（图9-3-6）。

10. 走头

门窗梃类构件比实际使用长度加长的加工余量。

11. 鸭蛋缝

两窗扇之间的碰缝做法，其中一扇做成凸形圆弧，一扇做成凹形圆弧。

9.3.3　隔断

9.3.3.1　隔扇（档壁）

在福州民居中，隔扇泛指室内间隔墙，如明间大厅两侧与次间大房之间的隔墙，按其制作形式和材料不同又分为木骨编篾灰板壁（有单面和双面）、木板壁（有单面和双面）和门窗隔扇。

9.3.3.2 木骨编篾灰板壁（编篾拍壁）

一般是"下板上拍"，也有"下拍上拍"，前者其"下"为薄板板壁，其"上"为编篾拍壁；后者则是上、下都用编篾拍壁。

9.3.4 栏杆

9.3.4.1 捺槛

安装在木栏杆上面，压住木栏杆的槛。

9.3.4.2 坐凳

既作护围分隔，又适宜坐人的矮栏杆。

9.3.5 斗栱

9.3.5.1 斗栱类型

1. 斗

《营造法式》中交互斗、齐心斗、散斗皆高10分，上4分为耳，中2分为平，下4分为欹，斗底宽10分，略大于栱宽。福州地区的斗形特征，其斗、平、欹三部分比例并不那么严格规定，其外形因年代久远、朝代更迭而演进，如明代到清代其斗形也逐渐由方形演变为梅花斗、海棠斗等，乃至各种异形斗。

2. 插栱（丁头栱）

从柱子伸出的栱，也以插栱或丁头栱即为偷心造（插栱造）的一种。福州民居中房屋的出檐部分靠穿出檐柱挑梁及插入檐柱的层层重栱出挑承托挑檐桁的做法，称为"插栱"承托做法。

3. 一斗三升

即坐斗上"栱之两端及中央，各置一斗，故名一斗三升"。以一斗为底，中为栱，栱上置三升的斗栱组合。升是一种较小的斗，为单槽，用于鸡舌或连机枋之下。一斗三升组合体，福州民居通常与弯枋组合为一斗三升弯枋的纵向看架（图9-3-7）。

4. 三星栱（三星担栱）

一斗与三升之间的栱称为三星栱。

5. 叠斗（塔斗）

指梁枋上以数斗相叠、斗与斗之间的穿材（如烛仔、栱头）接连，以替代矮柱的结构

图9-3-7　水榭戏台后花厅一斗三升

图9-3-8　水榭戏台花厅

做法。如此方便横向的烛仔、纵向斗栱的穿插，可防止骑在大梁上矮柱因榫洞过多而开裂，福州民居中用的最多的是卷棚轩架上的叠斗应用。

6. 连栱

一般指门楣上，分布着左右连续的栱材，因连成一片故称连栱。福州三坊七巷在清末的建筑中的一斗三升就经常形成连栱的形式，其栱也常为异形栱的连栱形式（图9-3-8）。

7. 如意斗栱（网木斗栱）

一种装饰性斗栱，排列紧密，用料细小，且出45°斜栱，左右交织在一起，形成网状，是清代末年木构架上的一种装饰手段。即连成一片看架斗栱，多用于檐口，以斗栱及纵横分列的枋材互相穿插，搭接成网状，笼罩住整个开间，也可成为矩形、八卦形、圆形等。

9.3.5.2　斗栱装饰

1. 狮座（花座、荷叶墩、斗抱）

坐斗下垫托坐斗的装饰构件，多雕成动物状、卷草纹、元宝等，也称斗座。

2. 藻井

建筑物室内吊顶局部上凹的部分，常常被处理成四角覆斗形、八角覆斗形等，有很强的装饰性（图9-3-9）。

9.3.6　挂落

9.3.6.1　挂落份头

挂落芯子横向或纵向的分格，每格称1份。

9.3.6.2　楣子

楣子有两种，安装在檐桁下面的叫倒挂楣子，安装在坐凳下面的称坐凳楣子。

图9-3-9　新洲金将军庙藻井上
　　　　　的如意斗栱

9.4　土作

9.4.1　材料

9.4.1.1　烧结普通砖

以黏土、煤矸石、页岩和粉煤灰等为主要原料，经成形、焙烧而成块体材料。其中烧结黏土砖是我国传统建筑中最常用的墙体材料。与天然石相比，烧结黏土砖强度低、吸水率大、耐久性差。但是，烧结黏土砖具有透气性和热稳定性，因多孔结构而具有良好的保温性，同时其尺寸规则、三维尺寸为倍数，便于砌筑施工和工艺中的线条设计，巧妙地运用砌筑工艺，又可获得不同线条的外观效果，是集结构承重、保温、装饰功能于一体的传统墙体材料。

利用焙烧窑内的不同气氛可制得不同颜色的烧结黏土砖。如果砖坯在氧化气氛中焙烧出窑，则可制得红砖，红色来自黏土矿物中存在的铁被氧化成高价氧化铁（Fe_2O_3）；如果砖坯在氧化气氛中烧结成后，再经烧水闷窑，使窑内形成还原气氛，可促使砖内的高价氧化铁还原成青灰色的低价氧化铁（FeO），然后冷却至300℃以下出窑，即可制青砖。青砖比红砖结实、耐碱、耐久性好，但成本相对高。

9.4.1.2 砌筑砂浆

1. 组成材料

用于砌筑砂浆的胶凝材料有水泥和石灰。水泥品种的选择与混凝土相同，水泥强度等级应为砂浆强度等级的4～5倍，水泥强度等级过高将使水泥用量不足而导致保水性不良。石灰膏和熟石灰不仅作为胶凝材料，更主要的是使砂浆具有良好的保水性。

2. 细骨料

主要是天然砂，所配置的砂浆称为普通砂浆。砂中黏土含量应不大于5%，强度等级小于M2.5时，黏土含量应不大于10%。砂的最大粒径应小于砂浆厚度的1/5～1/4，一般不大于2.5mm。作为勾缝和抹面用的砂浆，最大粒径不超过1.25mm，砂的粗细程度对水泥用量、和易性、强度和收缩性影响很大。

3. 砌筑砂浆的技术性质

1）砂浆的和易性包括流动性和保水性。砂浆的流动性也叫稠度，是指在自重或外力作用下流动的性能，用砂浆稠度测定仪测定，以沉入度（mm）表示，沉入度越大，流动性越好。砂浆的保水性是指新拌砂浆保持其内部水分不流失的能力。砂浆的保水性用砂浆分层度测量仪测量，以分层度（mm）表示，分层度大的砂浆保水性差，不利于施工。

2）砂浆强度等级是以边长为7.07cm的立方体试块，按标准条件在20±3℃温度和相对湿度为60%～80%的条件下或相对湿度为90%以上的条件下养护28天的抗压强度值确定。

3）收缩性能，是指砂浆因物理化学作用而产生的体积缩小现象。

4）粘结力，砂浆的粘结力主要是砂浆与基体的粘结强度的大小。砂浆的粘结力影响砌体抗碱强度、耐久性和稳定性，是建筑抗震能力和抗裂性的基本因素之一。通常，砂浆抗压强度越高，粘结力越大。

9.4.1.3 砂

是岩石风化或在溪流中水化与冲击之后形成的不同粒径的矿物颗粒，按产地有山砂、溪砂、河砂、海砂等几种，作为配制砂浆的细料与搅拌材料。其中海砂取自海滩，福州地处沿海，砂料取之不尽，是较常见的砂料，但由于近海多盐，须放置数月，经过日晒雨淋，去掉盐分。砂料若含有盐分，会降低粘结材料的寿命，表面易泛碱、泛白霜产生腐蚀破坏。

9.4.1.4 蛎壳灰

用蛎壳、蚌壳等烧成的白灰，古称"蜃灰"。《考工记》，烧蜃灰垩墙。表明用贝壳烧成的石灰，在春秋战国就为人们所认识，在明清时已广为使用。《泉南杂志》也说，（蛎壳灰）坚白细腻，经久不脱。说明蛎壳灰的质量高于普通白灰。用牡蛎壳烧成的壳灰也称为"蚵壳灰"、"大壳灰"。其制作过程：由于蛎壳的主要成分是碳酸钙，约占全壳成分的

94%～99%，其他还有一些镁、铁等成分。将牡蛎等贝壳置于旷地堆积，让雨水冲刷或人工浇淋以减低其含盐量，然后置入灰窑中，以炭薪一层、蛎壳一层层叠置，高温燃烧，出窑后遇冷，经过过筛后所得粉末（或泼水便成灰粉状，再以木杵捣成粉状）就是蛎壳灰。蛎壳灰的颗粒比石灰细小。蛎壳灰常用作细作部分，如粉刷、填缝等，也可加入纸筋、糯米汁捣杵，用于灰塑，夯三合土地面，砌砖墙材料，加入桐油即为桐油灰，是一种良好的憎水性砌筑胶泥。

9.4.2 砌筑做法

9.4.2.1 常见砌筑做法

1. 干摆

即磨砖对缝墙面。特点是砖要经过砍磨加工成尺寸精确、表面光洁平整、棱角分明的"五扒皮"砖，摆砖时砖与砖之间不铺灰，后口执稳后灌足灰浆，墙面要经过干磨水磨，墙面无明显灰缝。

2. 丝缝墙（缝子）

砖经五扒皮砍制，挂老浆灰砌筑，砖缝一般为2～4mm，后口垫稳后，灌足灰浆，砌后需墁干活、耕缝，是比较讲究的做法，多用于墙体上身。

3. 淌白墙

用淌白砖砌成的墙，普通淌白墙灰缝6mm左右。仅将露明面磨平的砖就可称之为淌白砖。经截头使长短相同的淌白砖叫淌白截头或细淌白砖，用细淌白砖砌筑的墙称细淌白砖。

4. 糙砌

砖料不加工，灰缝比淌白墙缝大，有打灰条和满铺灰两种砌法。

5. 带刀缝（糙灰条子）墙

为比较讲究的一种糙砌，砖料不加工，做法与淌白墙相似，但灰缝较大，也灌灰浆。

6. 陡砖

砖墙墙体和铺地砌筑方法。墙体多砖或方砖竖砌，大面向外，间隔丁头，是空斗墙的常见形式。陡即竖，此形式源于汉仿土坯墙的"三平一竖"或"一平一竖"的排列。节约砖料是"陡砖"产生的原因之一，目前民间建筑中仍有采用，地面铺墁条砖，采用大面向上铺砌，也称"陡砌"或"陡板地面"。

7. 卧砌

传统建筑砖墙墙体摆砌形式，即将砖的长身面向外，砖之间的两肋和两头相结合，是十分常见的砌砖形式，以"卧砌"方法砌筑的砖，则称"卧砖"。"卧砌"的做法始于明代。卧砖砖墙砖缝，在明代多为一顺一丁的排列组合，形成砖缝岔分的效果，清代多为三顺一

图9-4-1 马齿

丁的组合方式。比较常见的"卧砌"的砖缝，还有十字缝、五顺一丁、落落丁等。

8. 马齿（牙子砌/菱角砌法）

将砖头排成45°斜交，使外观有如锯齿状。作为一种砌砖装饰，早在魏晋南北朝，砖砌佛塔即出现，福州地区清后期及民国时期的民居墙体，经常有这种马齿的砌法（图9-4-1）。

9. 叠涩

用砖或条石层层向外垒砌挑出，或层层向里垒砌收进的形式。

10. 收水（收分）

指建筑墙体自下而上向内倾斜，使墙体自下而上逐渐变薄，这种做法不但节约了砌砖材料，而且大大增强了墙体的稳定性。

9.4.2.2 砌筑要点

块体材料砌筑称砌体构件，必须遵循内外搭接、上下错缝的砌式规则，不得出现连续的垂直通缝。砖砌体的错缝搭接长度不应小于60mm，灰缝厚度不大于10mm。所有墙、柱垛或门垛的尺寸最低以半砖为模板，禁止使用1/4砖。

9.4.2.3 砖缝、石缝处理

有经验的工匠常说："三分砌七分勾（缝），三分勾七分扫"。可见砖缝和墙缝是墙面效果的重要组成部分。灰缝的外观总的来说有平缝、凸缝（鼓缝）和凹缝（洼缝）三种形式。凹缝也有各种样式，如燕口缝、洼面、风雨缝等。

灰缝色彩一般与砖墙颜色统一，有时也故意追求白缝或是黑缝的效果。

操作手法上包括细缝做法（如拼缝、打点缝子、划缝、弥缝）、宽缝做法（如串缝）、假缝做法（做缝、描缝和抹灰做缝）。

9.4.2.4 砌体修复

1. 拆砌

砌体局部已出现险情，但大部分砖件尚可重新利用，只需要更换（添补）部分新砖件时，应执行拆砌（择砌）项目。

2. 拆除重砌

砌体已经严重损坏或砖件虽未损坏但与设计要求不符时，砖件需全部更换。

9.4.3 砖结构

9.4.3.1 砖栱结构技术

随着人们对砖的材料性能和栱的结构作用逐步探索和认识，在实践中产生了砖栱结构来适应各种门窗洞的顶跨形成更牢固的结构。砖栱结构是条砖砌筑

而成，条砖体积小、抗压性能好，是一种比较合适的砖栱材料。其拱券形式依其跨高比变化，有半圆形、弧形、尖形（三心拱）等（图9-4-2），其砌筑方式有单券法（即只有一层竖砖砌成的），有券栱相间的砌筑（其构造方式对加强拱券的整体性起一定作用，是拱券结构的进步方式），以及两券两栱、三券三栱、五券五栱（明清皇城门，象征至高无上）。

《清式营造则例》中，"发券做法"规定："凡平水墙，以券口面阔，并中高定高。如面阔一丈五尺，中高二丈，将面阔丈尺折半，得八尺二寸五分，将中高二丈内除八尺二寸五分，得平水墙高一丈一尺七寸五分，平水墙上等发券分位。"

9.4.3.2 砖面劣化状况

1. 白华现象

即砖材或灰缝内含有可溶性盐类，水由毛细管作用进入到砖墙的灰缝或砖的内部。将可溶性盐类析出到表面，待表面水分干燥后，遗留在砖墙表面而形成白色痕迹。如因地面湿气所造成的白华现象则呈现在墙底部。大部分的白华现象是由于下雨或其他的水分进入造成的，其位置并不固定。白华现象虽然看来对砖材并无大碍，但是伴随白华而来的常常是更严重的砖表层剥落。

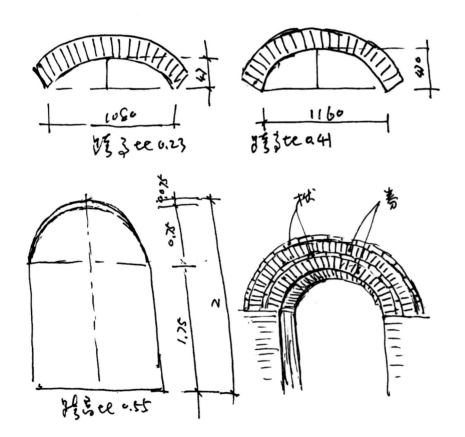

图9-4-2　砖栱结构

2. 呈现晶状盐

即含有矿盐的水分由地面或外部渗透至砖墙面，初期是水分析出在墙面，干燥后即在墙面呈现白色小晶体的盐状物。

3. 青苔发霉

即在地下水经由毛细管作用进入砖体内造成湿气上升，在湿气较重的墙体底面即会出现青苔、水痕及发霉现象。

4. 风化腐蚀

即由于风雨的作用，使砖材产生自然的风化及腐蚀，在砖面边缘或砖角处呈现小颗粒状，有凹蚀、坑洞、脱层、灰缝损蚀现象发生。

5. 龟裂

因砖块在窑烧时，因冷却速度太快产生细微裂痕，裂痕随时间及热胀冷缩后变得较为明显，这种网状般的龟裂会逐渐增大，增加砖面吸水量，引起砖材的劣化。

6. 墙体裂缝

这种裂痕的起因是来自砖体的承载荷重、地震力及过硬的灰浆所造成的挤压，大面积的裂缝会影响砖体的结构强度。

7. 剥落损坏

由于人为刻意破坏造成砖面产生小碎片或碎块与本体分离的现象。

9.4.3.3　砖面劣化的原因

造成传统建筑砖面劣化的原因很多，大致可分为两个因素：自然因素与人为因素。自然因素有气候因素、空气污染、植栽因素、污染附着、烟雾熏黑、地震破坏及潮湿上升7种因素；人为因素有施工不良、砖材不纯、人为破坏、维护不当、修复粗率、修复材料不当、清洁方式不合适及设备失修8种因素。

一般来说，砖墙最通常的损坏是泥浆损坏及砖块脱层及龟裂。泥浆的剥落由于有害化学物质侵袭所致，假如泥浆的紧实度不够，或者是接头的外形导致水的停留，其老化的过程即加速。砖块的损坏大部分由于风化造成，风化的程度与砖的形式大有关系。过软的砖块吸收大量的水分，但是过硬的砖块亦会呈现种种问题，它常会由于与灰浆的粘结强度不良而使水分进入灰缝，造成灰缝的损坏。

9.4.4　墙体

9.4.4.1　按工艺命名

1. 清水砖墙

以清水砖直接平砌的实心墙体，表面不作其他处理，内墙、外墙均可使用。这种要求砖的质量较高，表面色泽均匀平整，砌时要时时以清水洗除砖面杂泥。

2. 浑水墙

其饰面工艺步骤：首先在墙体表面用灰砂打底找平，待灰砂干后，再以纸筋灰或壳灰粉面，等到纸筋灰或壳灰干透后就可以刷白或刷黑了。其中，"灰砂"就是壳灰、砂和水按一定比例调和成的胶泥，也用于墙体的砌筑，将灰砂用来覆盖墙体的凹凸，并用长尺刮平，可使墙面平整齐顺。"纸筋"则是先用稻草或纸脚（粗草纸的一种，含有大量的稻草纤维）与水一起放入石臼中捣烂，然后加入新化的壳灰胶泥混合打烂拌匀而成。灰砂和纸筋层总共厚约20mm，两者的厚薄比例为2：1左右。刷黑刷白则是墙面的最后效果。

9.4.4.2　按功能与位置命名

1. 封火山墙

高出屋面瓦的山墙，有防火或防风的作用。如双坡屋面两山面墙高出瓦屋面筑成各种形状的封火山墙屋面类型属硬山顶。

2. 廊墙

位于主座前后、天井左右两侧的柱廊或披榭与山墙衔接之墙。

3. 檐墙

位于建筑物前后檐面自底至顶之墙。位于正面者称为"前檐墙"，位于背面者，称为"后檐墙"。后檐墙一般将墙建至屋檐下，封住檐檩和檐椽，称为"封护檐墙"。

4. 门墙

一般指院楼门口处的墙，在福州民居中有的在纵向进深的各进院落之间也设门墙。

5. 槛墙

传统建筑中凡窗下矮墙均称为"槛墙"。

6. 护身墙

是用于桥梁、山路、阶梯等两侧或单侧的矮栏墙。

7. 女儿墙（压檐墙）

原指城墙上面的矮墙，后凡房屋外墙高出屋檐部分的矮墙、露天地方、台上、墙上的墙都称为女儿墙。

8. 院墙（园墙）

即庭院或庭园起围合作用的墙，一般由墙基、墙身和墙顶构成。

9. 粉墙

通常建于庭园，粉墙洁净，可以观花影、树影、水影、月影于墙上，自成一景。

10. 花墙

是用砖、瓦或花砖将墙的全部或叠砌成半隔半透的有花格图案的墙，多用作院墙内的隔墙和园中的隔墙，可将院内空间分隔成不同区域的小空间，有隔有透，隔而不断，从一个空间又看到另一空间的景色，从而产生视觉空间的流动和沟通，同时美化空间。用毛叠砌的花墙叫瓦花墙，用砖叠砌的花墙叫砖花墙。

11. 漏窗墙

是花墙的一种，为了减轻墙的围堵感，加强通透效果，就采用漏窗墙形式。主要有两种造法，一种是开窗洞，称为"景窗"；一种是用砖、瓦、石、木在窗洞内做花窗，称为漏窗。漏窗墙的窗洞高度一般开在视线最容易观看的位置。

12. 造型墙

指主体造型丰富、装饰更为讲究的墙体，造型上与通常墙体的样式不同，高低变化，形状各异，如封火墙、马头墙等。

13. 半墙

筑于厅堂阁楼的半窗下，又可以不筑半墙，而用栏杆或裙板，或裙板壁即可。

14. 影壁（照壁/照墙）

即使没有建筑物，也可以用独立的墙来围合成收敛的过渡空间，或者叫先导空间。这种独立的墙就是影壁。影壁也叫"照壁"或"照墙"，形式有一字形、八字形等，通常设在一组建筑院落或园林的入口，有的在门内，有的在门外，它的主要功能是隔，犹如房间的屏风，起到掩掩露露的含蓄隔蔽，以避免开门见山、一览无余，造成庭院深深、柳暗花明的境界。影壁是一堵特殊的墙，俨然一座压扁了的小型建筑，同样有基座、墙面和壁顶。

15. 墀头

一般见于硬山式屋顶建筑。硬山式的山墙，是由台基处直达屋顶尖处。硬山式的山墙和民居正面的墙体，往往不是采用90°相连的简单形式，而是山墙的墙体向前伸出一点。从民居的正立面就可以看出山墙墙体的厚度。从山墙的方向看，山墙的两侧都不是从台基直达屋檐的。山墙檐口部分的前后要伸出一部分墙头，这部分墙头就是墀头（图9-4-3、图9-4-4）。

9.4.5 墁地做法

9.4.5.1 泛水

传统建筑墁地方法，即将建筑里侧地面高出外侧地面的施工做法，"泛水"坡度大小，一般为0.4%左右，也有到0.7%。

9.4.5.2 细墁

传统建筑地面墁砖（铺砖）的方法之一。细墁的材料为方砖或条砖，其粘合材料和表面处理材料主要是油灰、白灰浆等。细墁地面施工前须将砖砍磨加工，按事先布置的图

图9-4-3　墀头
图9-4-4　墀头灰塑图案

案，墁在素土或夯实的灰土面上。此种方法的施工特点有：地面正中做十字线，以使砖的缝线与房屋轴线平行；砖的趟数为单数，中间一趟在室内的正中间；与门临近的地面均为整砖，两端可为非整砖。墁地步骤为样趟、揭趟、上缝、刹趟等，重要的建筑地面经细墁后，还要桐油浸泡擦抹。

9.4.5.3　粗墁

细墁地面墁砖前要砍砖，"粗墁"无须砍斫，粗墁砌筑的砖缝间不施用油灰，铺砌完后地面也不用浸泡桐油或擦拭桐油，只用白灰抹严砖缝即可。

9.5　石作

9.5.1　石作及加工工艺

9.5.1.1　石作

传统建筑建造中石质构件的安装、制作、名称、尺寸、形状之总称。

9.5.1.2　石作加工工艺

1. 砸花锤

传统建筑石作石材加工方法，这种做法通用于花岗岩和设有雕刻的石材构件上,如阶条石、踏跺石、栏板等。"砸花锤"的做法有许多步骤,主要包括:(1)杵锤石材的纹路;(2)按构件要求确定尺寸,并弹"扎线";(3)打扎线,即将扎线和扎线以外的荒料去掉;(4)装线,以对角线找出中线点,根据构件要求,制定石构件初步形状,如方形、圆形等;(5)使用錾子找齐石材边沿,用錾子"刺"点,向边展开;(6)完工后用平尺检测是否平整。"砸花锤"在石构件制作中属基础性工序。

2. 剁斧(斫凿)

传统建筑石作石材加工方法,"剁斧"是在砸花锤的基础上的一道细加工工艺。通常情况,"剁斧"前要在经过砸花锤的石面上放勘线,即再次校对的平线,"剁斧"的目的是使石材的表面更加平整细腻,因石材和构件的要求不同,一般"剁斧"的次数分为一遍斧、两遍斧、三遍斧等。院落石板铺地和石具观赏要求的石构件多用"剁斧"做法。

3. 素平

石构件实施"素平"手法者,多见于石碑、柱础、阶条石等,其特点为不施纹样,平素无华。"素平"技法包括打剥、粗搏、细琢、褊棱、斫砟等过程,可分为单遍斫凿,二遍斫凿等,凿得越多,则表面越平滑。也有打凿出细小颗粒,称荔枝皮,用作铺地、条板石。

4. 粗搏

对石材加工的工序之一,对经打剥的石料进一步粗加工,即用錾子稀疏地初步找平,使石料表面深浅均匀。

5. 褊棱

为石作造作次序中的第四道工序,具体做法是"褊棱錾镌棱角",即通过"褊棱",使石料的四边周正,其夹角均为90°,在石作工序中,"褊棱"是石材中的基础用功,因此,"褊棱"属石料的粗加工阶段。

6. 二遍斫凿(二遍斫)

用凿子或钻子打平石材表面,只打一次呈粗粒状,称为一遍斫凿,通长打纵横两次,称为二遍斫凿。

7. 扁光

传统建筑石构件加工工艺,即对石构件表面打平剔光的一种做法。"扁光"所用工具主要有锤子和扁子,扁子又分为大卡扁和小卡扁。经"扁光"的石料表面,一般没有凿痕和斧迹,较为平整,但不是磨光效果。

9.5.2 石雕技法

9.5.2.1 减地平钑

"减地"就是将雕刻花纹以外的"地"凿去薄薄的一层,"平钑"就是铲平,这种雕饰的上表面和"地"都是平面，是一种剪影或浅浮雕。

9.5.2.2 压地隐起

浅浮雕，在磨平的石面上将图案以外的地方凿凹，以浅显图案的方式。

9.5.2.3 剔地起突

深浮雕，是将图案保留，深剔图案以外部分，以突显图案的表现方式。

9.5.2.4 透雕

内枝外叶，与剔地起突相似，但更强调凸出与凹入的对比，并将层次表现出来。顾名思义，即将叶子浮雕出来，而枝干深藏于内。

9.5.2.5 水磨沈花

所谓水磨，指磨平表面，沈花指将花草图案作凹下之隐刻，即在光亮的石面上雕刻隐纹图案，凹入线条也可打细点，作深浅明暗之分。

9.5.3 石块砌法及特殊部位做法

9.5.3.1 石块砌法

1. 平砌

石块以顺砌为主，上下不对缝（图9-5-1）。

2. 人字砌

人字砌也有人字躺、人字叠。方形石块以45°角斜砌，如人字状，石块的四面均能受压，较好地发挥了石材的耐压性能（图9-5-2）。福州古民居中人字砌墙勒脚石一般为内隐蔽处以土装为灰泥砌筑，露明处又以干砌效果表现，石块与石块之间插入小石片，再用锤子敲实。

3. 番仔砌

以横石与竖石交错叠砌，石缝垂直于水平相交，长短不一，形成不规则的块面分割。

4. 乱石砌（杂砌）

以不规则石块砌成，石缝杂乱无章法，但是要求四块石之间的接缝不能成十字缝。

9.5.3.2 特殊部位做法

1. 隅石

是一块块大小交替的粗糙石块，它们沿着建筑转角呈条状堆砌，通常使建筑转角的墙面十分显眼。不仅在建筑转角，而且在门框上亦有隅石，形成了一些坚实有力的轮廓线，成为一种建筑立面装饰手法（图9-5-3）。

2. 控头

人字砌石勒脚（或石墙）转角处的五角形石块，作为收尾之用。

 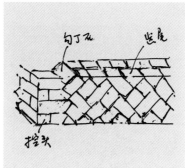 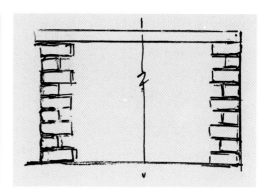

图9-5-1　**平砌**

图9-5-2　**人字砌**

图9-5-3　**隅石**

3. 勾丁石

人字砌（石墙）或石勒脚在一定高度时，应砌直通内外之勾丁石，作用是使墙体不会分裂。

4. 挑檐石

传统建筑瓦作石构件。砖结构挑檐，则称"挑檐砖"。为承挑硬山式山墙头出檐的常见做法。"挑檐石"置于山墙中的墀头部分，具有承挑墀头的作用，斜插入墙进行挑托的石构件。

5. 荷墀线

（上枭、下枭）石台座或灰塑边框外缘上的凹凸之线脚，起装饰作用。

6. 齐刃石

构成石券的楔形石块。

9.5.4　石作构件

9.5.4.1　台基

1. 台基（阶基）

建筑物露出地面的台座部分，承托整个建筑物的基座，清式叫台基。

2. 阶石（石阶）

传统建筑石作构件，即供人上下的台基条石的统称。

3. 砚窝石

清式建筑石作构件，属台阶组成部分。此件高出地平面，与土衬石齐平，处于台阶的最下一层，故又有"下基石"之名，在"砚窝石"两端凿出榫窝，与垂带石下端斜面相结合，用于垂带踏跺和御路踏跺。

4. 陡板石（侧塘石）

以塘石侧砌，用于台基看面。

5. 廊沿石（压阑石/石砛）

沿台基四周边缘压顶之条石，通常入口处采用没有接缝的整块条板石，故特别长和宽。

6. 丁砛

与廊沿石（石砛）互成正交之条板石，福州石板天井就有丁砛。

7. 石砛

台基或地面边缘之条石，通常入口处采用没有接缝的整块石条。

8. 土衬石

阶基（指建筑物下面的基座）或踏道（台阶）下面，与散水或地面取平（或略高）处，所铺砌的条石。清式建筑中也称"土衬石"。

9. 露台（月台）

在建筑物台基的前面凸出的一块平台，上边无屋顶，且低于房屋台基。

10. 柜台脚

台基（包括有些台阶）或墙剎下缘，如柜形的石造基座，两端雕兽蹄形（图9-5-4）。

11. 须弥座（金刚座）

在台基或承台形制上，设有束腰、上下枭和上下枋，有的在这些部位上还加上雕饰。

12. 槛垫石

埋于各缝架下槛下面，且其上皮与地面取平的条板石。

13. 鼓卯

即连接石构件的"腰铁"。

图9-5-4　柜台脚

14. 缴背

石构券面上起拉接齐刃石作用的平砌块（图9-5-5）。

9.5.4.2 柱顶石

1. 柱础（鼓磴/柱顶石/磉石）

在柱的下端常设柱础或圆或方，为传统建筑木柱下石质构件，用以承托柱子，隔绝木柱与地面接触的构件。《清式营造则例》中称"柱顶石"，宋《营造法式》称"柱础"。古时称"磉"，唐至金代的"柱顶石"，多为覆盆式，明清时为"鼓镜式"，也称"柱珠"。常见的有青石打制和福州白石打制（图9-5-6）。

2. 承础石（磉墩）

传统建筑石质构件，承载柱础石重量的石质构件。

3. 覆盆

宋代建筑中，一般把柱础露出地面的部分，做成倒扣的盆的形式，所以叫这种柱础为覆盆。覆盆表面不作任何雕饰的称为素覆盆，表面雕出各种花饰的叫做雕花覆盆。

9.5.4.3 踏跺

1. 踏道

传统建筑的台基部分。宋式建筑的"踏道"俗称"台阶"，是与台基相连的登升部分，"踏道"的构成部分有副子、象眼、踏步石、土衬石等构件组成。

2. 踏阶（踏跺）

置于建筑物廊沿石（石砆）之前的一块长石阶，其形式有如柜台脚，呈长条形，四角可雕小脚，形似柜台，《清式营造则例》称为踏跺（图9-5-7）。

3. 垂带石

传统建筑台阶组成部分，清式称谓。为带有"垂带"踏跺两侧的条石，宋式称"副子"，由台明至砚窝斜向砌置。

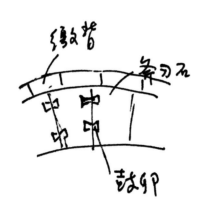

5 | 6

图9-5-5 缴背示意图

图9-5-6 柱础

4. 象眼

踏步两旁、垂带石下部之三角部分。

9.5.4.4 大门部位石构件

1. 门框石

福州传统民居石门框一般由门楣石（附连楹石）、两块石立颊（门竖石）及门槛石组成。其门楣石是架在两块门竖石上方的横条石，连楹附有门臼或加长后雕有筒瓦屋檐形式，以使板门打开后能藏于门楣石的底下，不被雨淋。其门竖石分立于石门框左右，门楣石就架于门竖上部，门槛石臼横卧在门竖石下方，一般连体附雕有下门臼。

2. 门枕石

传统建筑石构件，位于下槛两端，为清式建筑的名称，宋《营造法式》中称"门砧"，用耐磨石材作为门旋转的支垫物，为长方形石块，设于门的两侧下方，表面凿有空洞，以利户枢开启（图9-5-8）。

3. 门砧

大门门框脚下的石墩子，上开轴眼（支承门扇转轴的小圆调也称门臼）以承门扇的开启（图9-5-9）。

4. 门限

宋式建筑石构件名称，清式建筑称"门槛"，其形式有"石质"和"木质"两种。

5. 过木

传统建筑门顶或窗顶上木构件，因横跨门边的两端墙，承托砌砖的重量，因此又称"过木梁"，也有用石材的"过木"。

6. 门当

旧时在大门顶部，门楣上镶嵌的正六边形的木装饰就是"门当"。门当起装饰门框的作用，通常成对出现，门当的数量与官品大小成正比，门楣上有两个门当对应的是五至七品官员，四个门当对应四品以上官员，置于十二个门当则只能是亲王以上的品级才能用。门当按照品级涂以油彩或刻上吉祥如意数字，具有显示地位的功能。

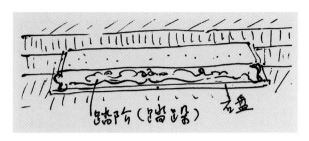

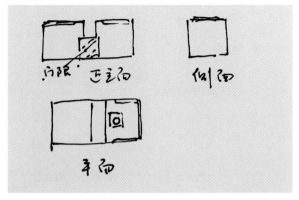

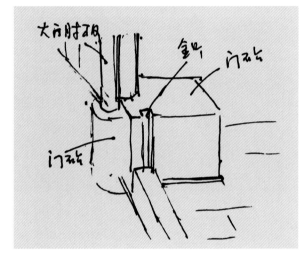

7

8

9

图9-5-7　踏跺

图9-5-8　门枕石做法示意图

图9-5-9　门砧示意图

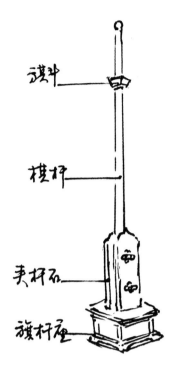

图9-5-10　旗杆

7. 户对

有门当的宅院必须有户对，门当、户对常常相生相伴。户对在建筑学中称之"门枕石"，俗称门墩、门座。门前摆放的户对常做成石鼓的造型，是因为鼓声洪亮，寓意驱鬼辟邪。除了鼓形，还有狮子形、水瓶形等。武官的户对多为圆形，象征战鼓；文官的户对为方形，象征砚台。

9.5.4.5　旗杆

1. 旗杆

明清时期科举，考生在中举人及中进士时，可由官方赐赠银两以立旗杆，代表国家所认同之功名，旗杆有木或石制，立于祠堂或宅前门埕（图9-5-10）。

2. 旗杆座

指放置旗杆的石座，其四面雕似花鸟图案，中央置夹杆石和旗杆。

3. 夹杆石

指旗杆座上夹立旗杆之石板，中央留设圆孔，以栓立旗杆。

4. 旗斗（旗杆斗）

旗杆上方安有方形斗、圆形斗或上圆下方（有天圆地方的象征），用来插小旗子。

9.5.4.6　石墙

1. 石墙

由石质材料砌筑的墙体。大致可分为天然石材和加工石材墙体，天然石材有不规则或卵石，加工石材则是根据墙体作用制作，如方形石、长方石等材料。其施工方法，或勾抿，或灌浆，或干摆等，由石块组成的墙体，具有一定的艺术效果。

2. 虎皮石墙

大多见于园林建筑和山体护坡，以山石作为建筑材料，其石材有经过加工和未经加工两种。因这种墙体类似虎皮斑纹，故名为"虎皮石墙"，又称"乱石墙"。"虎皮石墙"的施工过程，体现了以下特点，由于"虎皮石墙"大多为不规则石块，摆放不平稳，所以转角处多砌方正石块；墙的正身（墙腹）常填碎石，补充灰缝；每层间砌若干拉结石，提高墙体的强度；灰缝勾抹采取三种方式，其中凸缝是虎皮墙的特点；用石片垫稳石块，勾抹缝隙，最后灌浆，是"虎皮石墙"的另一种砌法。"虎皮石墙"充满了返璞归真的野趣。

9.5.4.7　石板铺地

1. 地面石

阶基（建筑物的基座），地面压阑石（阶基边缘上的条石）以内或室内地面所铺砌的石板，统称为地面石。

2. 地坪（铺面）

铺以条板石或砖的地面，通常庭院铺石，室外铺砖，砖石之下铺一层砂，使地平坦，且可防裂。

3. 石板天井

是指天井用条板石铺成，条板石铺设方向与行进方向垂直。其铺设形式分两种，一种是将整个天井满铺条板石，另一种是以菱角石外缘为限，仅铺当中的甬路。第二种形式在甬路的两侧会铺设两路与铺地条板石相垂直的条板石（丁砭），其外缘与菱角石相接，作为甬路的边界。石板天井的条板石铺设需要考虑以下问题：（1）对满铺的石板天井需做出四向的排水坡度，在沿四边的石板下铺设排水暗沟和沉砂井，其上不用盖石覆盖，盖石可雕成古钱、如意等纹样。（2）对仅有甬路的天井，需将路面做成当中略高、两边稍低的样式，使得雨水可以顺势流入两侧天井或泥地。（3）铺设天井的条板石在福州民居按传统排水做法主要还是靠渗水方式，所以铺设条板石时，其条板石形状加工成船底形，其露明处均为二遍斫凿，自然拼缝，且铺设时其垫层均为可渗水，又不易被水冲垮的砂土垫层，即有利于渗水也不易塌陷。

9.5.4.8 驳岸

1. 驳岸

沿河岸叠石而成的用于挡泥土的墙。

2. 锁口石（压顶石）

驳岸或挡土墙顶上砌筑的一层石材。

9.6 油漆作

9.6.1 油作及油作技术

9.6.1.1 油作

也称"油漆作"，包括桐油的炼制、刷桐油、做地杖、钻生桐油、上光油等作业内容。

9.6.1.2 油作技术

1. 地杖

传统建筑油作技术，古代匠人在油饰彩画前，对木构件表面进行加工的一道工序，所用材料有桐油、砖灰、血料、细灰、亚麻灰、白面等配置的油灰，一般"地杖"分为数层。"地杖"具有保护木质材料、衬底找平和加固彩画层的作用。根据用料和做法的不同，"地杖"可分为单披灰地杖、披麻捉灰地杖、大漆地杖等三种方式。

2. 披麻捉灰

传统建筑油漆作技术，属地杖做法，一般为麻布和灰泥等材料做底层，最常见的为"一麻五灰"的施工技法，也是层次最多、质量要求最高、工序最为复杂的地杖形式。以"一麻五灰"发展的"二麻六灰"、"三麻二布七灰"等，也是比较复杂的地杖工艺。上述地杖做法，因施工难度较大，所用材料成本较高，一般只适用于重要建筑或宫殿建筑，多施于柱、枋、门窗、天花、大梁等部位。"披麻捉灰"过程大致为：软砍见木、撕缝、下竹钉、汁浆、捉灰缝、扫荡灰、使麻、压麻灰、中灰、细灰、麻细钻生等多道工序。

3. 一麻五灰

传统建筑木构件的一种地杖做法和全过程。即使用材料为一道麻五道灰，此做法出现于明清皇宫建筑。所谓麻，是指丝麻、麻布、玻璃丝等材料，五灰，即捉缝灰、扫荡灰、亚麻灰、中灰、细灰等五道灰。"一麻五灰"是主要建筑或建筑主要部位采用的讲究做法，在此工序结束后，应做磨细钻生。

9.6.2 油作材料

9.6.2.1 血料

传统建筑地杖所使用的厚材料，呈黑棕色，因其主要原料为猪血，故称"血料"。"血料"应用范围很广，其制作采用传统方法。关于"血料"的调制，一般分为几个步骤：检验猪血成分；溶解血块，使之成为液汁；过滤去渣；加入石灰，使之形成稠状胶体。目前在传统建筑修缮时，"血料"仍不失为有效保护其木构件的上好材料。

9.6.2.2 灰油

传统建筑油漆作地杖材料，在明清官式建筑中普遍使用。关于"灰油"的制作，一般分为三道工序，首先将土籽灰与樟丹按一定比例，入锅加火翻炒，以去除其中水分；其次，倒入生桐油，加火继续熬煮，同时不断搅拌，以防土籽灰与樟丹粘锅，待油锅开锅后（以不超过180°为宜），油表面如变黄，则表明灰油炼制成功。为了测试灰油炼制是否成熟，古代工匠在实践中，采取取油入水的做法，入冷水时成珠不散，则为熬成。

9.6.2.3 油满

传统建筑油漆作地杖材料。其配合材料主要有面粉、石灰水、灰油3种。根据材料比例，"油满"可分为二油一水、一个半油一水和一油一水等，而一个半油一水是既节约材料又保证地杖质量的最佳选择。加工"油满"的具体步骤是先将面粉入桶，后加石灰水，并及时搅拌，以防糊状，最后加灰油混合而成。

9.6.2.4 光油

传统建筑油漆与彩画作材料。其配合材料主要有苏子油、生桐油、土籽、黄丹粉等，可根据其用量，分为两种做法，其做法的共同特点，是熬炼桐油，浸炸土籽、杨油放烟等。"光油"中的桐油与土籽，因季节不同，其配比也有新变化。在施工操作中，"光油"因其黏稠和透明度较强，通常被用做油饰罩面，或为金胶油和各种色油的基础配料。

9.6.2.5 码灰

传统建筑油漆作地杖配合材料，即由砍磨过程中产生的砖的粉尘，常作为油满血料的填充材料，分为籽灰、中灰、细灰。

9.6.3 木基层处理

9.6.3.1 斩砍见木

传统建筑木构件表面处理方法，是针对旧构件维修和新构建补残的技术手段的统称。使用工具主要有斧子和挠子，"斩砍见木"也就是用上述工具将应修补的地方进行砍挠，去掉旧地杖、露出新木茬，以利油灰与木表面衔接。"斩砍见木"过程也称"砍净挠白"。

9.6.3.2 撕缝

传统建筑木构件表面处理方法。在新构建或旧构件表面，常常出现顺纹劈裂现象，缝隙中存有污物，不便直接填充细灰，于是便使用铲刀，将此缝撕成"V"字形，清除内部灰尘和树胶，然后填塞心灰。缝隙过大者，则可下竹钉或木条，故"撕缝"也称"揎缝"。

9.6.3.3 下竹钉

传统建筑木构件处理方法，理解有二：在撕缝过程中，针对缝隙过大者，采取的一道工序；针对木材潮湿造成的缩胀，影响捉缝灰的作用，而实施解决办法。根据木缝的宽窄，制作长短粗细不同的竹钉，竹钉之间加入竹编。明清时期的竹钉为竹子材料，现今传统建筑维修多以木条代替。

9.6.4 油作工艺做法

9.6.4.1 一麻五灰地杖工艺

1. 捉缝灰

传统建筑木构件地杖材料和做法，一麻五灰操作步骤之一。解释有二：捉缝灰的主要制作材料，有油满、血料、砖灰等，其重量配比为1∶1∶1.5；在一麻五灰的操作过程中，"捉缝灰"则是指白木缝内填充油灰，其横掖竖划的方法称"捉"，故名捉缝灰。

2. 扫荡灰

传统建筑木构件地杖材料和做法，又称"通灰"，也是一麻五灰操作步骤之一。"通灰"的制作材料为油满、血料、砖灰等，其重量配比为1：1：1.5，把"通灰"在捉缝灰的基础上进行，因"扫荡灰"是使麻的前提，故施工工艺较旧。"扫荡灰"的过程，可分为插灰、过板子、捡灰等工序，当"扫荡灰"衬平刮直后，还要用金刚石细磨。

3. 使麻

传统建筑木构件地杖材料和做法，一麻五灰操作步骤之一。"使麻"也称"披麻"，在扫荡灰的表面实施，"使麻"的全过程，可分为6道工序，即开头浆、粘麻、轧麻、潲生、水压、整理。开头浆是指在扫荡灰的表面刷油满血料、粘麻，就是使用专用工具将麻反复压实；潲生，则是向麻上涂以油满与水合剂，之后施以干轧排浆的水压技法。上述5道工序结束后，最后进行检查整理。

4. 亚麻灰

传统建筑木构件地杖材料及做法，一麻五灰操作步骤之一。当使麻工序结束，并待麻干透后，用金刚石在其表面反复细磨，即断斑，除去表面浮沉，用皮子等工具将"亚麻灰"涂抹在麻上，此过程亦称"亚麻灰"，其制作以油满、血料、砖灰为配合材料，其重量比例为1：1.5：2.3。

5. 中灰

传统建筑木构件地杖材料及做法，一麻五灰操作步骤之一。亚麻灰干透后，用金刚石细磨，并清除表面浮沉，然后依铁板挂靠"中灰"，"中灰"由油满、血料、砖灰等材料调制，其重量比例为1：1.8：3.2。

6. 细灰

传统建筑木构件地杖材料及做法，一麻五灰操作步骤之一。"细灰"的制作材料为油满、血料、砖灰等，其配合比例为1：10：39。其工艺步骤是待中灰干透后，用金刚石磨拭，并清除表面，刷一道稀释汁浆。用皮子满刮"细灰"，厚度一般在2mm以内。

7. 磨细钻生

清式建筑油漆作工艺做法，即一麻五灰的最后一道操作工序。木构件地杖细灰干透后，用金刚石或停泥砖反复仔细地打磨，磨至断斑（磨去一层皮），同时用丝头蘸着生桐油，随磨细，边磨边钻，此做法俗称"钻生"，全称"磨细钻生"，其技术要求磨细要做到平的地方要平，直的地方要直，圆的地方要圆，而钻生则要求钻生油必须钻透，避免出现鸡爪纹和挂甲现象。

9.6.4.2 单披灰地杖工艺

1. 单披灰

传统建筑构件地杖材料及做法。其耐久性和稳定不及一麻五灰，由于节省材料，被许多明清建筑和民间建筑采用。"单披灰"也称"单皮灰"，包括四道灰、三道灰、二道灰、靠骨灰等地杖做法。"单披灰"的特点，是只使用油灰，而不加丝麻或贴布。

2. 四道灰

传统建筑木构件地杖材料及做法，单披灰操作工艺。即不适用丝麻或贴布的油作做法，"四道灰"包括捉缝灰、扫荡灰、中灰、细灰4种油灰材料。在施工技法上，与一麻五灰相同，也应进行最后一道的磨细钻生工序。"四道灰"多用于一般建筑或建筑的次要部位。

3. 三道灰

传统建筑木构件地杖材料及做法，单披灰地杖的一种形式和材料。"三道灰"包括捉缝灰、中灰、细灰3种材料，其施工工艺与四道灰大致相同，也要进行磨细钻生。因"三道灰"较薄，抗风化侵蚀作用较差，因此，常用于室内椽望、梁枋、室外檐下桁檩、斗栱部位。

9.6.4.3 三道油

传统建筑地杖油漆作材料与做法。"三道油"的制作，以光油为主，并加入章丹、银朱、广红等颜料。当地杖做好并干透后，以丝头蘸光油，于横竖两个方向反复拉搓。"三道油"的操作步骤可归纳为刷浆灰、刮细腻子、垫光头道油、二道油、罩清油等过程。

9.6.4.4 贴金工艺

1. 撒金

清式建筑油漆作技术，与贴金相同，同属于油漆作施金做法。所不同的是，"撒金"不必打金胶，具体步骤是，首先做地杖和有时，尔后趁油饰层尚未全干，还有黏度时，将预先分割成块的金箔直接贴在罩有油漆的木构件表面。

2. 描金

施用于泥塑的花纹描金，称"描金"，施用材料有金胶漆、库金、赤金等。"描金"的全过程主要包括大漆地上描绘图案，入窑干透后贴库金或赤金，再于贴金纹饰上刷若干道罩漆等步骤。

3. 泥金

即对金箔进行加工，使之细化，并加入一定量的配合材料，最后成泥塑状的金料。具体制作方法是将金箔放入称为"鲁班缸"的钵体，用"鲁班锤"反复锤捣研磨，然后倒入鸡蛋清及白芨经调制遂成"泥金"。由于"泥金"较扫金、贴金用量大，因此，一般只用于皇宫内的重要器物上，如屏风、宝座、背屏等。

参考文献

［1］梁思成．清代营造则例［M］．北京：中国建筑工业出版社，1981．

［2］（宋）李诚．营造法式［M］．北京：中国建筑工业出版社，2006．

［3］姚承祖．营造法原［M］．北京：科学出版社，2002．

［4］文化部文物保护科研所．中国古建筑修缮技术［M］．北京：中国建筑工业出版社，1996．

［5］北京土木建筑学会．中国古建筑修缮与施工技术［M］．北京：中国计划出版社，2006．

［6］马炳坚．中国古建筑木作营造技术［M］．北京：科学出版社，1991．

［7］陆元鼎，潘安．中国传统民居营造与技术［M］．广州：华南理工大学出版社，2002．

［8］罗哲文．中国古建筑油漆彩画［M］．北京：中国建材工业出版社，2013．

［9］王效青．中国古建筑术语辞典［M］．太原：山西人民出版社，1996．

［10］李浈．中国传统建筑木作加工技术［D］．南京：东南大学，2001．

［11］戴志坚．闽海民系民居建筑与文化研究［M］．北京：中国建筑工业出版社，2003．

［12］戴志坚．中国建筑民居丛书——福建民居［M］．北京：中国建筑工业出版社，2009．

［13］张玉瑜，朱光亚．建筑遗产保护丛书——福建传统大木匠技艺研究［M］．北京：中国建材工业出版社，2013．

［14］阮章魁．中国民居营建技术丛书——福州民居营建技术［M］．北京：中国建筑工业出版社，2016．

［15］王鲁民．中国古代建筑思想史纲［M］．武汉：湖北教育出版社，2002．

［16］张松．城市文化遗产保护国际宪章与国内法规选编［M］．上海：同济大学出版社，2007．

［17］（汉）司马迁．史记·东越列传．北京：中华书局，1975．

［18］高久斌．古砖木塔结构安全评估和修缮加固技术的研究［D］．南京：东南大学，2003．

［19］熊满珍．论发展木材工业促进我国林业可持续发展［D］．北京：中国林业科学研究院，2004．

［20］段炼．构筑形态的逻辑性与适应性——传统木构筑之解析与当代思考［D］．武汉：

华中科技大学，2003.

［21］刘秀英，陈允适. 木质文物的保护和化学加固［J］. 文物春秋，2000，（01）：50-58.

［22］贾良华. 木材干燥方法简介［J］. 林业勘察设计，2006：92-94.

［23］李哲扬. 潮汕地区传统建筑结构材料［J］. 四川建筑科学研究，2008，（06）.

［24］李华，刘秀英，陈允适. 室内木地板及木制品防腐、防虫药剂筛选［J］. 木材工
　　　业，2004，（03）.

［25］陈允适，刘秀英，李华，黄荣凤. 古建筑木结构的保护问题［J］. 故宫博物院院
　　　刊，2005，（05）.

［26］张厚培，王平. 塔尔寺古建筑木结构腐朽虫害和防护处理［J］. 木材工业，1995，
　　　（02）.

［27］李浈. 大木作与小木作工具的比较［J］. 古建园林技术，2002，（03）.

［28］张克贵. 古建筑干摆外墙泛碱病害的研究［J］. 古建园林技术，2010，（01）.

［29］范晓莉. 从李渔《闲情偶寄》析中国传统窗饰的样式与特征［J］. 南京艺术学院学
　　　报（美术与设计版），2010，（02）.

［30］全国人民代表大会常务委员会. 中华人民共和国文物保护法［S］. 2013.

［31］中华人民共和国国务院. 中华人民共和国文物保护法实施条例［S］. 2003.

［32］国际古迹遗址理事会中国国家委员会. 中国文物古迹保护准则［S］. 2015.

［33］中华人民共和国文化部. 文物保护工程管理办法［S］. 2003.

［34］中华人民共和国文化部. 纪念建筑、古建筑、石窟寺等修缮工程管理办法［S］.
　　　2007.

［35］福建省人民代表大会常务委员会. 福建省文物保护管理条例［S］. 2009.

［36］GB50165-92. 古建筑木结构维护与加固技术规范［S］. 1992.

［37］GB/T5039-1999. 杉原条［S］. 1999.

［38］LY/T1157-94. 檩材［S］. 1994.

［39］LY/T1158-94. 椽材［S］. 1994.

［40］中华人民共和国国务院. 历史文化名城名镇名村保护条例［S］. 2008.

［41］福州市规划设计研究院，福州市古代建筑设计研究所. 福州市"三坊七巷"历史文化街区——古建筑保护修复施工技术（第二版），2007-09（内部资料）.

［42］吴美萍. 建筑遗产保护丛书. 中国建筑遗产的预防性保护研究［M］. 南京：东南大学出版社，2014，12.

［43］闫金强. 我国建筑遗产监测中问题与对策初探［D］，天津：天津大学，2012：36-37.

［44］傅连兴. 古建修缮中的几个问题［J］. 故宫博物院院刊，1990，（03）：23-30.

［45］尚建辉. 历史建筑结构加固的适宜性技术研究［C］. 全球视野下的中国建筑遗产——第四届中国建筑史学国际研讨会论文集（《营造》第四辑），2007.

［46］罗才松，黄奕辉. 古建筑木结构的加固维修方法述评［J］. 福建建筑，2005（6）：196-201.

［47］傅熹年. 试论唐至明代宫式建筑发展的脉络及其与地方传统的关系［J］. 文物：1999（10）：81-93.

［48］王其钧. 宗法·禁忌·习俗对民居型制的影响［J］. 建筑学报. 1996（10）：57-60.

［49］李秋生. 赣南客家传统民居的文化内涵初探［D］. 长安大学，2010.

［50］曹春平. 闽南传统建筑屋顶做法［J］. 建筑史. 2006：391.

［51］孙智，关瑞明，林少鹏. 福州三坊七巷传统民居建筑封火墙的形式与内涵［J］，福建建筑，2011（03）：51-54.

［52］罗景烈. 民国时期福州地区传统民居的演进与转型［J］. 华侨大学学报（自然科学版）. 2017：343-349.

［53］杨洁. 湖北乡土建筑的类型研究［D］. 武汉：武汉理工大学. 2007.

［54］汪中红，姚杰. 浅析古建筑木构件与木质文物的保护方法［J］. 林业实用技术. 2009：59-61.

［55］陈允适. 古建木构件及木质文物的保护和化学加固（一）［J］. 古建园林技术. 1992（03）：32-35.

［56］陈允适，刘秀英，李华，罗文士. 古建筑木结构的防腐［C］. 中国紫禁城学会论文

集（第四辑），2004：90-104.

［57］陈国莹. 古建筑旧木材材质变化及影响建筑形变的研究［J］. 古建园林技术. 2003：
49-60.

［58］薛劼. 成都平原场镇民居研究［D］. 西南交通大学. 2008.

［59］林旭昕. 福州"三坊七巷"明清传统民居地域特点及其历史渊源研究［D］. 西安建
筑科技大学. 2008.

［60］张帆. 近代历史建筑保护修复技术与评价研究［D］. 天津大学. 2010：.

［61］GB/T 50772-2012. 木结构工程施工规范［S］. 2012.

［62］刘秀英，夏荣祥，石志敏，王丹毅，李华. 木结构防腐技术在武英殿修缮中的应用
［A］. 中国紫禁城学会论文集（第六辑）［C］. 2007.

［63］张玉瑜. 福建民居木构架稳定支撑体系与区系研究［A］. 建筑史［C］. 2003：
27-35.

［64］李浈. 近代建筑木作加工工具的分类与特色［J］. 古建园林技术. 2000：7-11.

［65］李浈. 中国传统建筑形制与工艺［M］. 上海：同济大学出版社. 2006.

［66］张玉瑜. 穿斗体系构架设计原则研究［A］. 建筑史［C］. 2009：59-73.

［67］张瑞. 徽州古民居木雕门窗的装饰特色研究［D］. 西北大学. 2009.

［68］杨鸣. 鄂东南民间营造工艺研究［D］. 华中科技大学. 2006.

［69］王辉平，侯建设，陈帅，葛倩华. 历史建筑清水红砖墙修复工艺中国.
CN/01429816A［P］. 2009.

［70］刘大可. 中国古建筑瓦石营法［M］. 北京：中国建筑工业出版社. 2015.

［71］毛志平. 石质文物病害及预防技术分析［J］. 中国文物科学研究. 2009：310.

［72］韩涛，唐英. 有机硅在石质文物保护中的研究进展［J］. 涂料工业. 2010：76-78.

后记

　　福州传统建筑的形式特征与做法表现出匠人精湛的工艺及地域的适宜性，具有极高的历史文化价值。随着人们对传统建筑价值认识与保护意识的提高，近年来对传统建筑的保护修缮力度增大，为尽可能减少在保护修缮中无意识的破坏，探索一种适合福州传统建筑保护修缮的方法迫在眉睫，本导则的初衷旨在将福州传统建筑保护修缮的要点以通俗而实用、具有可操作性与指导性的方式方法表达出来，让领导、群众、施工者真正掌握福州传统建筑的内在特质与形式特色，正确地辨别传统建筑平面、构架、造型、立面、装修等各个方面、各个细节的正误，以提高各方参与保护的能力，进而以科学的办法达到有效保护传统建筑及福州古城的目的。

　　在本书的调研和写作过程中，许多前辈同行对于古建筑营造技艺的相关研究奠定了我们深入研究的基础；同时许多同行以及对福州传统建筑爱好者对福州传统建筑所做过的相关研究成果，给了我们研究思路的启示，也是展开研究的有力佐证。文物相关部门以及所里相关的技术人员、施工工匠提供了重要基础资料和许多有益的建议，同时也得到院领导的大力支持，在此一并表示感谢。由于编者水平与调研深入有限，书中必然存在着缺点和不足，若能承蒙同行专家、前辈等的赐教指正，必万分感谢。衷心地希望在今后的研究实践中能得到前辈同行及传统建筑保护者的支持，并热切地盼望有更多的人来关注、关心传统建筑的保护与修缮。

图书在版编目（CIP）数据

福州传统建筑保护修缮导则／罗景烈编著．—北京：中国建筑工业
出版社，2018.8
（中国传统村落保护与发展系列丛书）
ISBN 978-7-112-22437-1

Ⅰ．①福… Ⅱ．①罗… Ⅲ．①古建筑－保护－技术规范－福州②古建
筑－修缮加固－技术规范－福州 Ⅳ．①TU-87②TU746.3-65

中国版本图书馆CIP数据核字（2018）第153816号

本书以福州地区传统建筑保护修缮的长期实践经验为基础，采取将所有需要保护修缮的内容、名称分解到各个细节，图文并茂，制订一系列用于福州地区传统建筑保护修缮的大木作、小木作、土作、石作、油漆作等具体技术规程，用于培训福州地区的传统工匠，指导福州地区传统建筑的保护和修缮，强调传统与现代的结合，注重提升传统建筑保护修缮的普适性与地域性，对于福州传统建筑的保护修缮具有可操作性与指导性，对于其他地区传统建筑的保护修缮具有借鉴意义。本书适用于建筑学、城市规划、文化遗产保护等专业领域的学者、专家、师生，以及村镇政府机构人员等阅读。

责任编辑：胡永旭 唐 旭 吴 绫 张 华 孙 硕 李东禧
版式设计：锋尚设计
责任校对：张 颖

中国传统村落保护与发展系列丛书
福州传统建筑保护修缮导则
罗景烈 编著
*
中国建筑工业出版社出版、发行（北京海淀三里河路9号）
各地新华书店、建筑书店经销
北京锋尚制版有限公司制版
北京富诚彩色印刷有限公司印刷
*
开本：880×1230毫米 1/16 印张：20½ 字数：434千字
2018年11月第一版 2018年11月第一次印刷
定价：228.00元
ISBN 978 - 7 - 112 - 22437 - 1
　　　　（32269）